ADA
建筑学一年级设计教学实录

几何的秩序

张文波 ◎ 编著

广西师范大学出版社
·桂林·

前言

ADA建筑设计艺术研究中心的王昀老师在完成“空间与观念赋予”“形态与观念赋予”的建筑设计教学课程后，开始了第三个阶段的教学实验——“几何形态与观念赋予”。这一阶段的教学主题是回归建筑学领域中的几何秩序，目的是让同学们在认识可能存在的建筑空间的内部与外部形态之后，进一步学习“高阶”的抽象几何秩序，即符合宇宙法则的几何形式，以及这一法则在建筑设计中的灵活运用。本书详细记录了“几何形态与观念赋予”建筑设计教学法在山东建筑大学建筑城规学院2019级“ADA建筑实验班”一年级[①]的完整教学实验过程，是对王昀老师建筑设计基础教学体系的进一步完善，希望能够为广大从事建筑设计基础教学的工作者提供参考，更希望以此引起国内建筑学教学领域的多元思考。

本书内容根据课程进度来划分章节，为求将这一教学法的各个授课环节完整、详尽地展示出来。书中所述案例既有优秀作品，也有各个教学环节中的问题案例。这些问题是同学们在该教学法的授课过程中容易出现的，笔者尽可能将其收录，以更全面的视角展现该教学法，为读者提供多方面的参考与借鉴，从而有利于对该教学法的理解与思考。在每个章节的开头，笔者都对此部分的主题进行了简要梳理，并在每个章节的结尾，对该教学环节中的问题进行总结，帮助读者理解具体教学实验环节中的难点。

“几何的秩序”是由王昀老师的“几何形态与观念赋予”建筑设计教学的主题凝练而得。王昀老师认为宇宙中物质的形式美暗含着“宇宙法则”，该法则在“力”的演绎下会呈现变化无穷的形态。人类随着在数学、力学等方面认知的进步，对这种宇宙法则下的形式进行了测量、统计、计算、推理，发掘出了宇宙中符合数学规律的几何形式美。一切自然物中都暗含着符合几何形式美的数学规律，但这种几何秩序并非具象的存在物，而是以数字逻辑存在于形式之中，如著名的斐波那契数列。在东西方建筑学领域中，都存在着符合几何形式美的数学规律，这些规律不受国家、地域的限制，也不受限于人类文化的边界，而是客观存在于各个时代的经典建筑中。

① 该实验班现有15名同学，这些同学未经特殊选拔，其学习成绩分布在不同的名次区域，较为随机，以保证这次教学实验的普适性和可比性。

当然，这种几何秩序在人类创作物中的应用不仅体现在建筑领域，还在绘画、音乐、雕塑等更广泛的艺术领域。

从建筑学发展的历史进程来看，工业革命之前，分工并不细致，建筑师通常同时负责结构设计、建筑施工等多种工作，因此这种几何秩序被作为行业制度、传统匠艺等应用于建筑的设计与建造。但是，工业革命之后，尤其是 19 世纪末，建筑领域的专业分工越来越细致，建筑师的专业角色被逐渐明确，主要负责建筑设计环节，而结构与建造问题则由工程师解决。因此，之前建筑师掌握的几何秩序的形式美法则在专业分工过程中逐渐难以得到贯彻与应用。随着工程技术的发展，取而代之的是以功能和结构为主导的建筑发展方向，工业化建造的建筑开始面向世人并被推广，但是这些建筑失去了数千年传承的几何秩序美学。为了使工业时代建造的建筑具备符合几何秩序的形式美，一批西方现代主义建筑师从欧洲古代建筑中汲取智慧，将符合几何秩序的形式美法则发掘出来，并重新运用于现代建筑中，使机器时代的建筑形式与几何秩序有机地融合。确切地说，现代主义建筑是一场重新找回被工业技术遗弃的承载几何秩序美学的建筑革命。

长期以来，国内建筑设计教学领域对几何秩序的训练方法却一直存在争论。基于此，该教学法旨在让练习者认识到这一几何秩序存在的规律，并将其熟练地应用到建筑设计之中。如果说“空间与观念赋予”“形态与观念赋予”两个教学法的目的是激发练习者对自由空间与形态的发掘与创造，那么“几何形态与观念赋予”则要求练习者在严格的几何数理下进行空间的设计。这一教学法不同于平面构成、立体构成等单一的形式训练课程，而是结合了建筑方案设计的几何建筑空间形态的训练。可以说，这三套建筑设计教学法搭建起了建筑形态设计思维的主要框架结构，为建筑学初学者打下了坚实的建筑形态设计的基础。

课程名称：建筑设计基础

作业名称：独立住宅设计

课程周期： 第 1~7 周教学，第 8 周全年级评图

课程时间：2020.3.3—2020.4.7

授课老师：山东建筑大学 ADA 建筑设计艺术研究中心王昀教授、张文波讲师

教学实验对象：山东建筑大学 2019 级“ADA 建筑实验班”15 位同学（初馨蓓、石丰硕、张皓月、崔晓涵、李凡、董嘉琪、杨琀珺、宁思源、刘源、刘昱廷、于爽、徐维真、金奕天、郑泽皓、梁润轩）；2018 级“ADA 建筑实验班”9 位同学（马司琪、王建翔、刘哲淇、张琦、张树鑫、姜恬恬、崔薰尹、黄俊峰、谢安童）

教学目的：

1. 认识并发掘自然形态中蕴藏的符合几何秩序的美学规律；
2. 学会运用符合几何秩序的美学规律进行建筑平面、立面、剖面等几何空间形态的设计；
3. 掌握在几何秩序控制下创作不同建筑形态的能力；
4. 学习并逐渐尝试应用空间序列的组织能力；
5. 提升在图纸表现的艺术性与方案图表达的准确性方面的能力。

任务要求：①

1. 场地要求

拟建基地位于某城郊山区，属于典型的丘陵地貌，有部分平原，临水。设计者可在用地范围内选择不同高差类型的设计场地，创造富有环境特征以及符合特定使用者空间要求的住宅建筑。每栋建筑的用地面积控制在 1000m^2 左右，以地形图中 A、B、C 三点为中心自行选择。开放的基地选择更有利于设计方案构思的自由度。

① 独立住宅设计任务书是在山东建筑大学建筑城规学院建筑设计教研室二年级教研组拟定的任务书的基础上加以修改完成的。

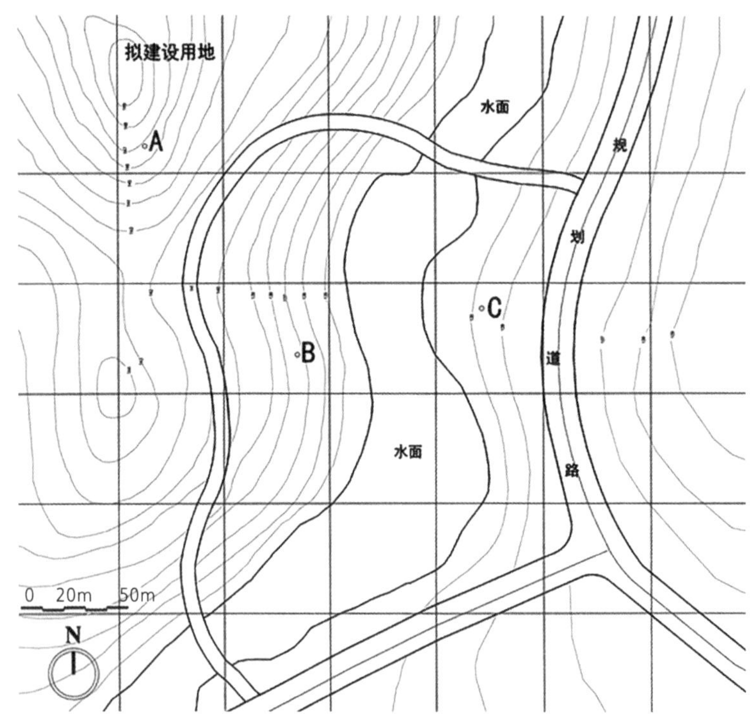

2. 功能要求

A. 合宅

满足 2~4 个家庭的居住需求，根据不同的家庭规模的设定，分别对应双宅、三合宅和四合宅。根据分合归类，既要有独立、隐私的空间，又要有共享的空间。双宅需有独立的出入口、院落等。家庭居住单元应包括起居室、主卧室（带卫生间）、次卧室（1~2 间）和卫生间等。空间组织注意“合”的设计。其他如书房、会客室、门厅、走廊、楼梯间、储藏室、车库等可以自定，具体功能设置可根据居住者的特定需求进行部分增加或删减。

B. 分宅

满足业主居住及工作要求，居住和工作分开，私密性与公共性分开。设定业主职业为陶艺匠人，家庭结构为夫妇二人和两个孩子。制陶工作室需要实现空间上的独立，工作室单元可与生活空间并置，也可位于流线尽端，与生活空间互不干扰。空间组织注意“分”的设计。

家庭居住单元应包括起居室、主卧室（带卫生间）、次卧室（1~2 间）、厨房、餐厅和卫生间等。制陶工作室包括制作室、陶艺展示区（可与制作室合并）、烘干室、器具存放室和卫生间。其他如厨房、门厅、走廊、楼梯间、储藏室、车库等自定，具体功能设置可根据人物的特定需求进行部分增加或删减。建筑可为单层宅、二层宅、三层宅等。

3. 成果要求

图纸尺寸：A1（594mm × 841mm），张数不限。

表现手法：不限。

表达内容：总平面图、各层平面图（包括家具布置）、立面图（2~3 个）、剖面图（1~2 个）、轴测图，以及适当的设计概念图示分析、文字说明及模型照片。

比例：根据构图自行选定，其中平面图、立面图、剖面图的比例不小于 1∶150；总平面图比例不小于 1∶500；成果模型不小于 1∶100。

4. 设计要求

（1）用地 A 按照符合黄金比、白银比等几何秩序法则的完形立方体进行住宅空间形态的方案设计；

（2）用地 B 按照从自然形态中抽象提取的几何秩序法则进行立体构成风格的体块穿插式住宅空间形态的方案设计；

（3）用地 C 按照从自然形态中抽象提取的几何秩序法则进行地上一层的完形立方体的住宅空间形态的方案设计；

（4）用地 A、B、C 的住宅均需设计地下一层空间；

（5）用地 A、B、C 的住宅设计均需利用动画展示手段进行空间序列组织的设计练习。

目录

第一章 存在之美 002

1. 形式美的宇宙法则 004
2. 几何之美 006
3. 结构与形态 013
4. 比例与设计 023
5. 网格与空间 025
6. 功能分析图与几何形态 027
7. 测量与分析 028

第二章 发现几何秩序 030

1. 测量、分析实例 032
2. 由二维平面到三维空间 050
3. 问题的浮现 054

第三章 扁平方体几何形态训练 056

1. 任务布置 058
2. 画作与空间 059
3. 问题的浮现 076

第四章 完形方体几何与体块穿插 078

1. 两种训练 080
2. 形态的呈现 080
3. 问题的浮现 096

第五章 三种空间形态的动画呈现 098
1. 动画呈现 100
2. 问题的浮现 119

第六章 空间序列与蒙太奇 120
1. 空间序列 122
2. 蒙太奇 125
3. 空间序列与光 128
4. 专题训练 130
5. 问题的浮现 144

第七章 图纸演绎 146
1. 图上讲评 148
2. 问题的浮现 181

第八章 最终呈现 182

后记 252

第一章

存在之美

本章在宏观概括形式美的宇宙法则的基础上，详细介绍了“几何形态与观念赋予”建筑设计教学法的主要观点及训练方法，全面展现了王昀老师的授课过程。全章按照授课环节分为形式美的宇宙法则、几何之美、结构与形态、比例与设计、网格与空间、功能分析图与几何形态、测量与分析七个部分。王昀老师在其授课过程中不仅对“几何形态与观念赋予”教学法的主题进行了系统、生动的讲述，还穿插了建筑史与现代艺术史的相关内容，信息极为丰富，对本次教学课题具有很好的启发作用。

1. 形式美的宇宙法则

王老师：上学期，我跟同学们一起完成了两个建筑空间设计方法的研究，分别是“空间与观念赋予”和“形态与观念赋予”。“空间与观念赋予”是以一张图片或画作为底图，同学们按照自己看到的图形肌理提取出抽象的线性轮廓，并沿着这些轮廓线竖向围合“墙体”，就可以获得一组空间形态（图 1.1）。由于这些图片或画作暗含了符合宇宙法则的形式，因而依此获取的空间形态具有一定的丰富性，而最终设计完成的建筑形态也会受作为底图的图片或画作的肌理形式的左右（图 1.2）。获取空间形态之后，我们接下来进行的是建筑功能与尺度观念的赋予，使这组空间成为建筑空间，并利用坡道、直跑楼梯、共享空间等手段拓展这组空间在竖向维度上的丰富性（图 1.3）。

之后进行的“形态与观念赋予”的建筑设计教学是建立在自由空间形态基础之上的建筑形态训练，该方法开始亦是从自然或生活中获取任意形态（图 1.4），并赋予其建筑功能与尺度观念，使之成为建筑形态（图 1.5），再利用与前一次训练中相似的手段进行丰富内部空间的练习（图 1.6）。这两个教学方法的不同之处在于，前者注重内部空间形态的丰富性和组织性的训练，后者侧重创造完整的建筑形态的训练（包括外部建筑形态和内部空间形态）。而相同之处是，两者都是在有“形”可依的前提下进行空间形态训练的，都是从自然或生活中获取空间原型，其获取过程也都体现了每位同学从感性到理性认知的学习过程。

我们即将学习的第三个建筑设计方法是建立在前两个方法的基础之上的，它们的共同之处是都以空间形态为主题，不同之处是前两个方法以自由形态的设计训练为主题，而第三个方法则是以更加抽象、理性、单纯的几何空间形态为主题。支撑这三个设计方法的几何学是人类认识宇宙的方式和方法，也是我们认识世界构造关系的途径。因此，我们要在这种宇宙法则的几何认知体系下，对建筑、艺术及自然界的构成形式的内在结构进行设计训练。

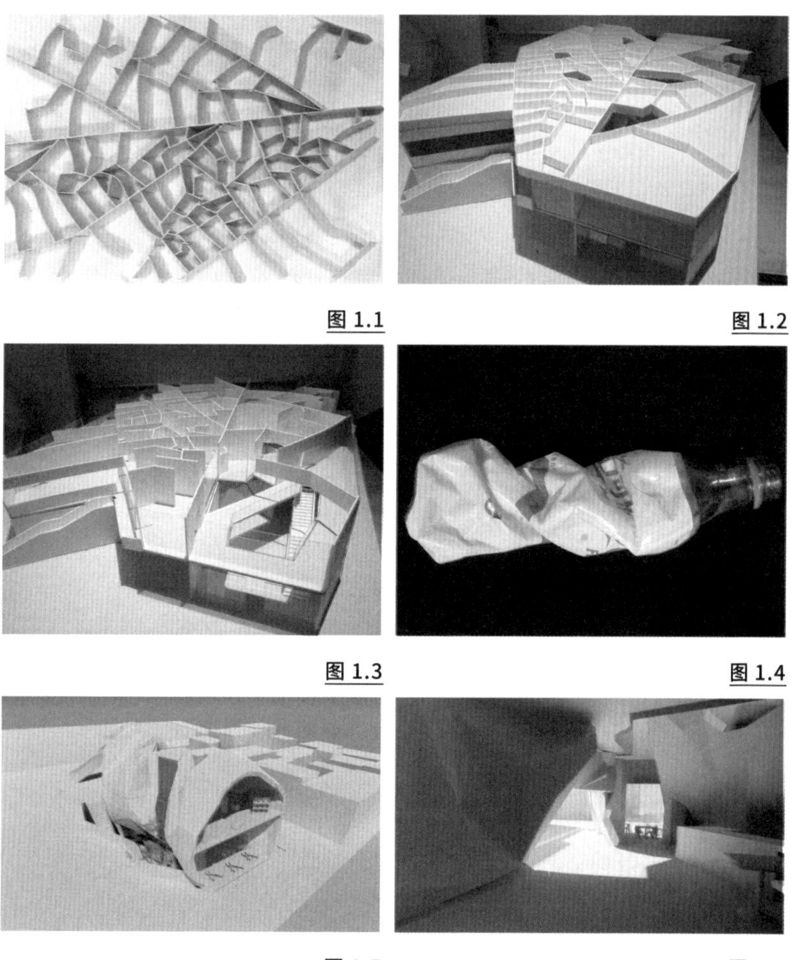

图 1.1

图 1.2

图 1.3

图 1.4

图 1.5

图 1.6

2. 几何之美

王老师：这是去年秋天我在北京的一个公园里拍摄的落叶（图 1.7）。当看到这些大大小小的落叶呈现的景象时，大家一般不会觉得杂乱，反而会感受到一种说不出的和谐之美。那么，这些落叶构成的和谐关系以及美的形态的构成法则是什么呢？这是我们这节课首先要讨论的内容。虽然每片落叶各不相同，但是从整体来看，这些落叶的大小、形状具有相似性（图 1.8），于是，我从这堆树叶中捡回了一片进行拓印，并尝试分析（图 1.9、图 1.10）。

通过分析可以看出，这片树叶的形式中存在一定的几何数理关系（图 1.11）。经过测量发现，其叶面的长边与宽边的直线长度相等，都是 9.5cm，暗含在一个正方形结构之内，叶柄弯曲的弧形同样暗含在一个小正方形结构内，长、宽都是 4.5cm（图 1.12）。按照这个叶面的主要形式特征继续分析，便可以得出叶面的抽象几何形式（图 1.13、图 1.14）。

图 1.7

图 1.8

图 1.9

图 1.10

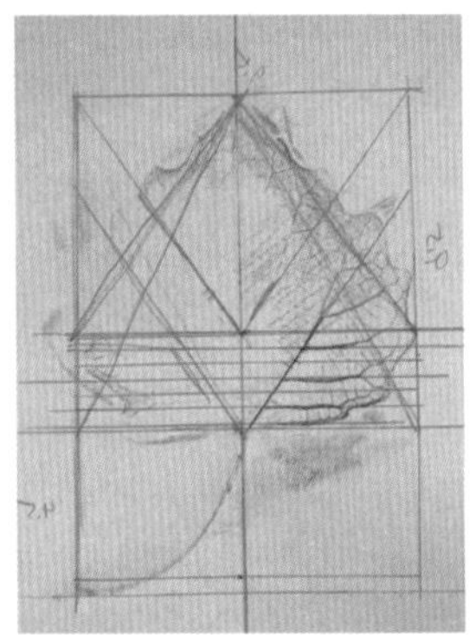

图 1.11

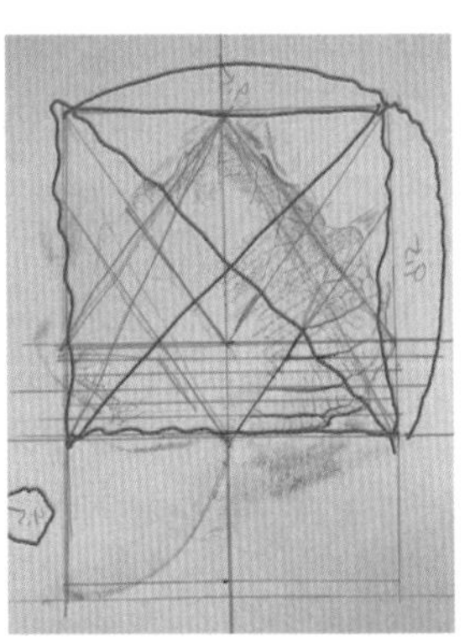

图 1.12

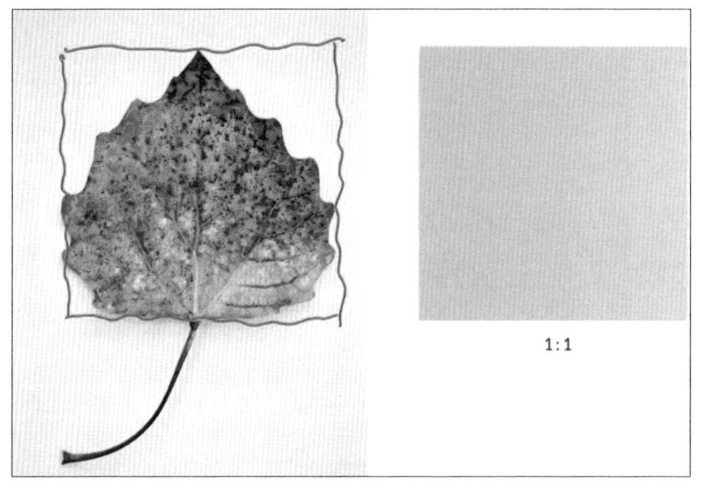

图 1.13

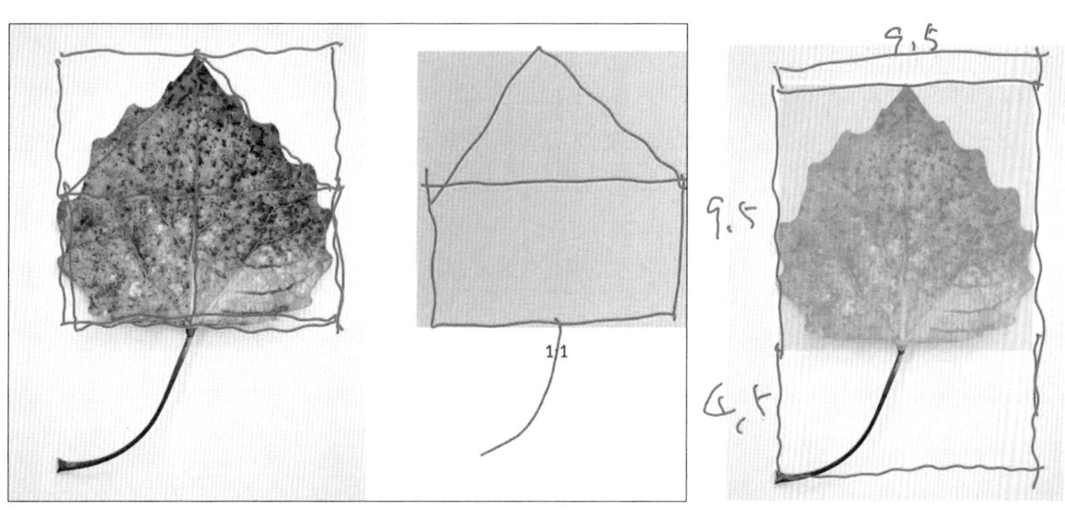

图 1.14　　**图 1.15**

从整片树叶来看，叶面长度是 9.5cm，叶柄的垂直长度是 4.5cm，而叶面的宽度是9.5cm，那么整片叶子就暗含在一个长14cm、宽9.5cm的长方形之中(图1.15)，其长宽比约是 1.47 : 1。由于秋天树叶干枯、变形，以上的测量数值会存在一定的误差，但是 1.47 : 1 还是很接近于白银比例（1.414 : 1）的。

我还捡过一片银杏叶，经过测量后发现，这片银杏叶叶面的长度和宽度的比例接近 1.732 : 1（图 1.16），也就是说，这片银杏叶的叶面暗含在一个长宽比约为 1.732 : 1 的矩形当中（图 1.17、图 1.18）。各位同学还记得 1.732 是多少的二次方根吗？在中学的时候，同学们应该学习了，这个数值应该是 3 的二次方根。

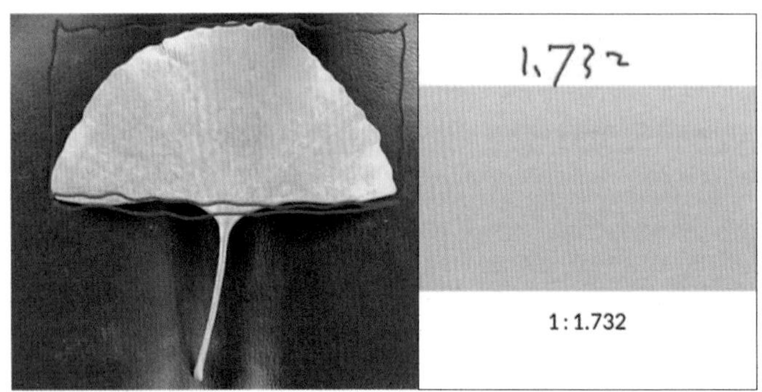

图 1.16

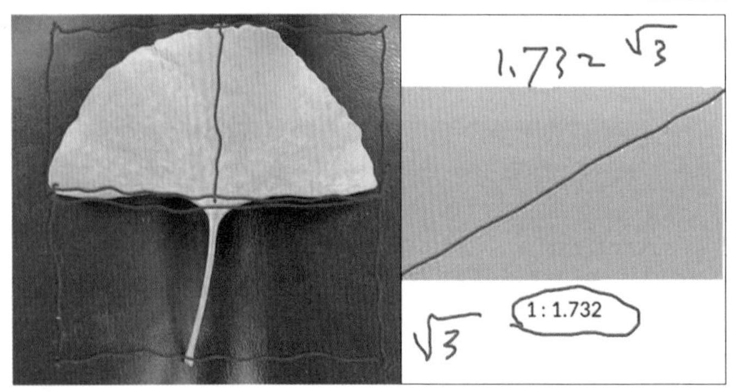

图 1.17

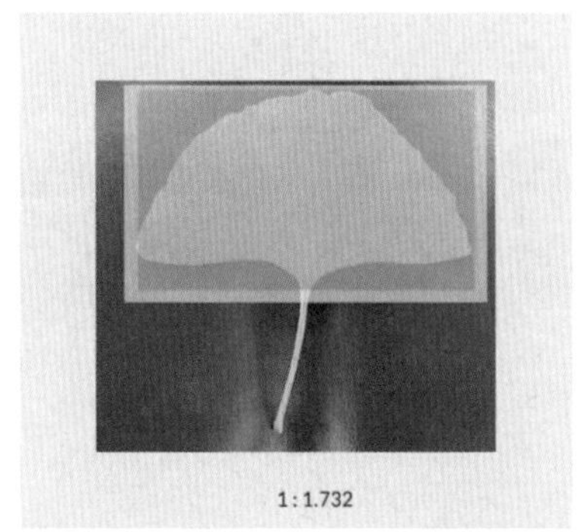

图 1.18

再来看一下这片白杨树的叶子，它的叶面暗含在一个长宽比约为 1.414 : 1 的矩形当中，而 1.414 恰好是 2 的二次方根（图 1.19）。我又把这片树叶从叶尖到叶柄底端的长度和叶面的宽度测量了一下，它们的数值都约是 17.5cm，也就是说这片树叶暗含在一个正方形当中（图 1.20）。因此，我们可以说这些树叶是在一定的自然法则下生长出来的自然形态。从这三个案例中我们可以发现，自然植物形态的生长并不是随意的，而是存在着一种几何逻辑关系。

在了解了以树叶为代表的植物所暗含的自然法则之后，我们再看一下动物界的生长形态是不是也暗含着自然法则。这是一张鹦鹉螺的剖面形态（图 1.21），它的形态生长规律从视觉上来看是一种螺旋式的。如果把这个螺旋形态外轮廓的最长边与最短边测量一下，会发现它暗含在一个长宽比约为 1.618 : 1 的矩形当中，也就是同学们熟悉的“黄金矩形”（图 1.22、图 1.23）。整个鹦鹉螺从局部到整体就是按照这种黄金比例生长的。

图 1.19

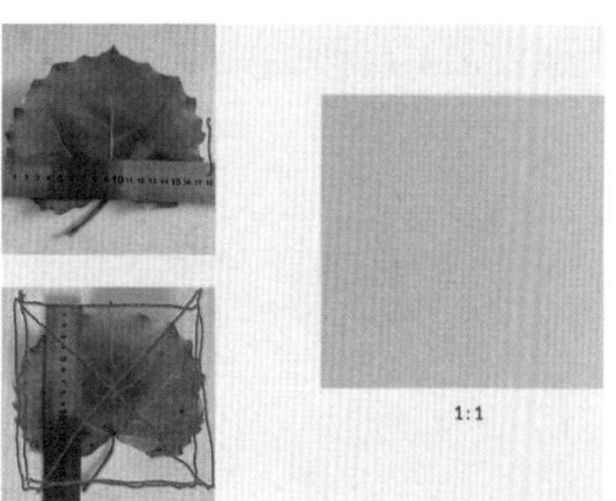

图 1.20

事实上，自然界以及我们的生活中还有很多看上去很美的形态，都是符合这种比例的。比如，一只卧在草地上的狗，如果仔细测量会发现，这一形态也暗含在与鹦鹉螺相似的黄金矩形之中（图 1.24），这就是我们觉得这只狗的姿态优美的原因。还有人分析过世界名画——达·芬奇的《蒙娜丽莎》，它同样遵循着这种黄金比例（图 1.25）。

我们平时见到的向日葵花盘的形态也存在着一种螺旋的数列关系（图 1.26），即斐波那契数列关系。自然界中还有很多自然形态暗含了这种数列关系，包括台风、变化的云层、基因链、星云等（图 1.27）。

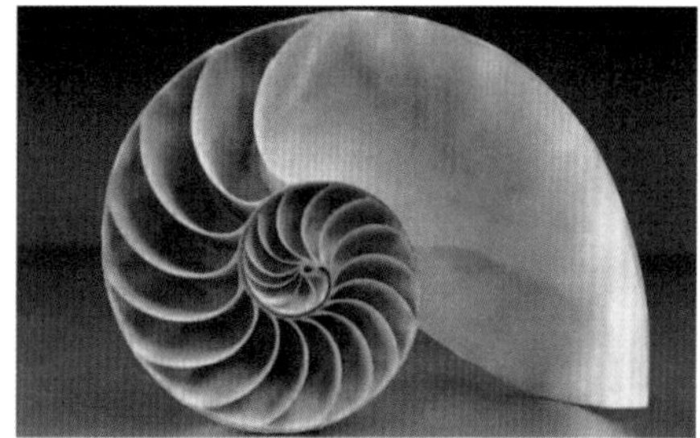

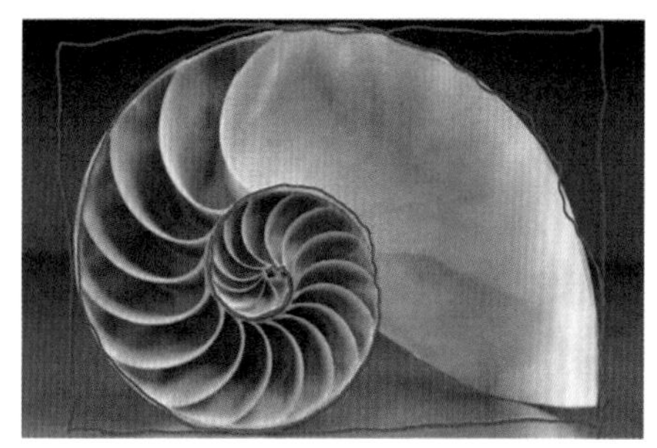

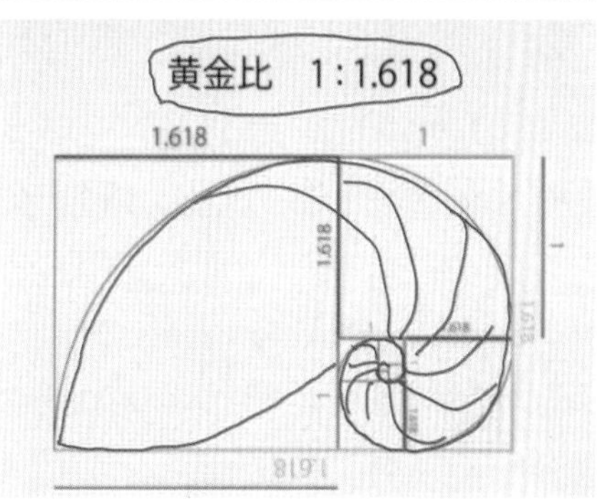

图 1.21 ～图 1.23

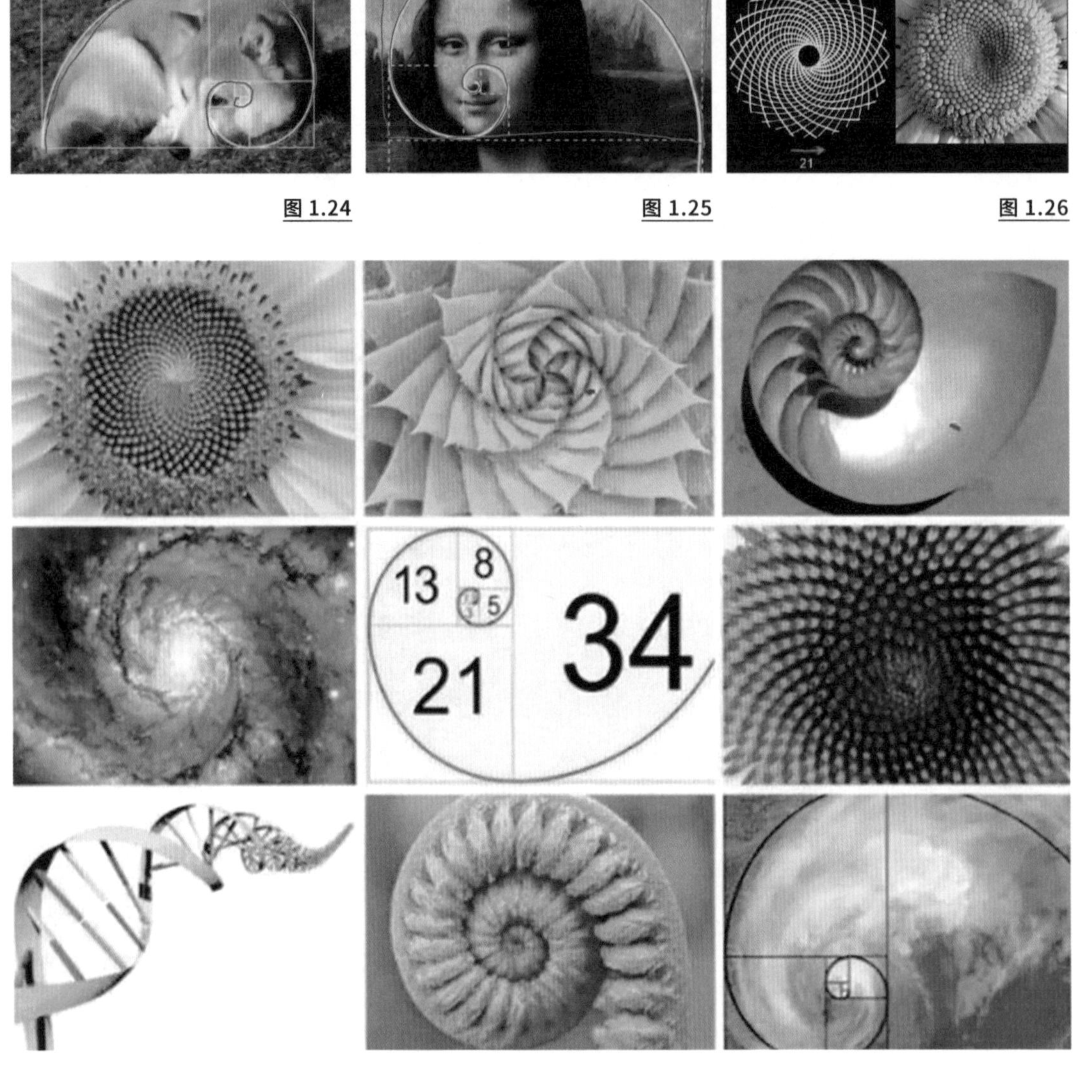

图 1.24

图 1.25

图 1.26

图 1.27

除了 1∶1.618 这个黄金比例之外，前人在研究中还发现了如图 1.28 所示的几种符合美学的比例关系。**比如，同学们在前面看到的银杏叶所暗含的 1∶1.732 的矩形，这个比例在设计领域通常被称为“铂金比例”。此外，还有 1∶3.303（青铜比例）、1∶1.414（白银比例）和 1∶2.618（第二黄金比例）**。整个自然界中的形态，包括一些我们身边事物的形态看上去很美，其原因就是它们是按照诸多几何秩序生长的。

我们把宇宙中控制物质形态美的比例关系称为“宇宙法则”。这不仅仅指自然界，还包括人类在内，因为人类也是宇宙中的一小部分。同学们观念中的大自然通常包括动物、植物、山、水等，但人类是从动物进化而来的，并没有脱离自然的本质。当我们以人类的主体身份去观察自然界中这些客体存在的时候，我们会获得一种舒服的感受，这通常被称为“美”。既然人类自身也是大自然的一部分，那么人类的身体构造必然也是在宇宙法则的控制之下形成的。从这个意义上来讲，无论人类的视觉感受，还是身体的律动节奏，只有与宇宙法则相一致，才能产生共鸣，也就是我们通常所说的“美感”（图 1.29）。

另外，我们生活中常说的“天人合一”的思想、中国二十四节气等，其本质都是人类的身体构造和律动与整个宇宙的运转相协调所要遵循的数理关系。在这套宇宙法则下，人造物才具有了美感，而相反的，违反这一法则，美感就会缺失。比如，我们制作产品、创作艺术、设计建筑等行为，虽然这些行为的创造物不是大自然中已经存在的，但它们是人类创造出来的。要想让这些人造物获得一种美感，它们就得与大自然相协调，一旦它们符合了宇宙法则，我们就会感受到它们的美（图 1.30）。

铂金比例：1:1.732

第二黄金比例：1:2.618

白银比例：1:1.414

青铜比例：1:3.303

图 1.28

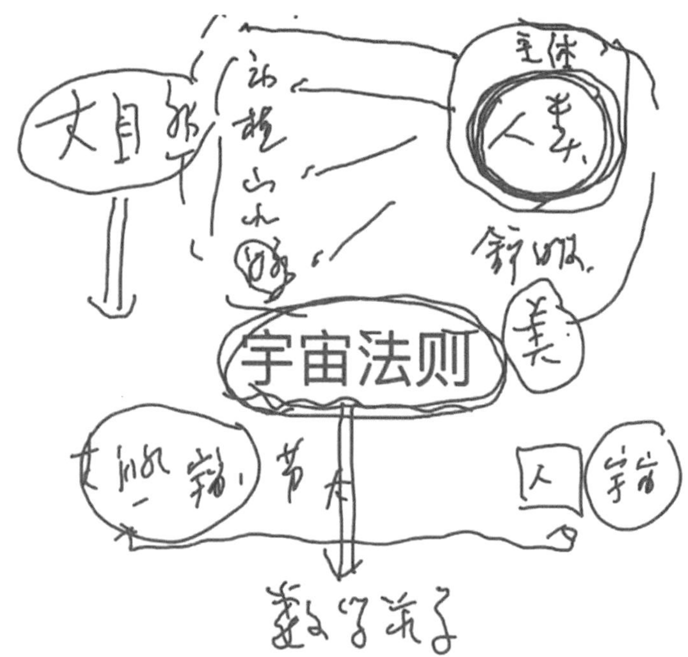

图 1.29

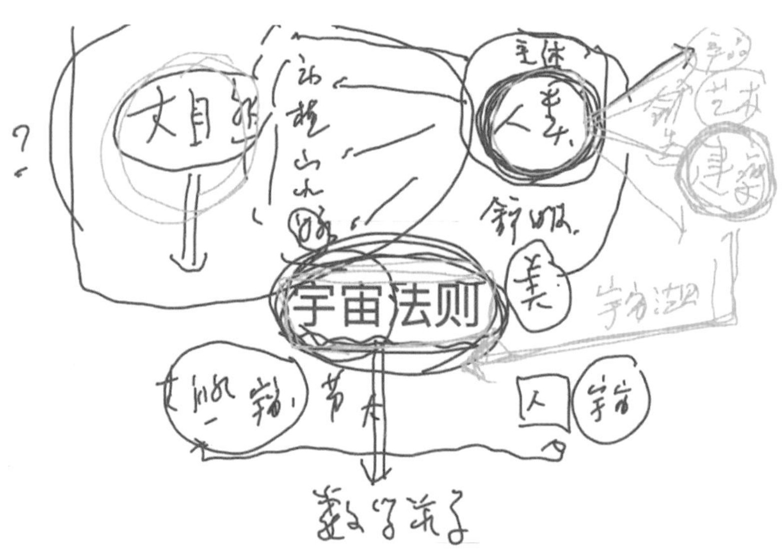

图 1.30

我们可以回想一下，在“空间与观念赋予”设计教学法训练中，同学们获取建筑形态的原型是一些图片，如植物、动物、风景等图片，你们感觉它们是美的，说明它们的形态符合宇宙法则，那么同学们以它们为原型获取的空间形态自然也是符合该法则的。在这一设计方法的学习过程中，当同学们在进行观念赋予的训练时，我要求同学们不能随意对模型进行改动，其原因是同学们还没有宇宙法则的观念，在不了解这一法则的前提下，同学们只能严格遵守这些空间模型从图片中继承的宇宙法则。同时，这种方式也能较为快捷地为同学们提供建筑空间形态的创作原型。

此后，在学习“形态与观念赋予”时，同学们开始从一些自然物（如蔬菜、水果）或者用手抓握过的物品（如被揉搓的纸团、手套、可乐瓶等）中获取空间形态。那么，用手抓握过的物品是否符合宇宙法则呢？我前面讲过，人体是符合宇宙法则的，而这些物品是由人传递的力形成的新形态，因此它们也是符合这一法则的。同学们在这两个设计教学法训练中所获取的空间形态都是符合预先设定的宇宙法则的，所以依照这些空间形态做出的一系列建筑设计看上去就会很美或者很有意思。

现在的“几何形态与观念赋予”建筑设计训练，就是让同学们了解并掌握宇宙法则，然后在设计创作中遵循并利用该法则，使我们所做的建筑、产品等形式不丑陋，给人们传递一种美感。在了解了这一法则后，接下来便是如何理解和运用该法则，这是我们在这一建筑设计教学法训练中学习的重点。同学们需要把自然界中那些具有美感的形态（如树叶、苹果、海星、鹦鹉螺等）所蕴含的宇宙法则，通过测量、分析发掘出来，将这一法则下的数列与几何关系运用到我们的设计中。

3. 结构与形态

王老师：前面讲了我们通过测量知道了树叶整体所暗含的几何形状及比例关系。那么，树叶局部之间是否也存在一定的比例关系呢？同学们看这两片树叶中 A 段和 B 段的叶脉（图 1.31）可以发现，它们的长度比例也都暗含着宇宙法则中的某种关系，而这种关系其实是一种结构关系。结构，在人类的创造物中也较为常见。这是一张荷兰艺术家莫里茨 · 科内利斯 · 埃舍尔的版画（图 1.32），画面上部是较为具象的飞鸟，越往画面底端，飞鸟形态变得越抽象，到画面中部时，飞鸟已经发生了变形，最后在画面底端已经演变成了单纯的三角形（图 1.33）。画面上方的飞鸟属于自由的形态，而底端的三角形则是遵循宇宙法则的结构形态，这种形态直接展现出宇宙物质本源的结构性逻辑关系。

在建筑设计领域，形态是现代建筑和古典建筑的一个最大的区别。古典建筑形态基本对应的是这张版画上方自由飞鸟的具象层次，例如，这类建筑上往往会有很多花鸟纹样等装饰，以此丰富视觉感官体验。其实，在古典建筑里面，我们往往会被表面上的这些花鸟鱼虫等装饰的色彩肌理所吸引，但好的建筑一定是在结构先行的基础上再进行装饰的。而现代建筑讲究的是一种绝对的结构性宇宙法则，在建筑中不采用过多的装饰手法。我们这套“几何形态与观念赋予”建筑设计方法进行的就是这种结构性形态的训练。

另外，同学们还需要知道宇宙法则并不是今天才被发现的，而是有着悠久的历史。早在公元前 500 年，毕达哥拉斯学派弟子希伯索斯就发现了几何学中存在的无理数，而这一发现完善了数学认知世界的数理体系。前面我们讲到的宇宙中存在的那些具有美感的几何形态的比例关系也都包含在这些无理数中。

那么，有理数与无理数在美学中的区别在哪里呢？有理数本身是一种静态。例如，边长之比为有理数的矩形是一种静态的感官状态，但边长之比接近无理数的矩形则具有动态的感官状态。以实例来讲，边长比例为 2 : 1 和 1.414 : 1

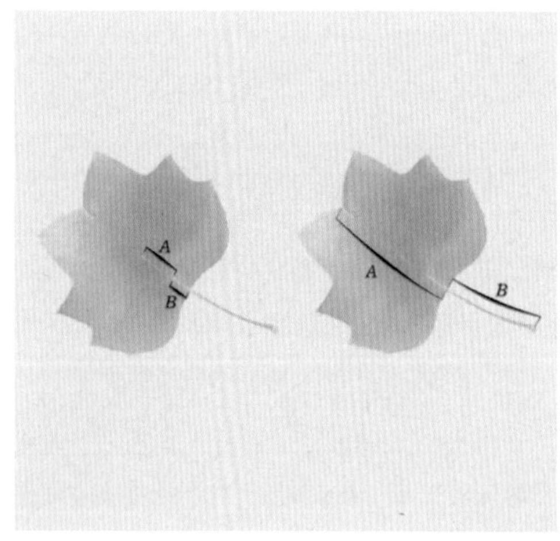

图 1.31

图 1.32

图 1.33

这两种矩形，前者是一种比较稳定的状态，而后者是一种接近无理数（$\sqrt{2}$）的比例关系，这种图形会给人动态的视觉感受。因此，无理数比例关系是具有生命性、运动性的一种比例关系。前面我们讲到的黄金比例、白银比例、铂金比例、青铜比例等，都是无理数比例关系，这些无理数比例关系普遍暗含在自然界的形态结构当中。

以白银比例为例。一张 A4 纸的长宽边比例符合白银比例（图 1.34），其内部同样存在这一比例关系（图 1.35）。因此，同学们在排版的时候需要按照这种比例关系划定网格，使图面布置达到一种有节奏、有韵律的状态（图 1.36）。同学们再看一下《日本细菌学杂志》的封面设计（图 1.37），其内部也遵循着这种白银比例的关系法则，这里面的图形、文字等一系列视觉要素的构成关系，都是在这一比例的网格控制下完成的。一个看上去简简单单的杂志封面设计，其背后实际上存在着严格的比例关系。

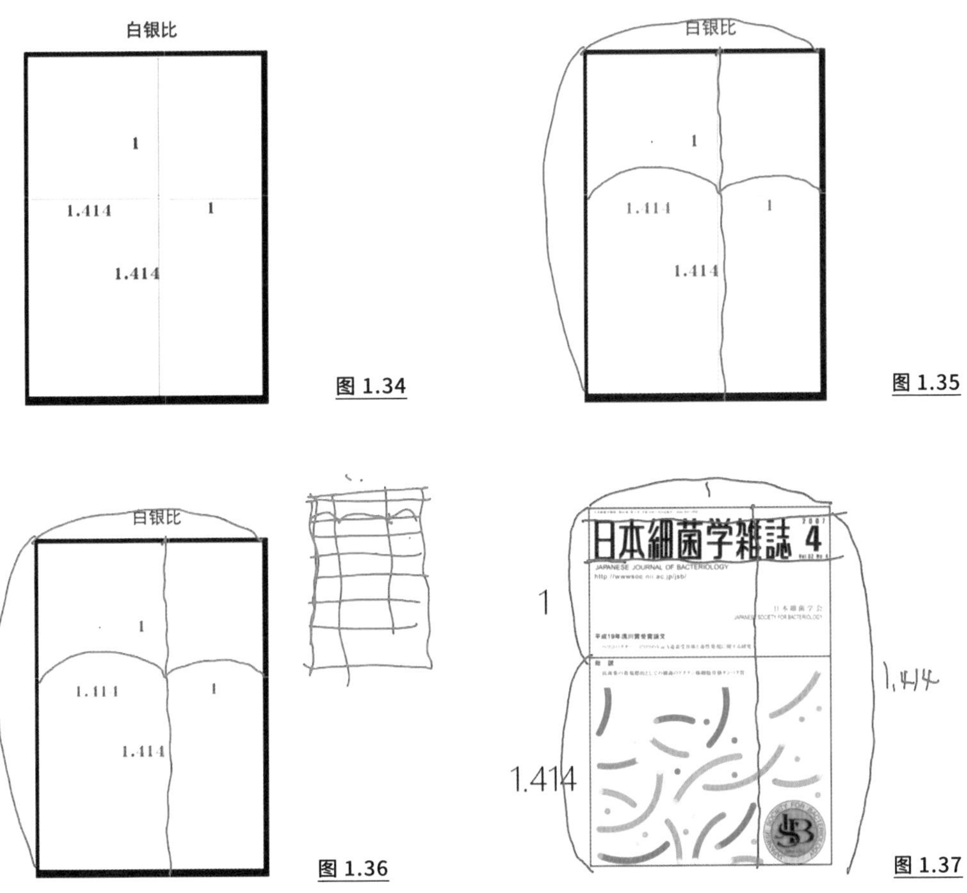

图 1.34

图 1.35

图 1.36

图 1.37

接下来给同学们介绍一下符合宇宙法则的结构在建筑设计中的应用。以建筑师密斯·凡·德·罗设计的一座建筑为例，他的设计图纸能够反映出黄金比例在这座建筑中的严格应用，包括平面图、立面图和剖面图（图 1.38）。这一比例关系其实在古典建筑中早已得到应用。图 1.39 是古希腊雅典卫城中帕提农神庙的山墙立面，后人发现其中也暗含着一系列严格符合黄金比例关系的结构，而且神庙的内部也都是按照黄金比例进行分割的（图 1.40）。也就是说，早在两千多年前的古希腊时代，人们已经从几何关系中发现了黄金比例，而在密斯设计那座建筑时所处的时代，重要的建筑都是按照这套黄金比例进行结构分割的。这就好像前面分析的树叶的内部结构，这种结构从一开始就是按照宇宙法则生长的，只不过随着人类文明的进步，我们后来才发现这一法则而已。通过此案例的讲解，我希望同学们对建筑的理解不只停留在表面，而是能够对建筑结构背后的设计本质有深层的认知。

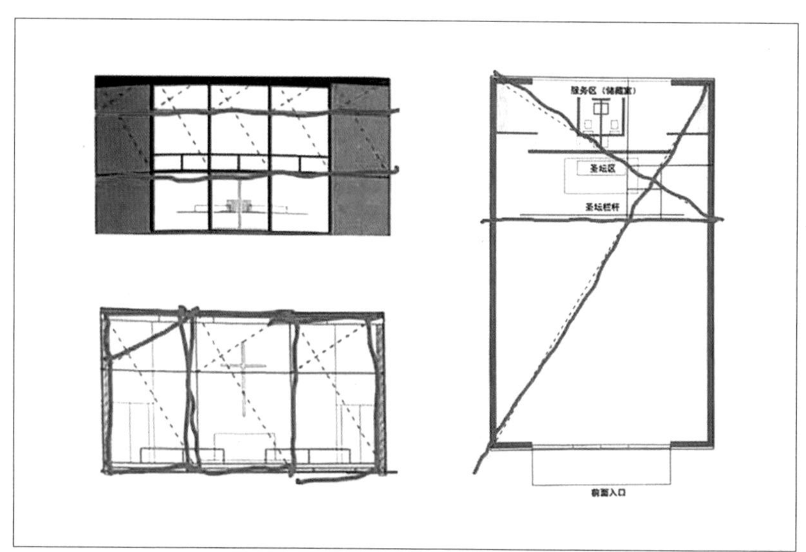

图 1.38

图 1.39

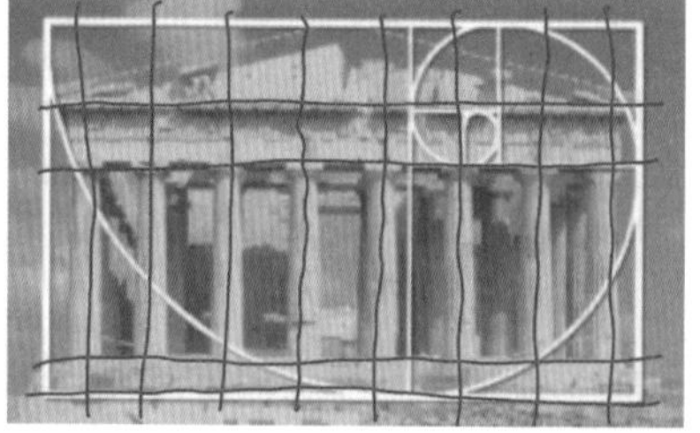

图 1.40

柯布西耶在《走向新建筑》这本书里提到，他在分析罗马市政厅广场上的大厦建筑立面时发现，其表面形式的背后是以矩形对角线作为设计控制线的（图1.41），这座文艺复兴时期的古典建筑立面遵循着严格的比例关系（图1.42）。柯布西耶从西方古代建筑中发现了这套控制线之后，将其用在了自己的建筑设计中（图1.43）。同学们在做设计的时候千万不能有任意性，表面的任意性必须要在一套数理逻辑里完成。

图 1.41

图 1.42

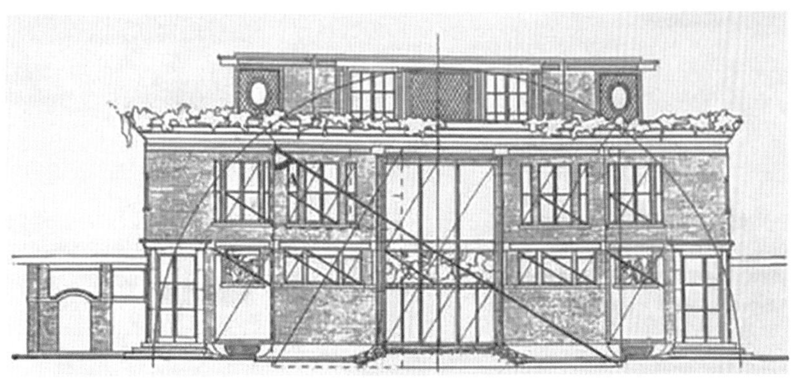

图 1.43

讲到这里，同学们可能会问：黄金比例、白银比例图形是如何画出来的？同学们先画一个正方形，沿两条平行边的中点将正方形均分为两个相等的矩形，以右侧矩形的对角线为半径画弧线，弧线与矩形短边方向的延长线获得交点，此交点至左侧矩形顶点的距离成为新的矩形的长边，短边则仍然是正方形的一边，这个大的矩形便是符合黄金比例的矩形。白银比例的矩形则是以正方形对角线为半径画弧线，然后采用上述类似的方法获得（图1.44）。

有理数比例是1∶1、1∶2、1∶3、1∶4、1∶5、1∶6等，也就是方形的不断叠加，这是非常简单的，因此对我们的视觉神经刺激缺少那种生命的张力，也就会产生一种相对静态的视觉感受。而无理数比例的图形对人们的视觉刺激具有生命的张力，因此会产生动态的视觉感受。无理数比例是构成生命形态特征的宇宙法则，所以我们在设计的时候会大量使用这样的比例，如 $1:\sqrt{2}$、$1:\sqrt{3}$、$1:\sqrt{5}$……这些无理数比例的矩形同样是以正方形为起点，以其对角线为半径获得 $1:\sqrt{2}$ 比例的矩形，再以此矩形的对角线为半径获得 $1:\sqrt{3}$ 比例的矩形，以此类推，获得 $1:\sqrt{5}$ 比例的矩形（图 1.45）。

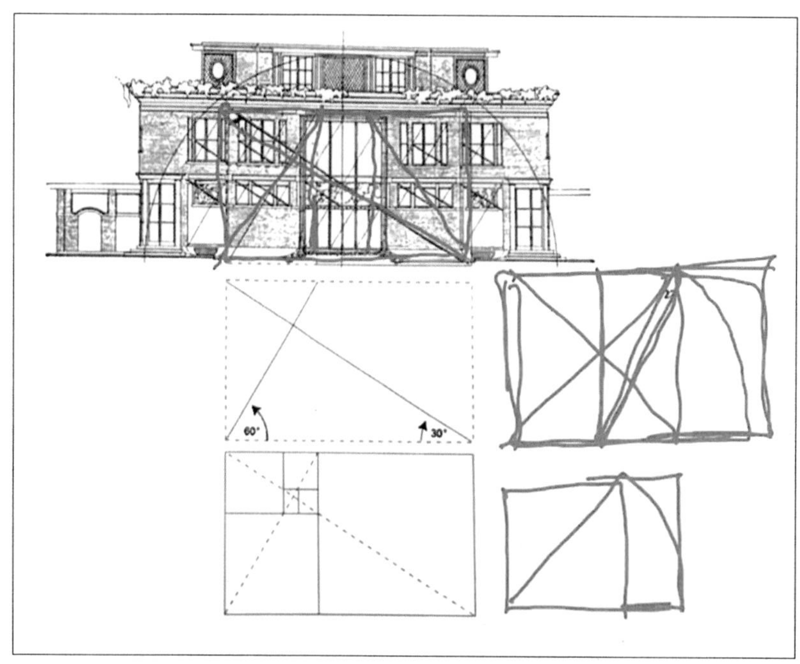

图 1.44

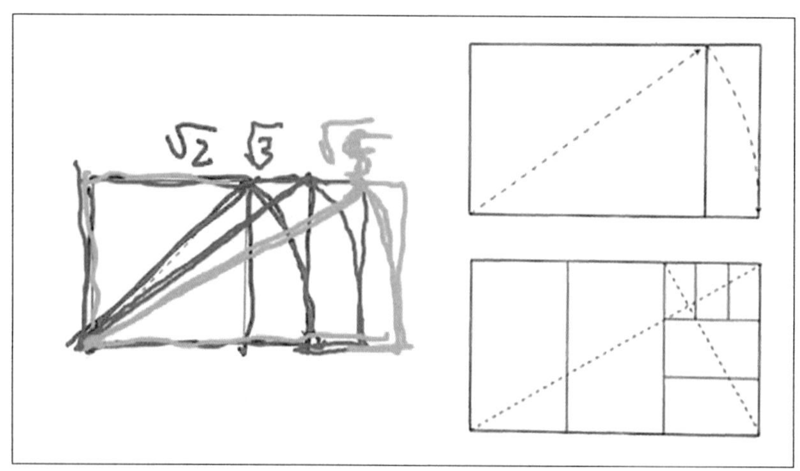

图 1.45

这套无理数比例早在西方古典建筑中就创造了非常生动的形态。欧洲文艺复兴时期的著名建筑师安德烈亚·帕拉第奥，在其建筑设计中应用了一套严格的无理数比例。有学者曾经对他的建筑平面进行系统归纳和整理，尤其是对建筑平面图进行了几何分析（图 1.46）。同学们从图中可以看出，平面图上的每个房间和楼梯都是在严格比例的控制下布置的。这种利用结构控制线的设计手法，不仅在古典建筑中广泛存在，在现代建筑中也仍然被采用，例如，前面讲到的现代主义建筑大师柯布西耶的建筑设计（图 1.47）。所以，这些经典的建筑设计都是在一个共同的宇宙法则下完成的，这两位不同时代的建筑师运用的这套图形控制线的比例就是经典的白银比例（$1:\sqrt{2}$）。

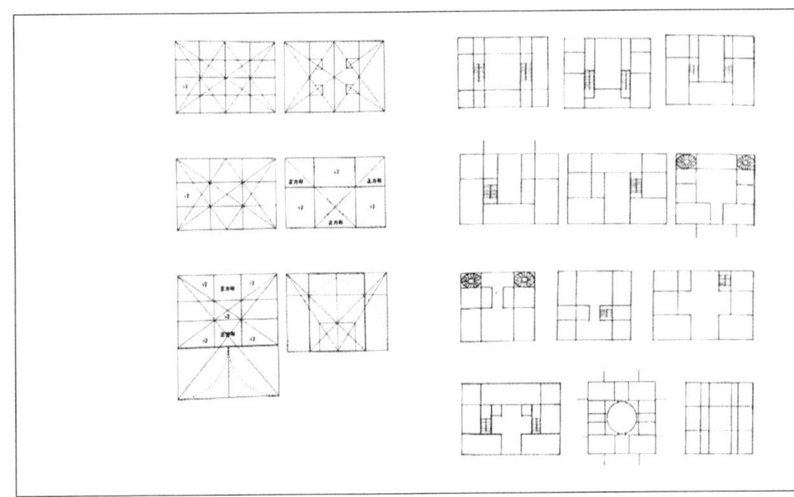

图 1.46

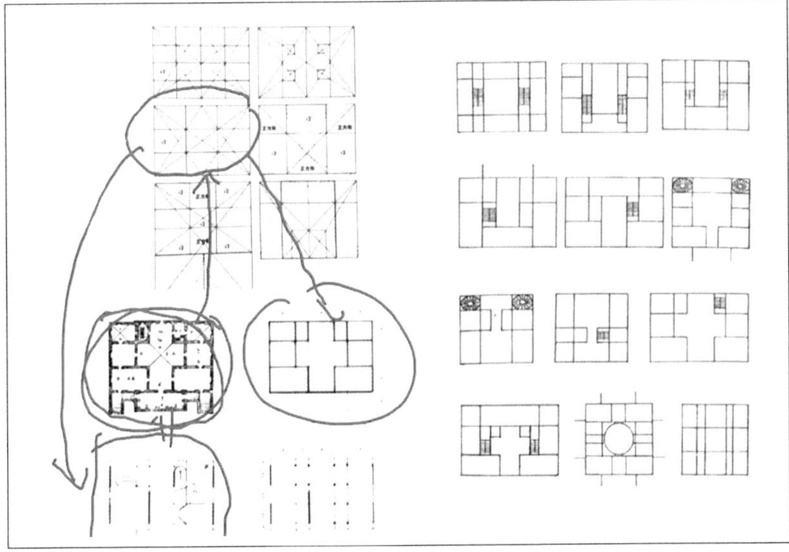

图 1.47

虽然两位建筑师是在同一个控制线的法则下完成设计的，但最终各自完成的建筑设计作品呈现出了完全不同的形态。柯布西耶的建筑平面虽然是在这套网格体系里进行分割的，但平面形式是一种虚虚实实的状态，空间感受更是如此。而帕拉第奥在建筑平面的设计中基本上把网格都打得很实，这是为什么呢？这是由建筑结构决定的，当时的砌体结构墙体有严格的力学要求。而到了柯布西耶的时代，出现了框架结构体系，承重结构与维护结构是分开的，因此可以为了营造空间氛围灵活布置墙体。

前面提到人类是自然界的一部分，身体构造符合宇宙法则，而柯布西耶的人体模度便是将人体的各部位经过测量后建立起的一套符合黄金比例的模数体系（图 1.48）。换句话说，人体是在一个符合黄金比例的逻辑体系下生长的，身体的众多关节的比例形成了一种具有韵律感的不断递增级数的关系，这也说明了人体构造是符合这一宇宙法则的。因此，人类感受美的标准是源自自然的身体构造数理法则，也就是说，对美的判断标准是全人类共通的。我们在感受到事物的美的时候，说明我们接收到的刺激符合这种比例关系和韵律，并与我们身体的这套宇宙法则产生了共鸣。柯布西耶的人体模度与古希腊、文艺复兴时期的建筑设计控制线法，其实都属于自然界形态中暗含的斐波那契数列，其本质是同一套宇宙法则。

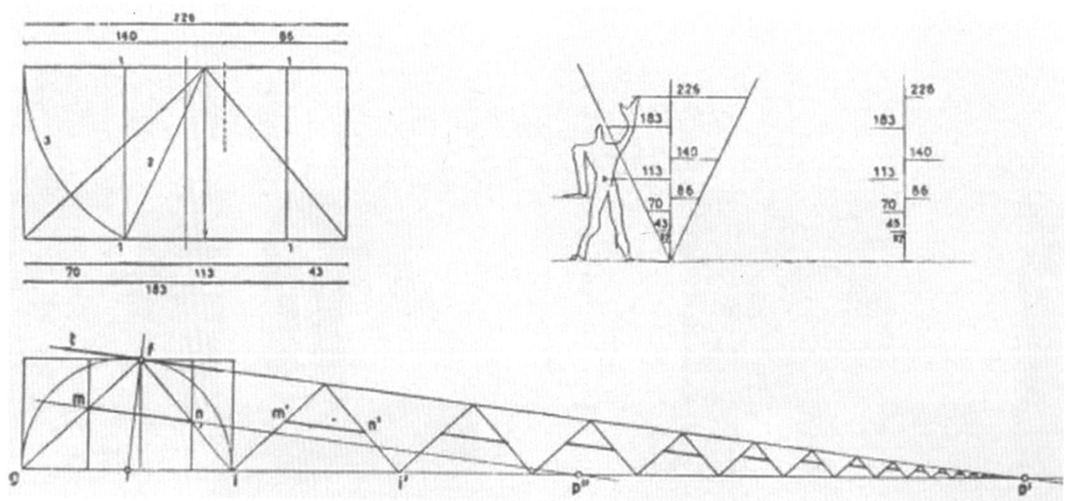

图 1.48

同学们在学习了这一法则后，课下要对自己的身体部位进行测量，研究五官及手的不同部位之间的比例关系（图 1.49）。

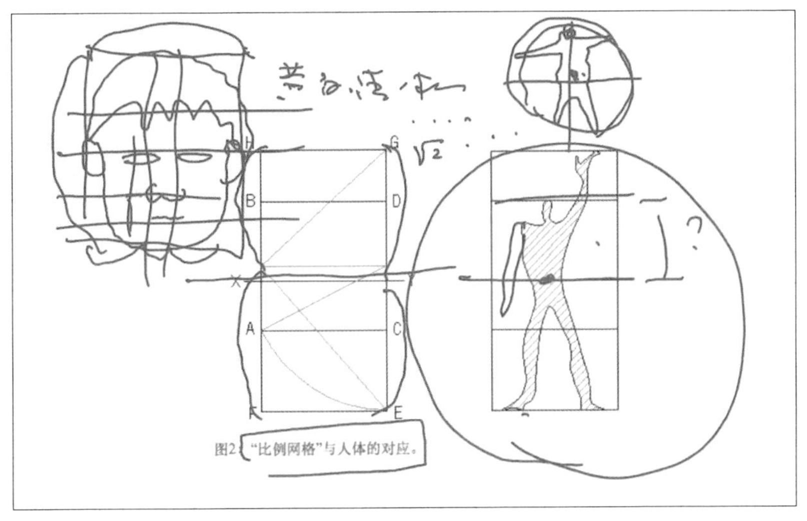

图 1.49

虽然柯布西耶的人体模度与古希腊、文艺复兴时期的黄金分割法则同属一套宇宙法则，但是他的贡献在于将欧洲工业革命之后的长度单位"米"，通过人体模度融入建筑设计。欧洲工业革命之前，世界各国都有自己的传统的长度单位，如英国的"英尺"和中国的"尺"。英尺是以脚的长度作为基本长度单位，而我国历代古尺的长度不一，欧洲不同国家的基本长度单位也是不统一的。欧洲工业革命以后，随着米制单位的普及，这一长度单位超越了国界限制，被大量应用于工业生产，并逐渐开始应用于工业化建造的厂房建筑中。因此，柯布西耶将这套米制单位的人体模度应用到建筑设计当中，使建筑与人体尺度相关联，进而使工业技术建造起的建筑符合人体尺度的模数，这对现代主义建筑的发展确实是一个伟大的贡献。

下面分析几个实际的建筑案例。同学们看一下柯布西耶设计的这张建筑平面图与其分析图中控制线的对位关系。通过比照可以发现，厨房空间的围护墙、楼梯、柱子、桌子等都不是随意布置的，而是遵循了严格的几何网格控制体系（图 1.50、图 1.51）。如果同学们不了解这套宇宙法则，在设计一个建筑的时候，往往会按照自己在日常生活中的感觉去设计，这就会使得你的设计具有随意性。但是，我们学习了这套法则以后，就要学会把自己的感受通过严格符合宇宙法则的控制网格进行形式的表达，使个人感受符合人类共通的审美感觉，因为我们设计出来的建筑将来是要供人使用的。

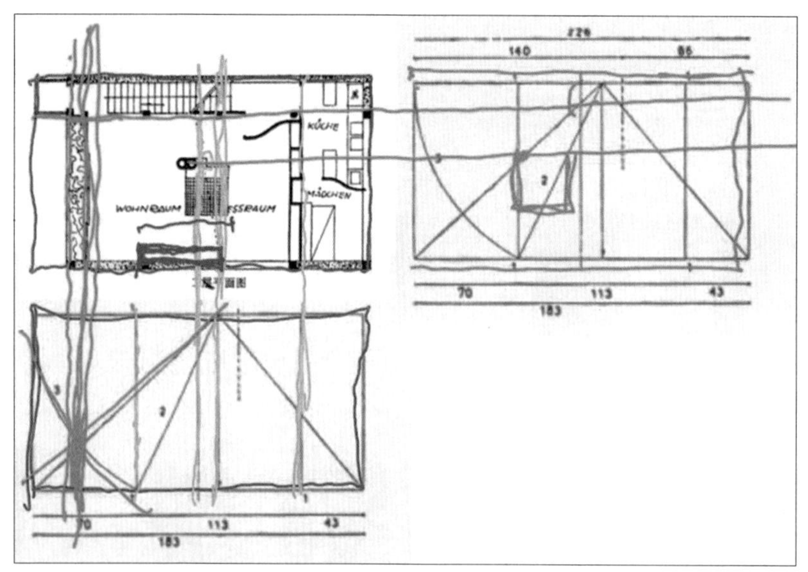

图 1.50

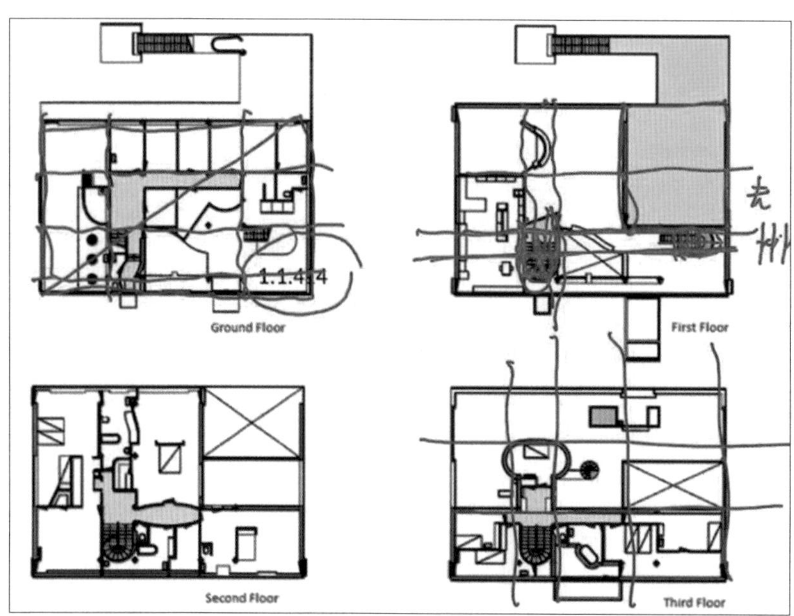

图 1.51

再看一下柯布西耶设计的建筑立面的开窗形式，这些窗框也是在严格的网格控制下进行划分的（图 1.52）。因此，这套法则普遍适用于建筑平面、立面、剖面及家具、门窗等设计。

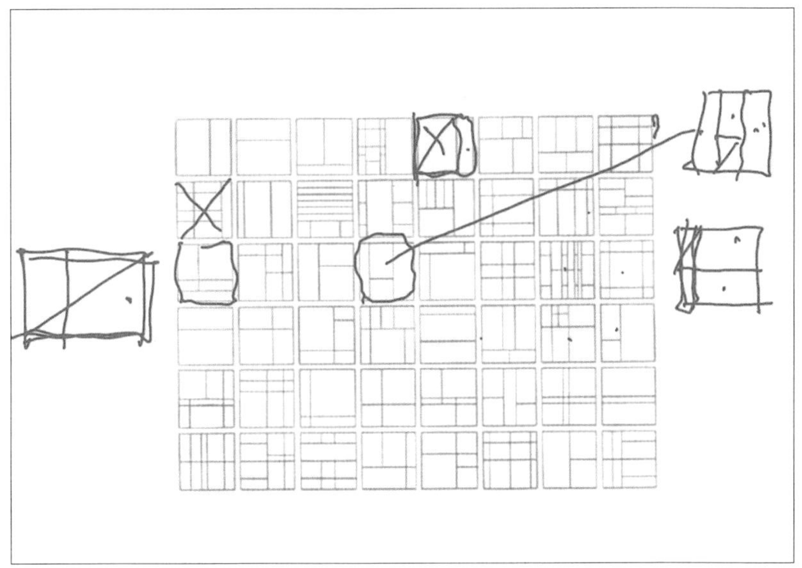

图 1.52

4. 比例与设计

王老师：前面我们讲到宇宙法则下的数理关系，$\sqrt{2}$、$\sqrt{3}$……这一系列无理数其实都对应着几何图形。作为设计专业的学生，我们学习的重点便是如何在几何图形中按比例分割，同时又能使分割后的局部图形与整体图形产生数理关系上的和谐。现代主义建筑区别于欧洲古典建筑的重要的一点便是，能够在这样严格的网格体系内设计出非常生动、自由的建筑形式。从前面的图 1.46 中可以看到，帕拉第奥的建筑里面的墙体都沿着网格进行规整布置，因为结构限制了建筑形式的自由。现代主义建筑则不然，结构技术的进步是让建筑形式获得更加自由的状态，而不是对其产生限制（图 1.53）。作为建筑设计者，就是要在严格的制约之下进行自由的表达，这种状态也是建筑设计行业的一大特点。

下面举几个经典的设计案例进行比例关系的分析。这是同学们熟悉的苹果公

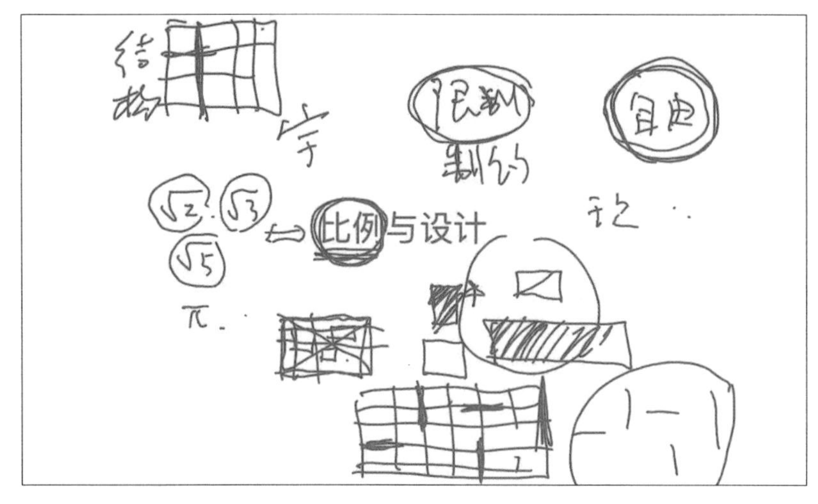

图 1.53

司的标志图案，这个看似随意的形式，其实是按照严格的比例关系设计的，比如，叶子、苹果外形、被“咬掉”的缺口等都暗含着一定的几何曲线（图 1.54）。著名的日本动画形象“哆啦 A 梦”，虽然看似是各种自由曲线的组合，其实也是在白银比例法则下设计的（图 1.55）。经典的博朗咖啡机，其外形设计，包括咖啡壶、咖啡机身、咖啡壶的手柄，也都遵循着严格的比例关系（图 1.56）。图 1.57 中的这张海报，其版面从整体到局部无一不是按照一定的比例关系设计的。

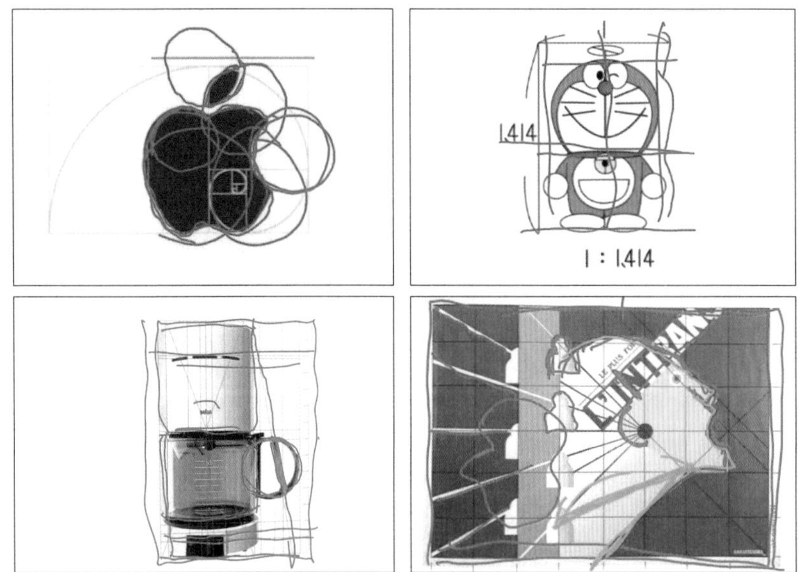

图 1.54～图 1.57

你们已经完成了“空间与观念赋予”和“形态与观念赋予”这两个在既有形态下的空间形式的设计训练。“几何形态与观念赋予”这一课题，就是让同学们学习如何创造一套符合比例的网格体系，从本质上运用符合宇宙法则的比例关系去创造生动的形态，而这种形态是具有生命力、能够感动心灵的。推而广之，所有的艺术形式都具有严格的形式比例，如绘画、雕塑、音乐、诗歌等，因为这样的形式比例是能与我们人类自身的构造比例产生共鸣的。换句话说，同学们要学会创造新的“生命”，这种“生命”是用空间来呈现的。从这个意义上讲，比例和设计的关系极其重要。

5. 网格与空间

王老师：接下来，我们将讲解符合宇宙法则的网格与空间的转化关系，以黄金矩形的内部网格为例。首先，同学们按照对角线分割法在黄金矩形内部打上各种格子，这样便获得了一个符合黄金比例的动态网格。根据这种分割法继续无限划分下去，就获得了丰富的网格体系。然后，按照所获得的网格体系，在所有线段的交点位置画正交线，可以获得正交体系的网格。最后，我们在这个正交体系网格内进行设计时，可以在相应位置设计建筑墙体、玻璃幕墙、楼梯间等（图 1.58）。总之，所有的建筑设计布局一定要沿着正交网格线完成，这样，最终的设计成果才能符合黄金比例的宇宙法则，具有形式美。

如果同学们想获取更复杂、更庞大的网格体系，可以将两个矩形叠加起来，然后在新的正交体系网格内进行相应的设计（图 1.59）。在面对一个建筑组

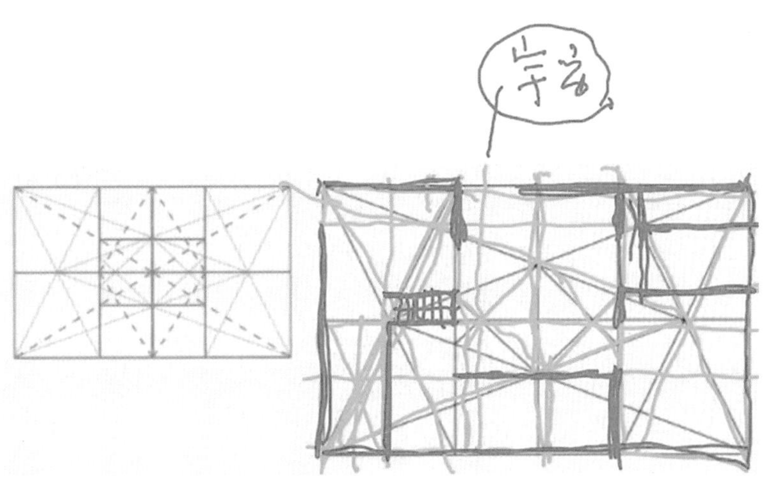

图 1.58

的设计时，同学们可以将这一正交体系网格的比例放大或缩小后再用于设计。例如，图 1.60 中的这四个黄金矩形网格可以视为四栋建筑，在其间布置道路后就形成了一个建筑组。只要每一栋建筑都按照这个网格进行设计，便会获得一种整体的和谐感。在一个正交体系网格内，还可以做不同密度的网格划分，这样便能够设计出更加自由的形式（图 1.61）。另外，还可以将这一矩形多组连续排列，进行更有针对性的复杂设计（图 1.62、图 1.63）。建筑学专业中的平面、立面、剖面设计都应该按照这套网格进行相应的设计。

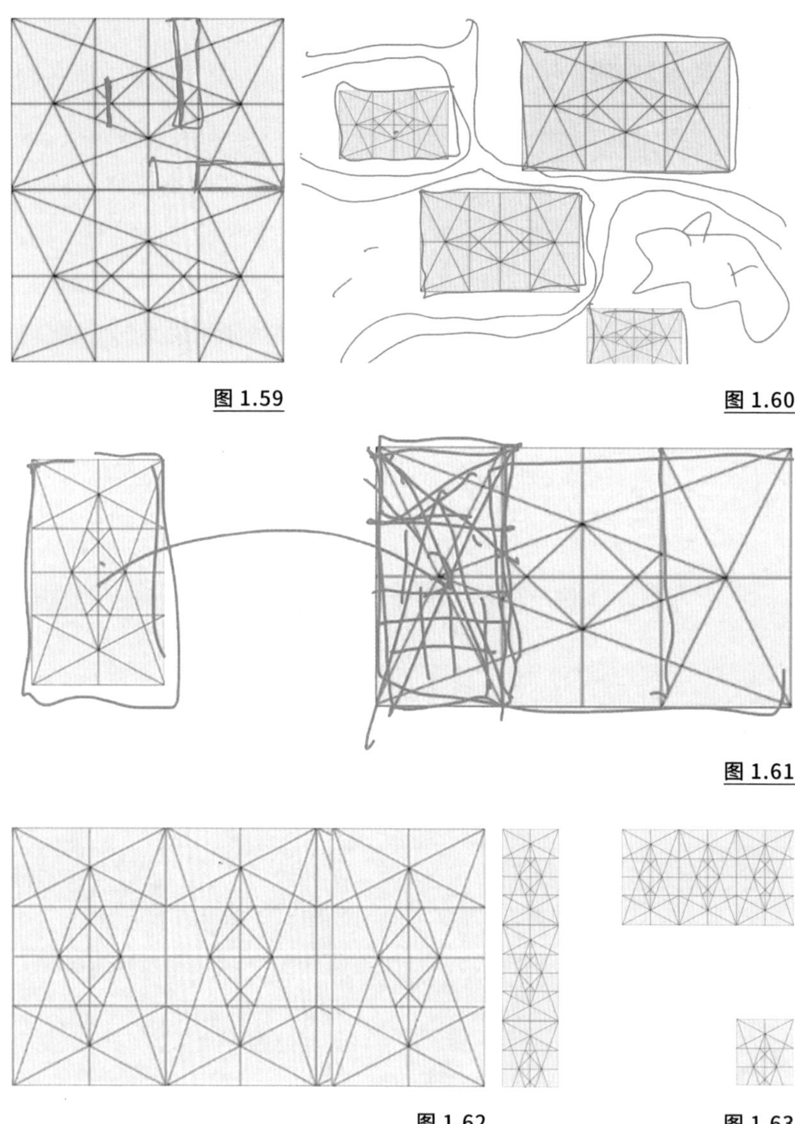

图 1.59

图 1.60

图 1.61

图 1.62

图 1.63

在此，我想跟同学们分享一下现代主义建筑设计思想的诞生。这一思想的产生是为了打破建筑的地域性，在世界范围内实现无贫富差距、种族差异、阶级壁垒的设计审美的至高理想。因此，现代主义设计思想是让所有人工设计的产品都具有人类能够感知到的共通的美感。我认为这是现代主义建筑师与一般的工匠、工程师的最大区别。在 20 世纪初，现代主义设计思想的诞生具有革命性的意义，发展到 21 世纪，现代主义设计思想已经在世界范围内得到推广与传播。

6. 功能分析图与几何形态

王老师：同学们在翻阅《建筑设计资料集》或者其他建筑设计文献时，经常会看到功能气泡图。这一类型的示意图仅是把建筑内包含的不同功能之间的联系进行抽象性的表达，但缺少承载这些功能的建筑空间形式。因此，建筑师在进行设计时，需要设计出既能满足功能需求又具有美感的建筑形式。我们按照正交体系网格方法将这些不同的建筑功能布置于对应的网格范围内，如建筑入口、门厅、报告厅、楼梯间等，同时又能满足这些建筑功能的需求，这其实就完成了一座建筑的平面设计（图 1.64）。如何在一个网格体系内布置这些不同的功能，则需要参考相关的建筑规范。

那么，功能重要吗？功能很重要，但我认为功能的布置不是同学们在学校里能够学到的，而需要在设计工作中去积累经验。因为功能需求是由建筑业主或设计甲方提出的，而这些只有在具体的建筑设计项目中才能接触到，随着实际设计项目经验的积累，同学们就会掌握一定的建筑功能布置的技能。在以往的建筑设计教学中，同学们面对复杂的建筑功能时，很难去完成其布置，这并非同学们的问题，而是这方面的学习需要实际的项目经验。因此，注重功能性设计经验的教学其实偏离了建筑学的专业重心，建筑设计者应该学会在宇宙法则下去创造适于集合这些建筑功能的空间形态。

同学们在“几何形态与观念赋予”设计训练中，需要创造出能承载建筑功能的生动的建筑形态，然后根据建筑场地、地形、层数等客观现实要素，将这些功能在建筑形态内部进行优化、调整。所以说，建筑设计的过程是一个数理运算的过程，但在这一过程中需要把感性的内容加进去，综合之下才能使建筑打动人心。

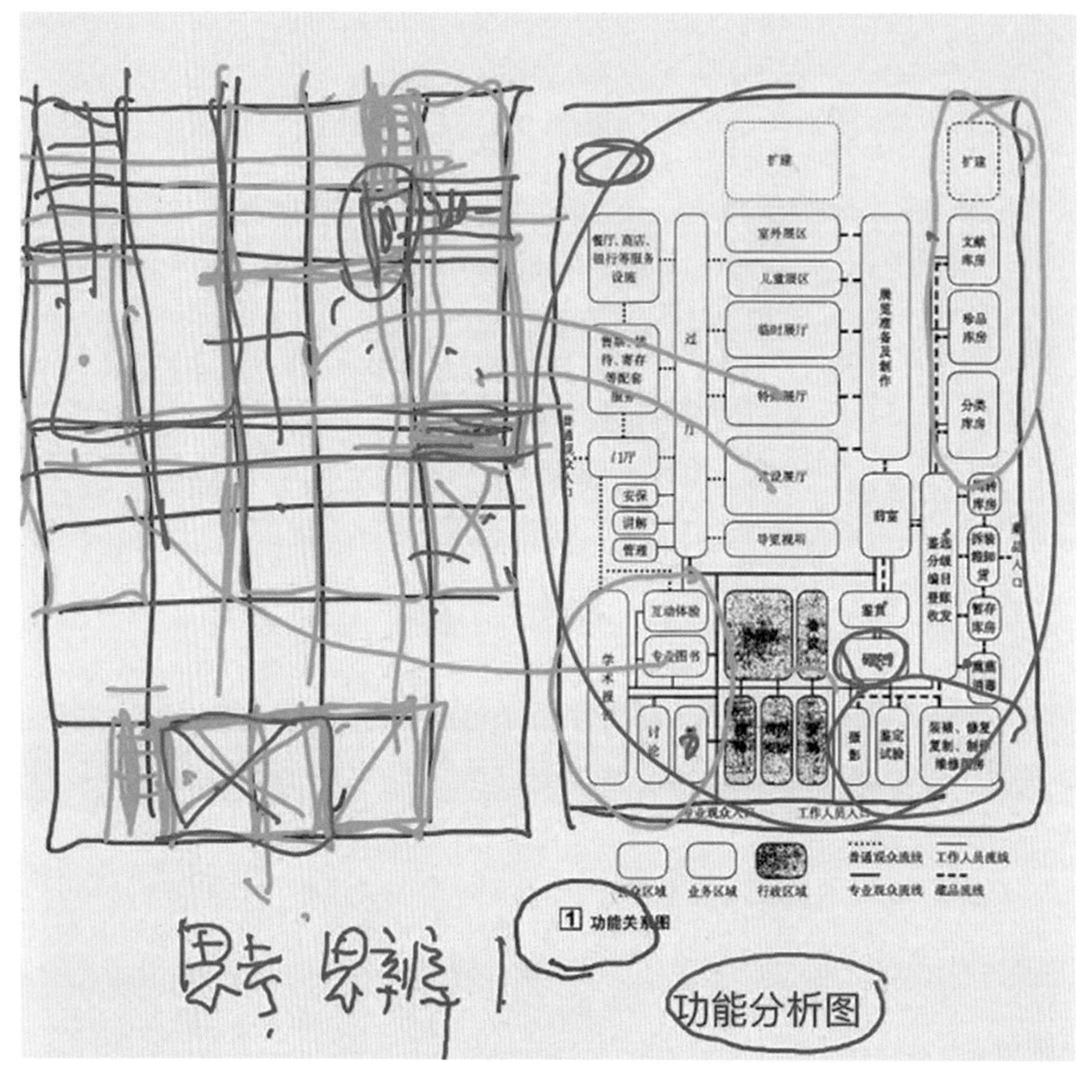

图 1.64

7. 测量与分析

王老师：课后，同学们要结合这次的讲解内容完成实际测量与分析的任务。第一，找到 5 种树叶，测量并找出其中暗含的比例关系，具体的操作方法是按照叶脉的生长结构进行网格划分，也就是把一个具象的形态进行结构化处理，然后仔细测量这些网格中存在的几何比例；第二，测量自己的脸部和手部，找出其中的比例关系，比如，将拇指伸开后拍照，把手指上的纹理进行网格划分，测量并找出网格中的几何比例；第三，测量自己的身体，并找出其中的比例关系，比如，给自己的身体拍照后，按照身体各部位的构造关节与特征部位（脚踝、膝盖、胯骨关节、肚脐等）进行网格划分，测量并找出网格中的几何比例；第四，找出 5 张你感觉较好的图片进行分析，并找出比例关系；第五，找出 5 张你感觉较好的绘画作品，这些画作一定要是历史上著名艺术家的作品，然后对画面的结构进行分析，并找出比例关系。图 1.65、图 1.66 是之前接受过这一设计方法训练的同学所测量、分析的网格结构，同学们可以作为参考。

整个设计方法的训练步骤是：首先，去测量分析，找出比例关系；然后，根据网格结构获得空间模型；最后，对空间模型进行功能和空间组织，如将它变成一个剧场、住宅、展览馆等。

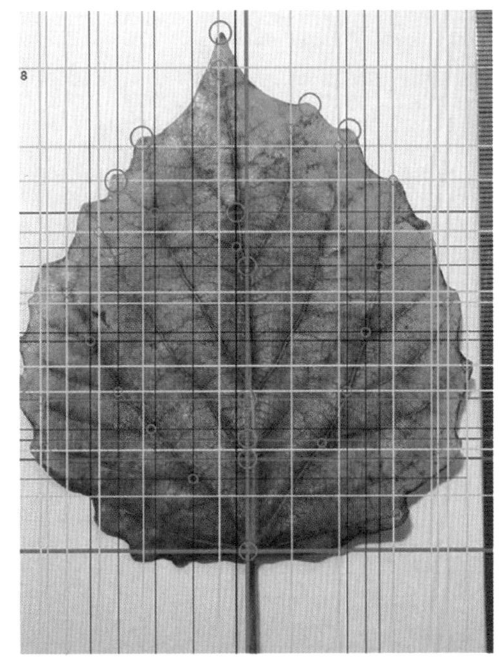

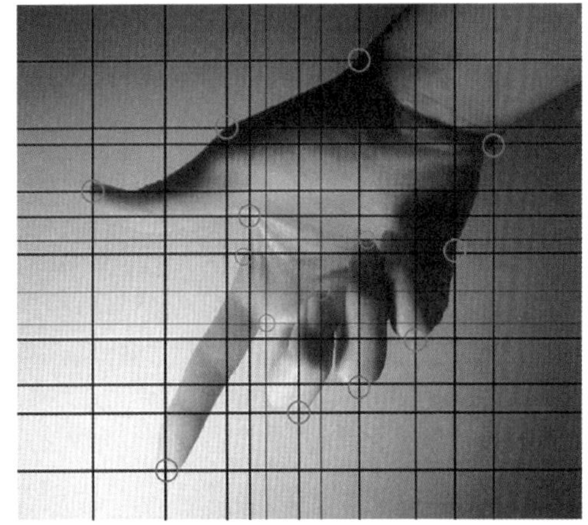

图 1.65、图 1.66

第二章

2

发现几何秩序

1. 测量、分析实例

王老师：这节课，请各位同学把自己课下完成的测量与分析的结果跟大家分享一下。我们一起看看其背后都蕴藏了哪些几何秩序。

梁润轩：这是我对一片枫树叶的测量和分析，首先将这片树叶主要的叶尖、叶柄节点打上网格，然后对这些线段进行测量，发现这几段网格线长度比例符合黄金比例（图 2.1）。第二张是一片花的叶子，我将这片叶子边缘的主要特征部位打上网格后，经过测量发现图片左边的数值近似斐波那契数列，上边的数值符合黄金比例（图 2.2）。第三张是张开的手掌的线描图，我在手的主要特征部位打上网格后，测量发现手的主要关节的长度数值，以及各个手指张开的水平距离数值均近似斐波那契数列（图 2.3）。第四张是脸部照片的线描图，我在五官及头部的主要特征部位打上网格后进行测量和分析，发现这些部位在竖向与水平向的测量数值也近似斐波那契数列（图 2.4）。

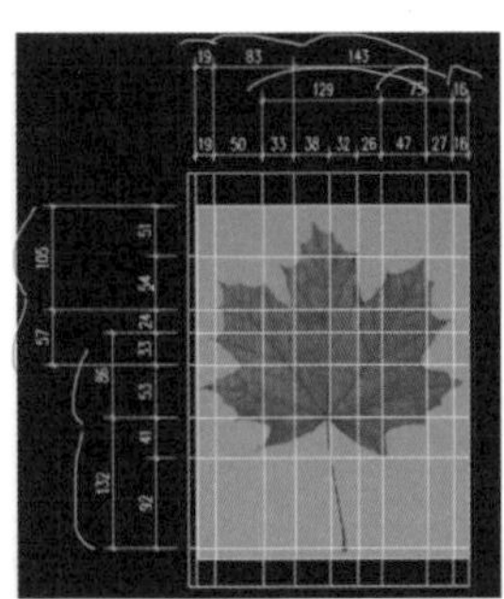

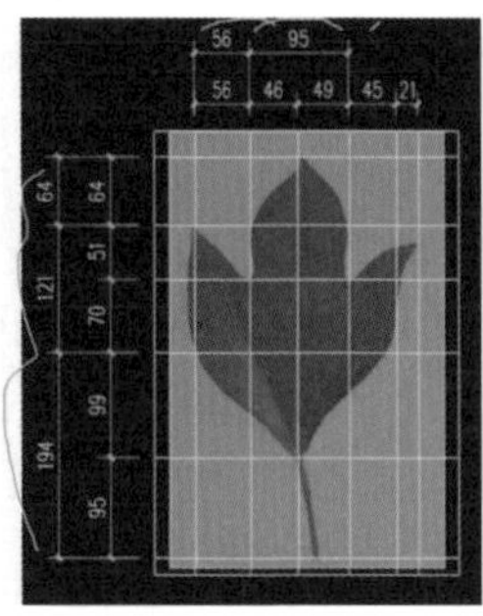

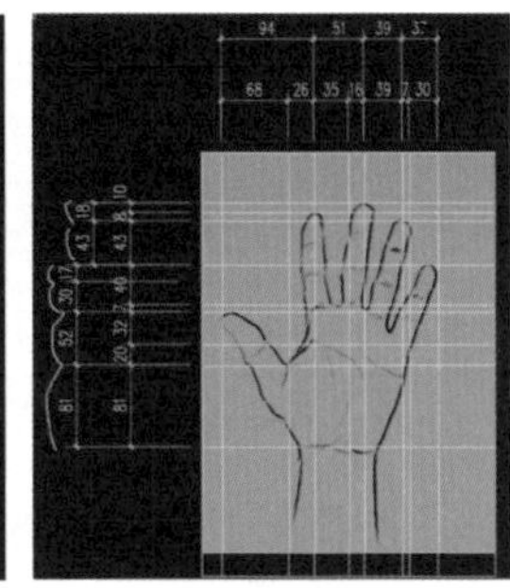

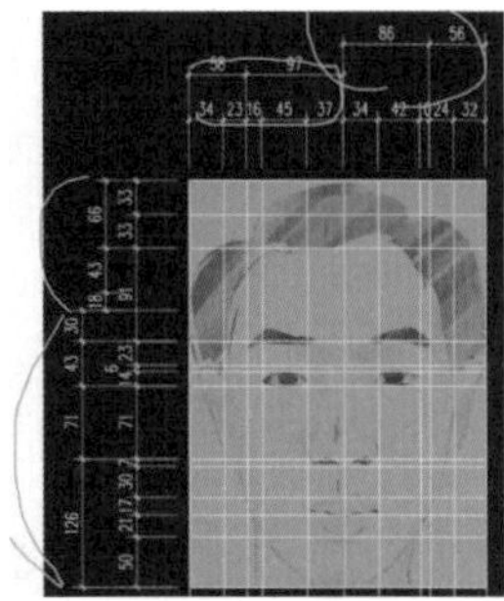

图 2.1 ～图 2.4

第五张是一个模特的照片，我在他的脚跟、膝盖、手、腰部、肘关节、肩关节、头顶等主要特征部位打上网格，测量发现人体的宽度与高度之比接近 1∶7 ，其他部位的竖向长度比值部分符合黄金比例（图 2.5）。

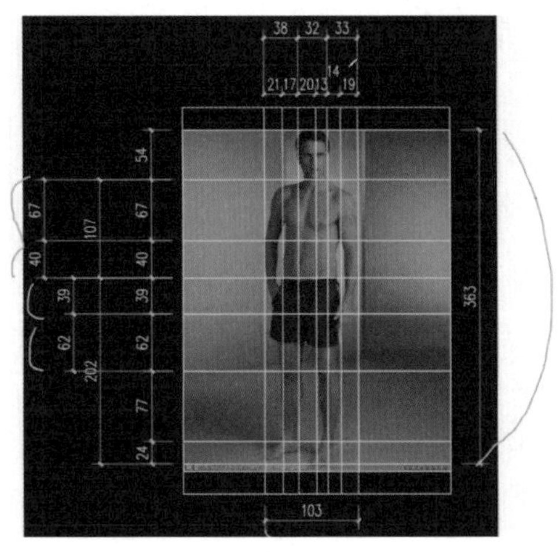

图 2.5

第六张是一幅摄影作品，我在突出的景色部位打上网格，测量发现整个图片的长宽比接近 3 : 1，同时竖向上的测量数值近似斐波那契数列，水平向的测量数值比例部分符合黄金比例（图 2.6）。第七张是一幅风景画，我按照同样的方式打网格、测量后发现，在竖向及水平方向的数值比部分符合黄金比例（图 2.7）。第八张是一幅风景画，通过在特征部位打网格、测量、分析发现，画面的竖向及水平向的数值比也是部分符合黄金比例（图 2.8）。

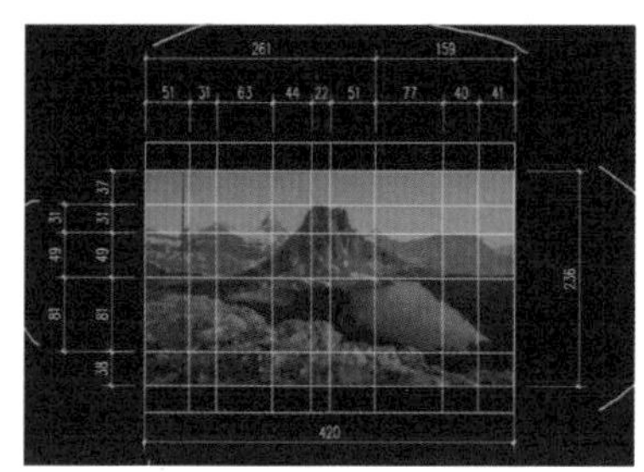

图 2.6

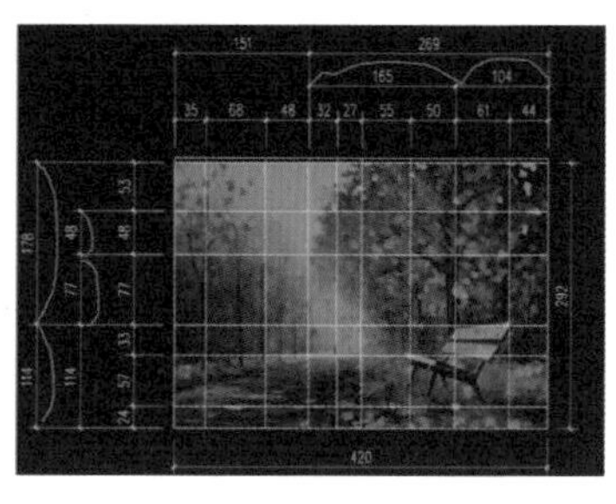

图 2.7

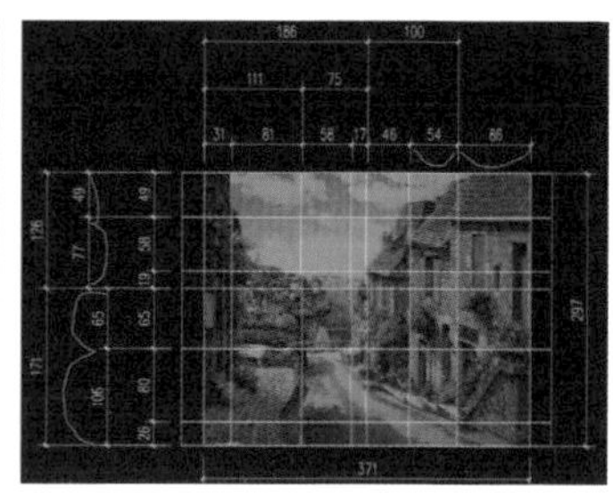

图 2.8

王老师：最后这张画其实蕴藏着许多有意思的地方。画面正中是一整个蓝色块，这也是视觉构图的中心位置。画家在这幅画中凭感觉对图形要素的取舍，其实都符合一定的规律。比如，这些房子的竖向边线、屋檐下边沿线及门的边线，如果将其抽象出来会发现，它们之间的位置、形状和色彩关系实际上是一种力学上的相互平衡（图 2.9）。换句话说，这种由力控制着的抽象几何结构是整幅画面构图的框架，这是同学们在测量和分析过程中需要注意的地方。

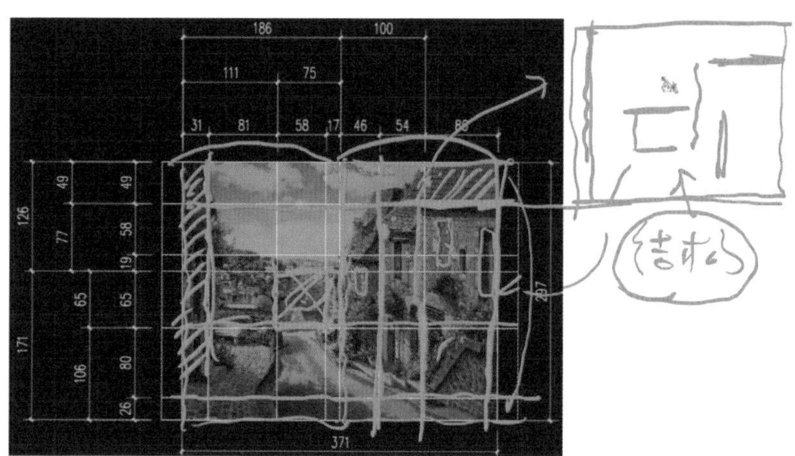

图 2.9

梁润轩：第九张也是一幅风景画，其竖向和水平向的数值比也是部分符合黄金比例（图 2.10）。

王老师：在这幅画面中，海平面的边际线已经把画面整体的构图确定了。画中各要素不是随便布置的，而是按照一个严格的比例关系布置的。当然，画家可能是有意识地布置画中的各个要素，也可能是无意识的，他只是觉得这样画出来很美。你们在做设计或者画图的时候，一定要明白它们背后的构造逻辑关系。我们并不是要分析这幅画，而是希望同学们通过分析知道这样的事实的存在（图 2.11）。任何自由形态的背后都隐含这样的几何构造网格，建筑的背后也存在从自然当中抽象出的一套具有本质性的逻辑和结构。从哲学认知来讲，这要求同学们透过现象看本质，虽然现象是丰富的，但结构一定是简单的。

梁润轩，麻烦你把枫树树叶的图片打开。在这片树叶的测量、分析中，你需要注意叶片局部之间的网格比例关系，也就是叶片中相近位置的网格比例，比如，叶脉上相邻的点的比例关系。在测量、分析过程中，同学们还会发现这些数值比不可能都是严格的黄金比例，而是一种近似比，因为黄金比值是无理数，不可能有确数（图 2.12）。

还需要注意的是，同学们在分析画作、照片的时候一定要挑选一些经典作品，因为这些作品中蕴含着严格的符合形式美的比例结构。

初馨蓓：这是一颗红枣，我给它拍完照后在红枣表面的主要特征点上打网格，通过测量、计算发现这颗红枣的长宽比值约为 1.7，接近铂金比例（图 2.13）。第二张是一张西红柿的照片，我按照同样

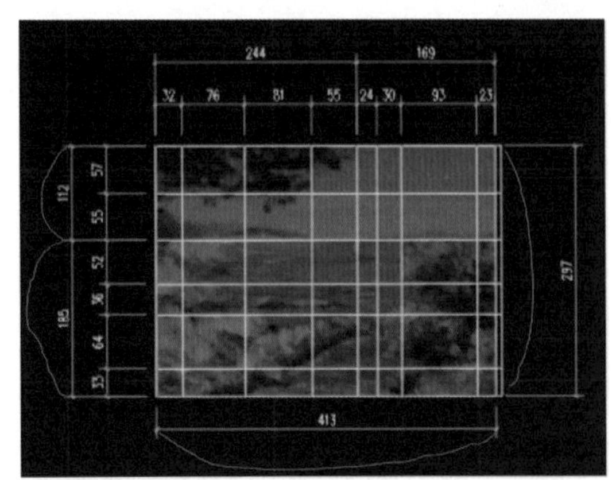

图 2.10

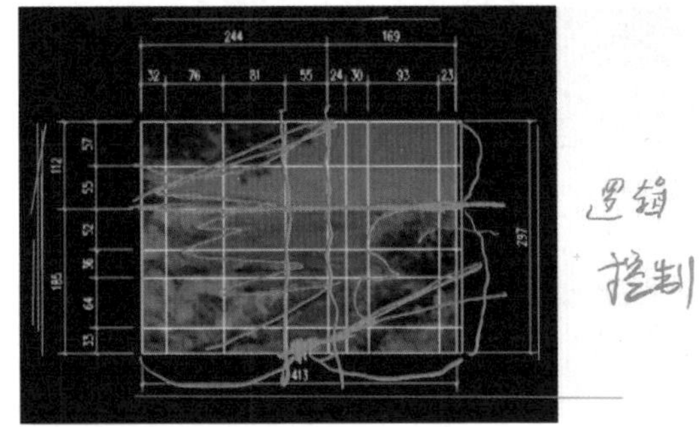

图 2.11

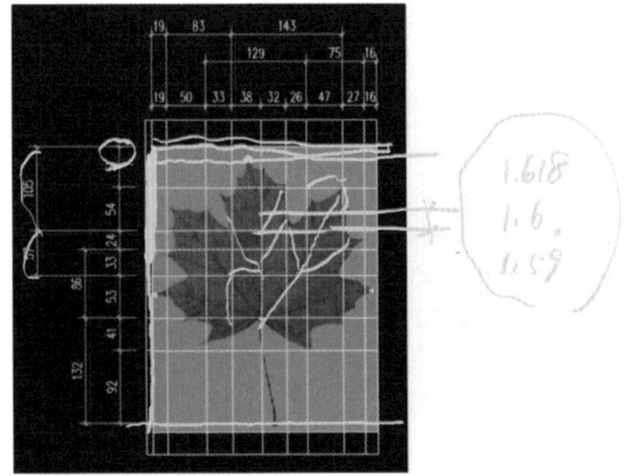

图 2.12

的方法拍照、打网格、测量、计算发现，西红柿果体本身暗含在一个正方形内，果体外边缘到西红柿柄顶端的距离与正方形边长的比例接近黄金比例（图 2.14）。第三张是生姜的图片，经过测量发现生姜的长度与宽度的比例约为 1.61∶1，接近黄金比例（图 2.15）。

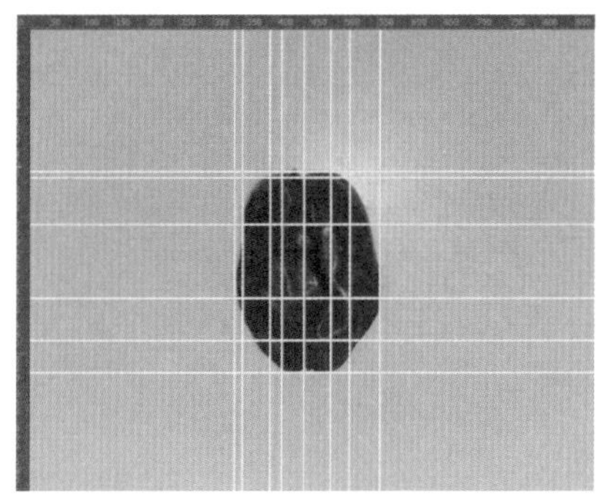

图 2.13

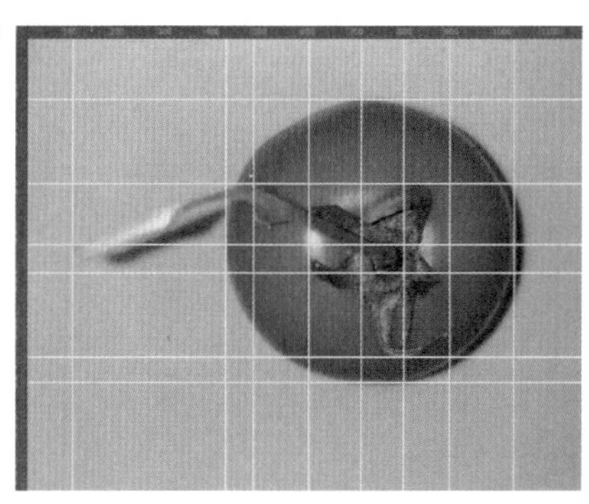

图 2.14

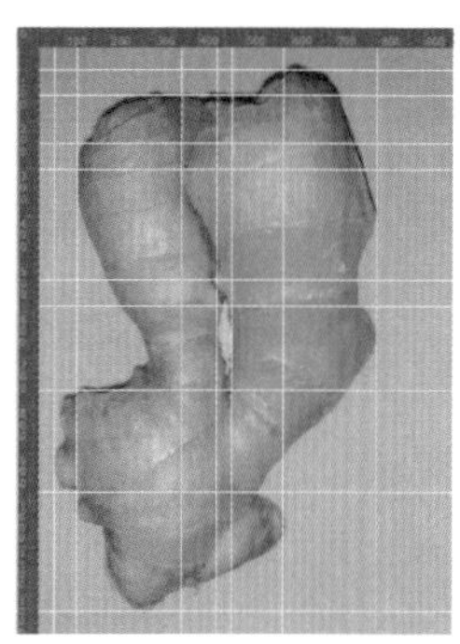

图 2.15

王老师： 你的这三个测量、分析的成果还不错，尤其是生姜，它表面的这些特征点上的网格可以继续深入测量、计算（图 2.16）。

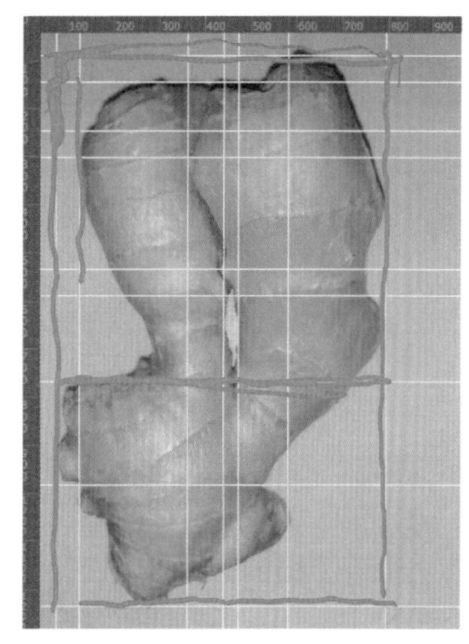

图 2.16

董嘉琪： 这是我拍的一种花的叶子。经过在叶子的特征点上打网格、测量、计算发现，这片叶子的宽度与长度的比例约为 1∶2.61，接近第二黄金比例（图 2.17）。

王老师： 现在，你用叶子分析出第二黄金比例，在以后的实际设计中，你便可以脱离叶子，直接利用第二黄金比例矩形，并在其内部打上网格进行空间设计。目前，我们让同学们测量、分析的目的是从现实对象物中发现这些宇宙法则下的比例关系，掌握了这套比例之后，同学们可以抽象出类似前面说的第二黄金比例矩形，然后按照对角线的方法连线，在所有对角线的交点位置打上正交网格线。这个正交网格的长宽比就是一个无理数比例，按照这种划分方法可以获得无数个无理数的网格（图 2.18）。我们从客观的现实中吸取经验，然后利用这些经验指导我们的设计。这个逻辑过程，同学们要反反复复地练习，直至能够灵活使用。

董嘉琪： 这是另一张花的叶子的照片。经过在特征点打网格、测量、计算得出这片叶子的宽度与长度的比例约是 1∶1.7，接近铂金比例（图 2.19）。

王老师： 除了计算叶子宽度与长度的比值外，你还需要对叶子内部叶脉节点上的网格长度进行计算，看看 a∶b 的比值是否与 c∶d 的比值相等。其实，设计本身是一个数学问题，叶子中的 a、b、c、d 在建筑中可以看成建筑尺寸，这属于严谨的数学计算（图 2.20）。当然，数学计算的背后实际上也是一种人的感情表现。

李凡： 这是我拍的一张坐着的猫的照片。我在猫的主要身体特征部位上打网格，发现这只猫从耳朵到尾巴、从头部到猫爪的网格边长比值都约为 1.58，近似

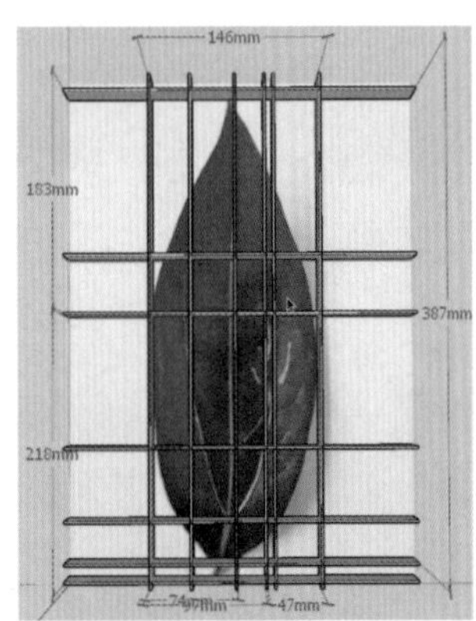

图 2.17、图 2.18

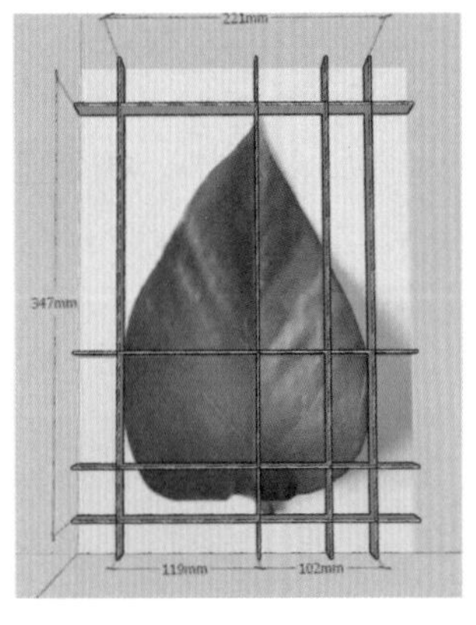

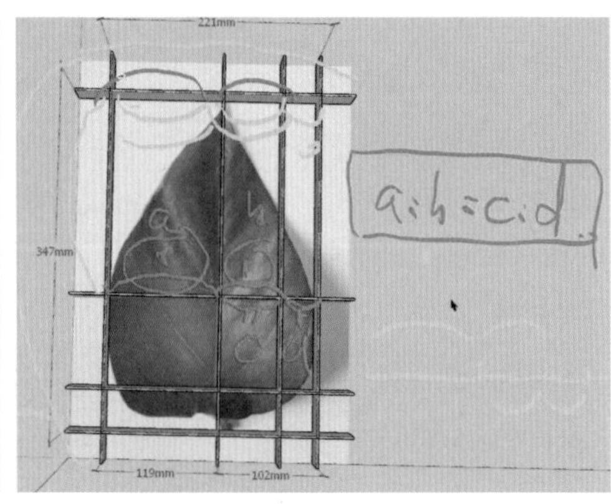

图 2.19、图 2.20

黄金比例（图 2.21）。第二张是雷诺阿的油画《塞纳河》，我按照感觉将画面上的主要特征点打上网格，经过测量、计算发现，这幅画的长宽比约为 1.41∶1，接近白银比例。从船底部分到画面顶部及底部的距离之比约为 1.77∶1，接近铂金比例（图 2.22）。第三张也是一幅风景画，我按照同样的方法得出这幅画的长宽比约为 1.41∶1，接近白银比例。从房顶屋脊到画面顶端及底端的距离之比约为 1∶1.4，也接近白银比例（图 2.23）。

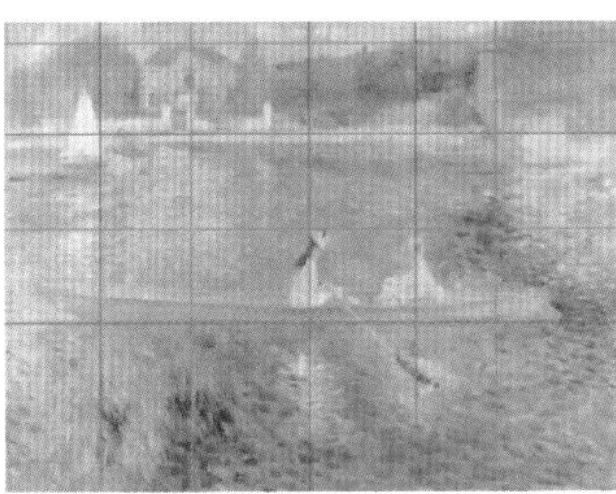

图 2.21 ～图 2.23

王老师： 换句话说，最后这幅画是在白银比例的网格体系下绘制的。我估计这幅画里的局部也是符合这一比例的，例如，这个网格的长（a）、宽（b）之比，需要你去进一步测量、计算（图 2.24）。你在分析这张图的时候，也可以在图面上画对角线，借助这种方法，你可能会发现更多的问题。你可以将用对角线得出的理性分析网格与画面构图进行比较，看这两者有何区别与共性，这是值得去研究的（图 2.25）。

刘昱廷： 这是一张油画的图片。我按照自己的感觉在画面的特征点打上网格，经过测量、计算，发现画面中房子的总高度与总宽度的比例约为 1∶1.8，接近铂金比。画面左下角的草地区域在画面中的高度与宽度比例约为 1∶1.7，也接近铂金比。画面右侧的这棵树的宽度与高度的比例约为 1∶1.6，接近黄金比例（图 2.26）。

图 2.24、图 2.25

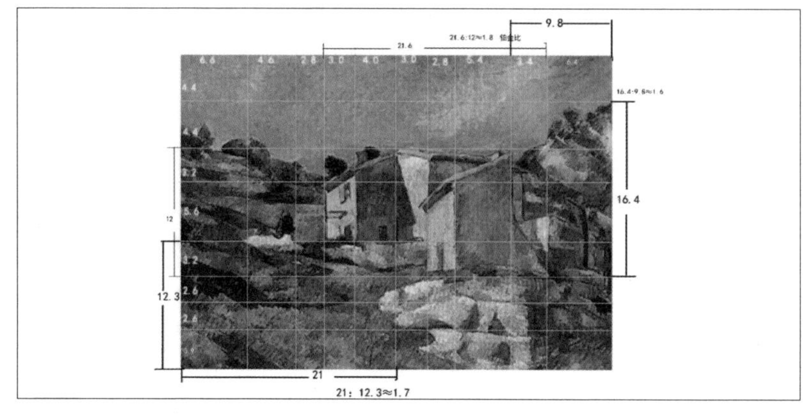

图 2.26

王老师：有一个问题，就是你没有分析整幅画作的边长比例关系。所有的同学都应当注意这一问题。你测量、计算了画面中的这些要素的比例关系，却忽视了整个画面格局的比例。

刘昱廷：这是另一幅油画的图片。我按照前面同样的方法打上网格，经过测量、计算发现，左边树干到右边房子边缘的距离与树干高度的比例约为 1∶1.7，接近铂金比例（图 2.27）。

王老师：还是你前面分析画作时存在的问题，一定要先从画作的整体格局入手进行分析，你直接分析画作的局部，实际上是把这幅画缩小了。如果在你分析的局部画面网格中画上对角线，并将它延长，你会发现它与整幅画面的对角线可能存在重合的关系（图 2.28）。分析画面局部网格的比例这件事件反映出了你观察对象物时的思想和视点的问题，你很容易抓住事物的细节，但是也容易忽视事物的整体形态。因此，在这个网格训练中，你要格外重视和学习从整体到局部的分析方法，这其实就是树木与森林的关系，我们不能只看到一棵树，而看不到整片森林。

图 2.27、图 2.28

刘昱廷：这是我自己的一张证件照。我把脸部的主要特征部位打上网格，测量、计算后发现，脸部的宽度与高度的比例约是 1∶1.4，接近白银比例（图 2.29）。下一张是我自己的手的照片，我按照同样的方法发现手指关节部位存在两个符合白银比例的网格（图 2.30）。

王老师：你身体的各部位有这么多白银比例存在，我推测你在看这个世界的时候可能也会按照白银比例去选择与你产生共鸣的形态。这是一个有趣的问题，希望你课下进一步研究。

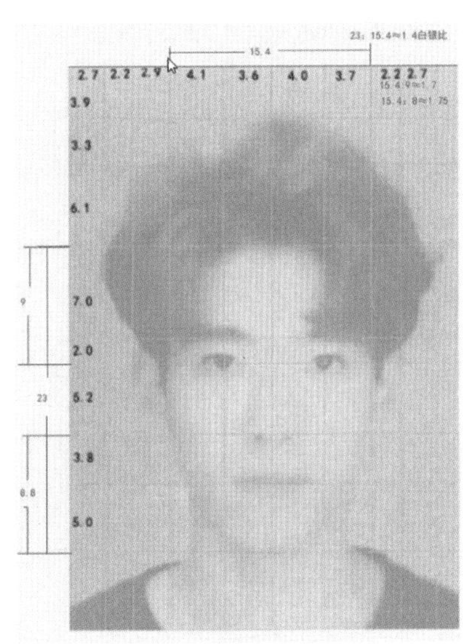

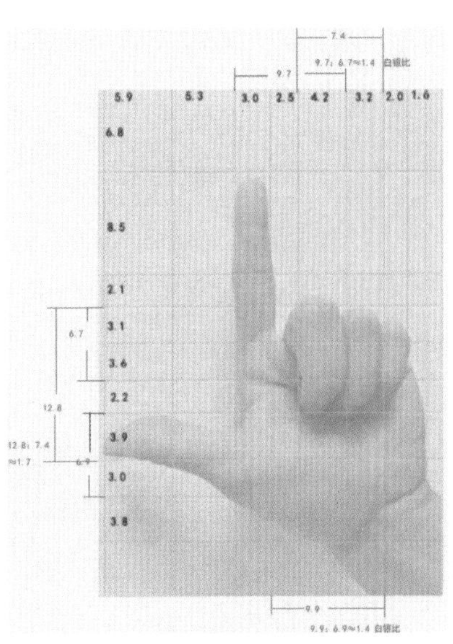

图 2.29、图 2.30

刘昱廷：这是一幅凡·高自画像的照片。画面中凡·高头部的宽度和长度比例约为 1∶1.4，接近白银比例，他前额的高度和宽度之比也接近白银比例，两只眼睛的宽度和眼睛下部到下颌底部的长度之比接近 1∶1.4，同样符合白银比例（图 2.31）。

王老师：刘昱廷同学在这个训练中存在两个问题。一个是前面提到的观察视角的问题；另一个问题是，你还需要去拍一些生活中的实物照片，如树叶、食物、花朵、水果等，然后对这些照片进行测量、分析。

图 2.31

刘源：这是我从公园里捡的一片竹叶的照片，我在上面打了网格，但没发现什么特别的比例关系。整片叶子的长宽比约是 1∶7（图 2.32）。

王老师：在分析这样的长条形树叶时，你应该按照叶脉的生长特征点去打网格进行分析。比如，利用这些特征点的网格线把这片叶子分成几段，再分析每一段网格的边长之比是否符合经典比例。这片竹叶有可能存在偶数个经典比例，也有可能存在奇数个经典比例（图 2.33），也就是说，这片竹叶有可能是多个经典比例的集合。

刘源：这是我的手掌照片。我在手掌关节部位打上网格，经过测量、计算发现，整个手掌的宽度与长度之比约为 1∶1.7，接近铂金比例（图 2.34）。

王老师：这个手掌的比例分析做得不错，但是大拇指的这个位置少画了一条网格线（图 2.35）。你把这条线画上之后再测量、分析一次，看一下会得出什么样的结果。如果将这个手掌中的网格对应到建筑平面来看的话，可以在里面划分出若干个不同比例的空间（图 2.36）。

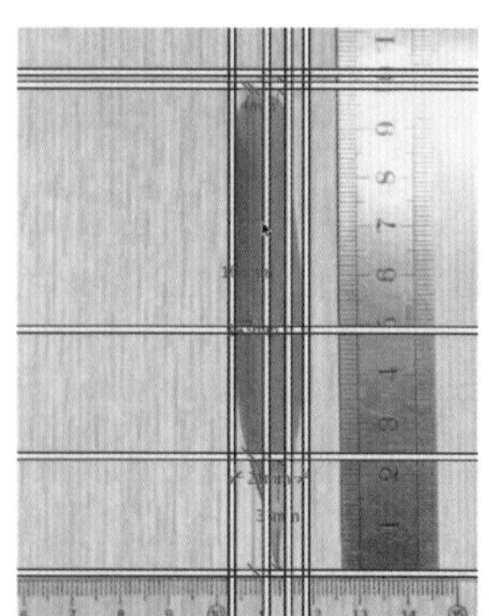

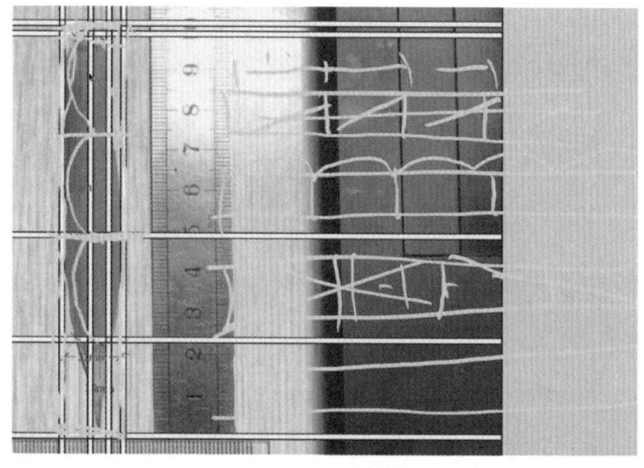

图 2.32、图 2.33

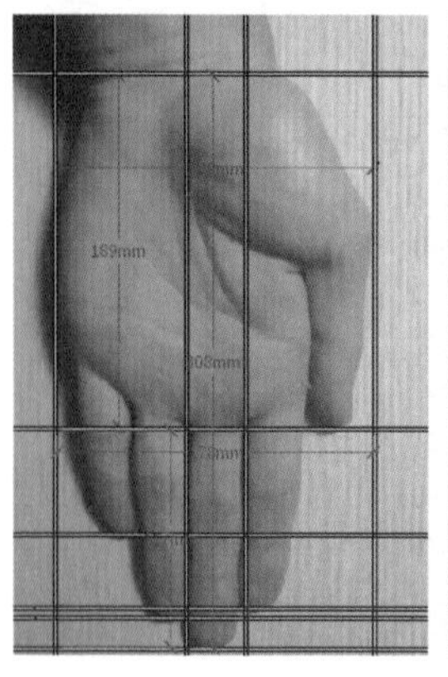

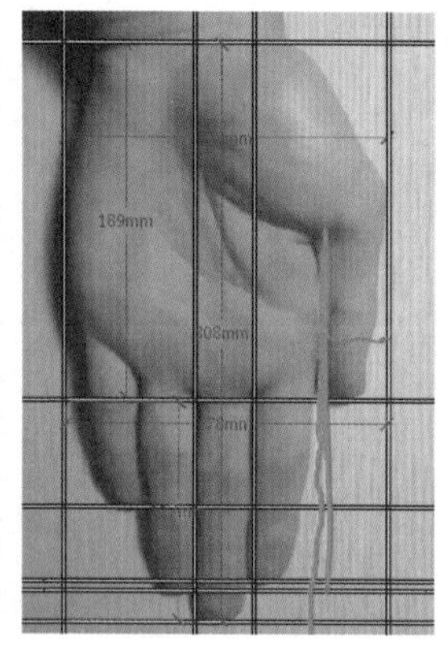

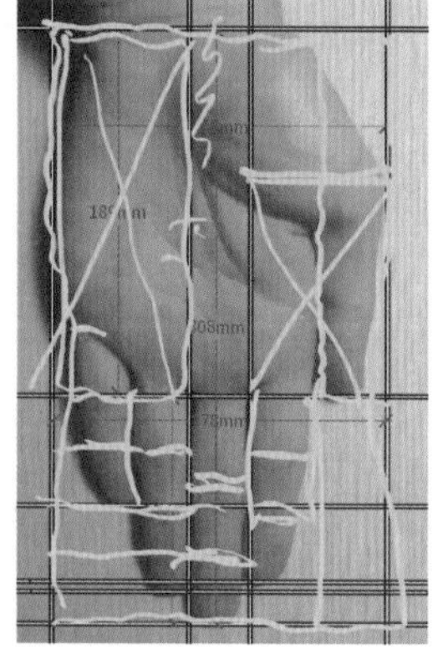

图 2.34 ～图 2.36

刘源： 这是凡·高的画作《星空》。我按照画面中的主要特征点打上网格，通过测量、计算发现，整个画面的高度与宽度之比约为 1∶1.6，接近黄金比例（图 2.37）。

王老师： 你在这幅画的分析中应该注意竖向山峰的垂线以及地面与天空的交际线，重新画上这两条线后再进行内部网格的分析，不要只测量、计算整幅画面的比例关系（图 2.38）。

刘源课后还需要继续对生活中的实物进行测量、分析，目前这方面的分析太少了。同学们应该学会从自然物中发现美的比例，也就是前面提到的宇宙法则，比如，猫、狗、鱼、树叶等自然物的图片。

图 2.37、图 2.38

宁思源： 这是我自己手掌的照片。我在手的主要关节部位打上网格，经过测量发现，食指根部到大拇指根部的距离与大拇指根部到手掌根部的距离之比约为 1∶1.62，接近黄金比例（图 2.39）。第二张也是我自己的一个手势的照片。我按照前面的方法打上网格，经过测量、计算发现，手掌根部到食指根部的距离与食指根部到指尖的距离之比约为 1∶1.73，接近铂金比例（图 2.40）。第三张也是手势照片。我按照前面的方法发现，食指中部关节顶部与食指上部关节的距离与食指上部关节到手掌根部的距离之比约为 1∶1.62，接近黄金比例（图 2.41）。

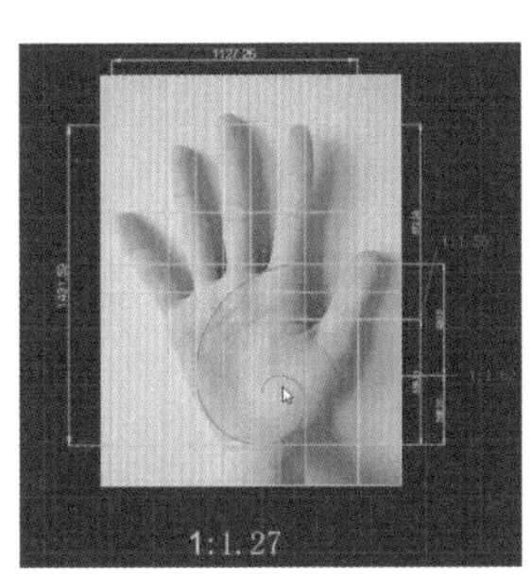

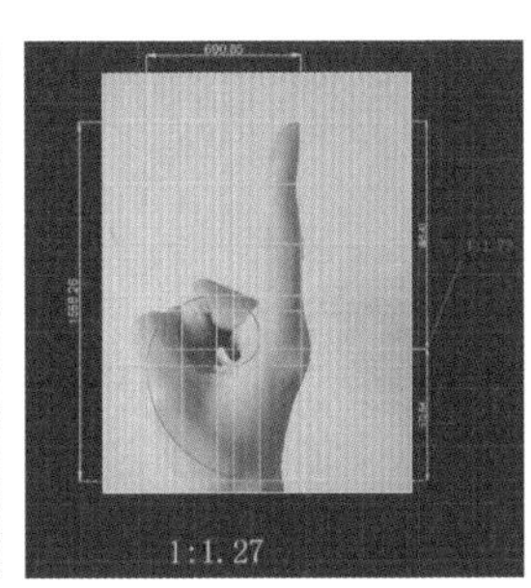

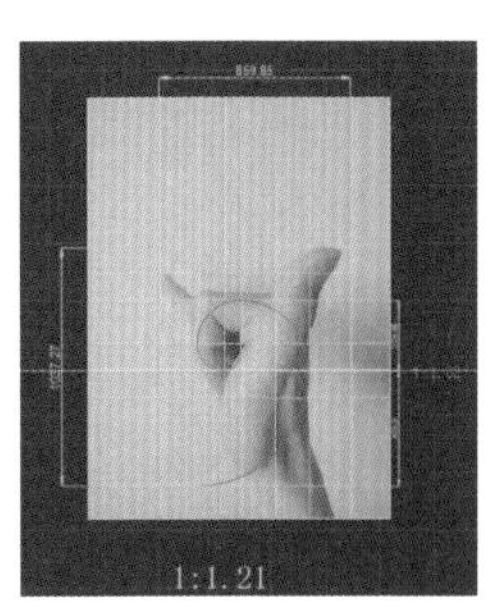

图 2.39 ～图 2.41

这是我拍的一张哈密瓜的照片，它的高度与长度之比约为 1∶1.43，接近白银比例（图 2.42）。下一张是一根黄瓜的照片，它的高度与长度之比约为 1∶3.3，接近青铜比例（图 2.43）。还有一张是一棵香菜的照片，它自然弯曲的形状暗含在一个宽度与长度之比约为 1∶1.62 的矩形当中，这个比例接近黄金比例（图 2.44）。

王老师： 宁思源拍的手、瓜果、蔬菜的照片很好，但是以后再拍的时候要找一个纯色背景，否则容易干扰到对象物的拍摄效果。经过这次测量、计算，你会发现人体部位、瓜果、蔬菜等形式美的背后都蕴含着符合美学比例的宇宙法则。这套法则渗透了大自然的每一个细节。那么为什么有的城市、建筑不够美呢？这是因为设计者在设计之初可能没有遵循这套法则，缺少美的根基。

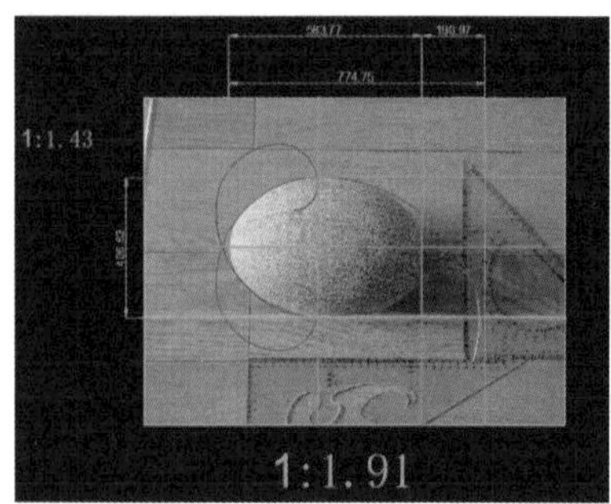

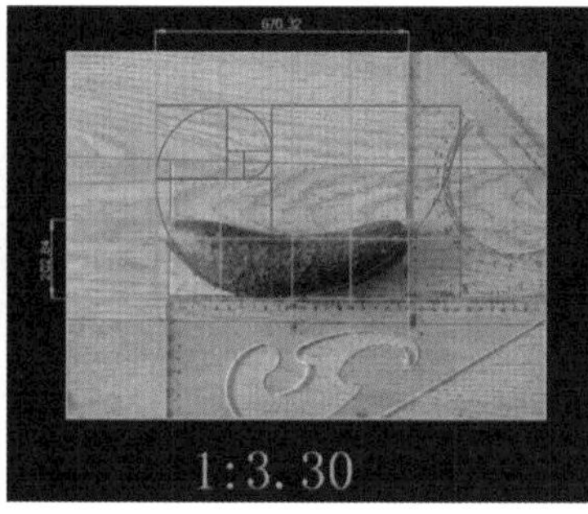

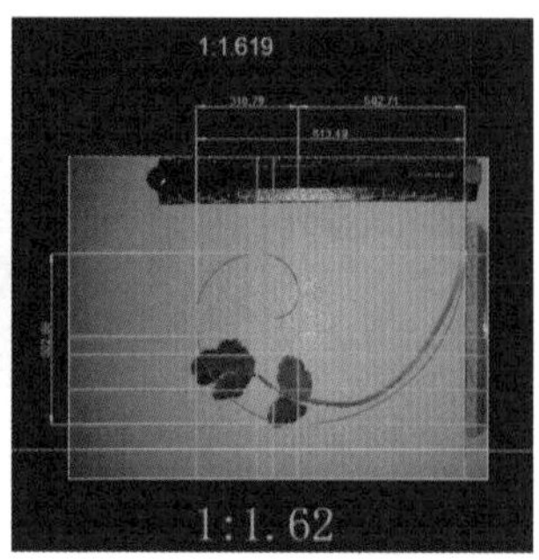

图 2.42 ～图 2.44

石丰硕： 这是一幅摄影作品。我在这张图片中按照画面中的特征部位打上网格，经过测量、计算发现，左侧小女孩的下巴到中间小女孩的两手之间的距离，与中间小女孩两手到地面的距离之比约为 1∶1.4，接近白银比例。右侧小女孩的鼻子与图片上边缘及下边缘的距离之比约为 1∶2.6，接近第二黄金比例。左侧小女孩的肩肘位置到她前额的距离，与前额到图片右侧边缘的距离之比约为 1∶1.7，接近铂金比例（图 2.45）。

第二张是《戴珍珠耳环的少女》。我按照以上方法分析发现，耳环到画面右侧及左侧的距离之比约为 1∶1.7，接近铂金比例。少女的眼睛到画面顶部边缘及底部的距离之比也接近铂金比例。少女脸部的高度与她的下巴到画面底部的距离之比同样接近这一比例（图 2.46）。这是我发现的非常巧合的一个现象。

图 2.45、图 2.46

第三张是我自己的手势照片。我在手指关节的特征部位打上网格，经过测量、计算发现存在两处白银比例和一处第二黄金比例（图 2.47）。第四张也是我的手势照片，大拇指根部到指甲的水平距离，与指甲到食指中部关节的水平距离之比约为 1∶1.4，接近白银比例（图 2.48）。

王老师：后一张手势图片的分析有些问题，缺少了一些手的关键部位的分析，比如，从大拇指指尖到手掌根部缺少网格比例的分析（图 2.49）。

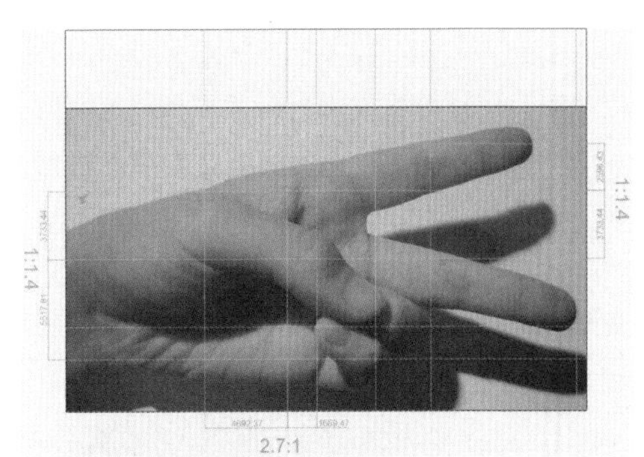

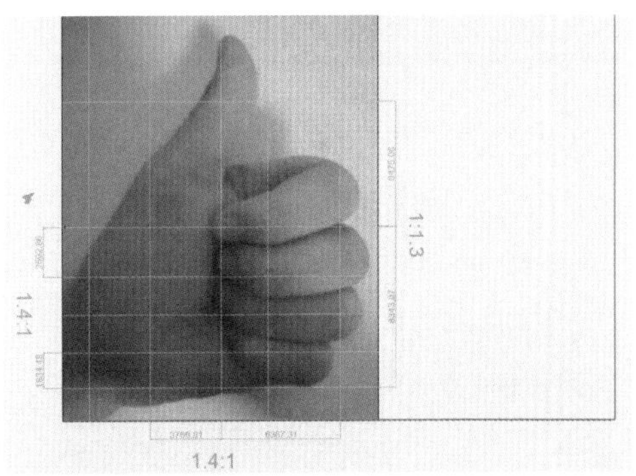

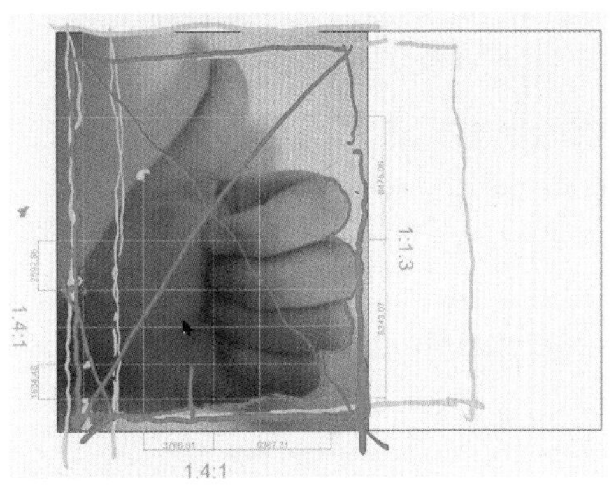

图 2.47 ～图 2.49

石丰硕：我给我们家的狗拍了一张照片（图 2.50），按照前面的方法发现，它的小腿水平长度与大腿长度之比约为 1∶1.4，接近白银比。大腿到尾巴的水平距离与尾巴到背部的水平距离之比约为 1.7∶1，接近铂金比例。

王老师：你的这个分析存在的问题是，没有对小狗整个身体轮廓的比例进行测量、计算。

崔晓涵：这是一张晶体图像的图片。我按照图片中的颜色特征点打上网格，经过测量、计算发现，图像中间粉紫色特征点到图像右边及左边的水平距离之比接近铂金比例，图像中间黄色区域的水平宽度与高度之比接近白银比例（图 2.51）。

崔晓涵：第二张是一片橡树叶的图片，我对它进行分析发现，这片树叶的宽度与长度（包括叶柄）之比接近铂金比例，叶柄长度与第一处锯齿形叶子长度的比例接近青铜比例（图 2.52）。

王老师：图片中显示的叶柄是自然生长的原始长度还是经过人为修剪的？

崔晓涵：是自然生长的完整叶柄。

王老师：那就好，这样你的测量、分析才有意义。

杨玲珺：这是我把一个洋葱切开后拍的剖面照片。我在每片洋葱瓣的边缘打上网格，进行测量、计算发现洋葱剖面中存在近似铂金比例（图 2.53）。

王老师：这个蔬菜剖面的测量、计算是前面同学没有做过的，而且照片拍得很好，分析得也不错。但是你需要进一步去分析，比如，这个洋葱的中

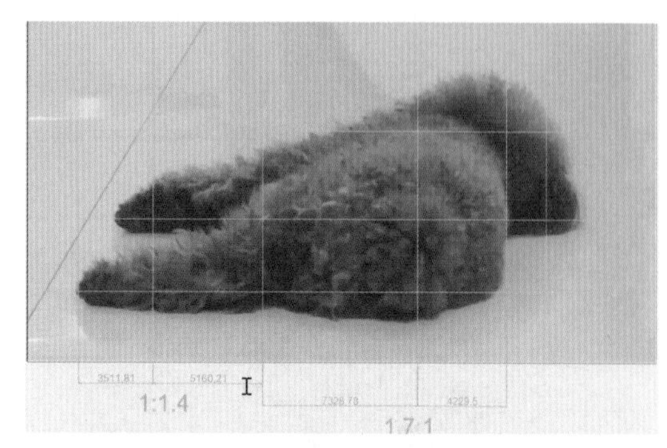

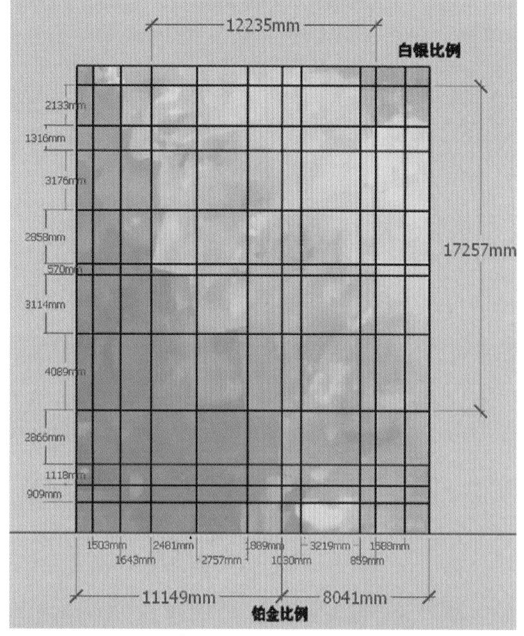

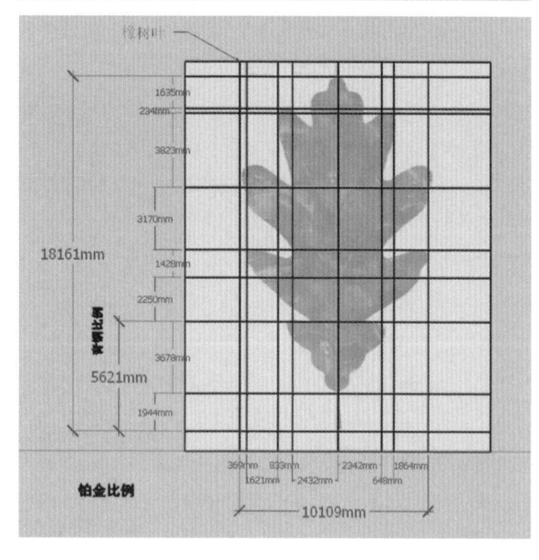

图 2.50～图 2.52

心部位会随着生长的变化出现偏心现象，那么你可以对中心位置进行测量、计算，看它到洋葱左右两边的距离之比符合什么样的比例关系（图 2.54）。还有一个问题是，照片背景的颜色与洋葱太接近了，同学们拍照的时候应该用纯色、对比度高的背景，这样才能凸显出你分析的主体对象物。

杨琀珺：这是我拍的一张杧果的照片，我按照前面的方法分析得出，这个杧果中存在近似铂金比例和白银比例（图 2.55）。

王老师：这张图片中的分析对象与背景的对比效果就很明显了，分析得也不错。

杨琀珺：这是一张从网上找到的螳螂的图片。我在图片的主要特征部位打上网格，经过测量、计算发现，螳螂头部至画面右边缘及左边缘的比例接近黄金比例，下方果壳的中心部位到图片左边及右边的距离之比接近第二黄金比例（图 2.56）。

王老师：你分析得很好，但是还可以单独把螳螂作为独立对象进行分析，比如，螳螂身体的各个关节之间的比例都是值得测量、计算的。

杨琀珺：这也是一张从网上找到的图片。我分析了图中圆形中心到画面右侧及左侧的比例，发现其接近黄金比例，而圆形中心与图片上边缘及下边缘的距离接近白银比例（图 2.57）。下一张是我自己的拳头照片，我经过测量、计算发现，照片中的拳头存在两个黄金比例和两个第二黄金比例（图 2.58）。

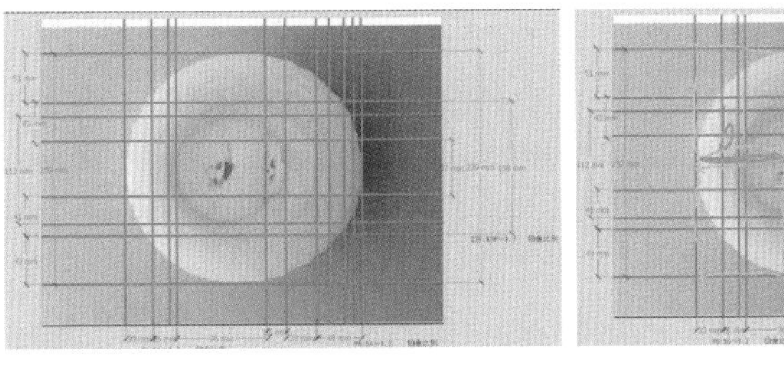

图 2.53、图 2.54

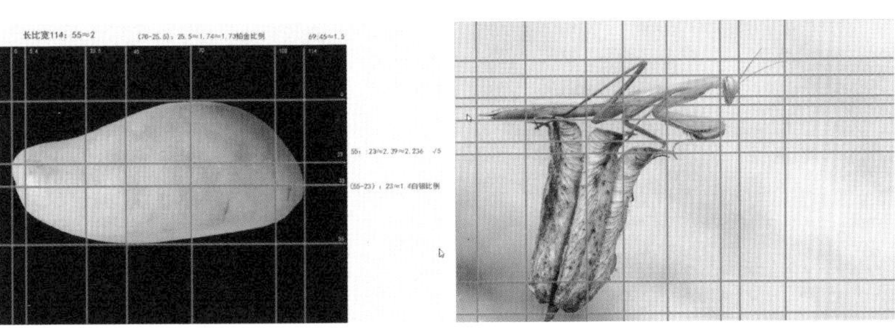

图 2.55、图 2.56

王老师： 这两个案例分析得都不错，尤其是第二张拳头照片的分析更加仔细。在这张拳头照片中，你可以看一下拳头的形式是否符合黄金曲线（图 2.59）。

杨琀珺： 我把自己的胳膊拍成照片，打上网格，进行了测量、分析。从肩膀到指尖的距离与肩膀到肘关节的距离之比约是 2.6∶1，接近第二黄金比例，从肘关节到腋窝的距离与腋窝到肩膀的距离之比同样接近第二黄金比例（图 2.60）。

王老师： 杨琀珺同学的这个分析很好，同学们可以借鉴一下，课后把自己的身体局部拍一下，打上网格进行分析，这是很有意义的。

杨琀珺： 这是我的全身照，我将其进行了剪影处理（图 2.61）。从头顶到下巴的距离与从头顶到肘部的距离之比接近第二黄金比例，从头顶到肘部的距离与身高之比接近白银比例。

王老师： 你的这个分析也很巧妙。同学们在分析完自己的身体后，再去分析一下自然界中的物质，将人体中存在的比例与它们进行对比，看看会有什么

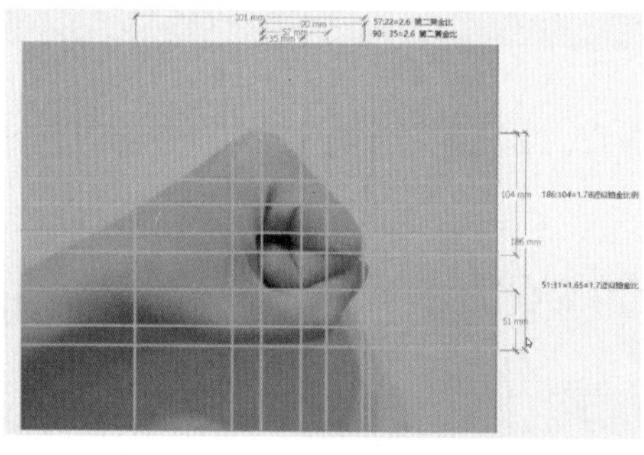

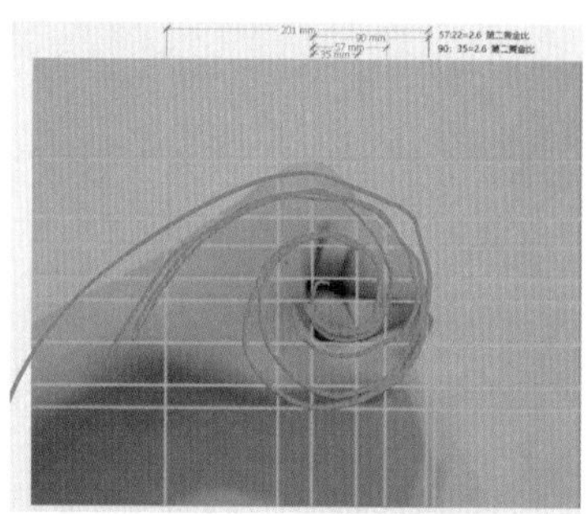

图 2.57 ～图 2.59

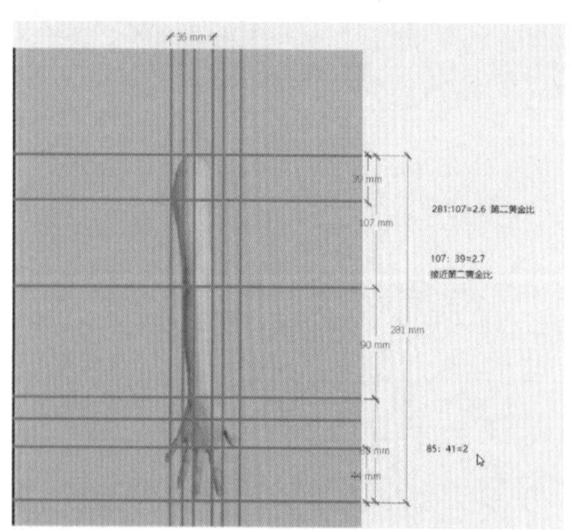

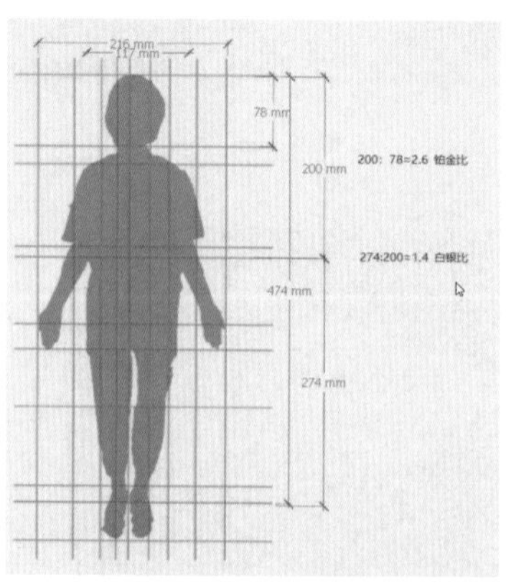

图 2.60、图 2.61

发现。或者对你感觉好看的自然生长的物质进行分析，然后将其与自己身体的分析比照，看看有什么相似与不同之处。

于爽：第一张是我拍的一颗草莓的照片。我按照草莓上的特征点打上网格，进行测量、分析发现，整颗草莓，包括叶柄的高度与长度之比接近白银比例（图2.62）。第二张是我拍的一只蚊子的照片，我发现它在图片上的高度与长度之比接近铂金比例（图 2.63）。第三张是我拍的一个辣椒的照片。经过分析，我发现辣椒的果实部位在图片中的高度与宽度比例接近黄金比例（图 2.64）。

王老师：你的这几张照片拍得都很好。但是这张辣椒的照片，你只分析了果实部分的比例关系，没有分析辣椒柄部位与果实之间的比例（图 2.65）。

于爽：这是我拍的红薯照片。经过分析，它在画面中的高度与长度比例接近第二黄金比例（图 2.66）。

王老师：这个红薯的表面存在一些斑点，你还可以进一步在这些斑点上打网格，进行测量、分析。

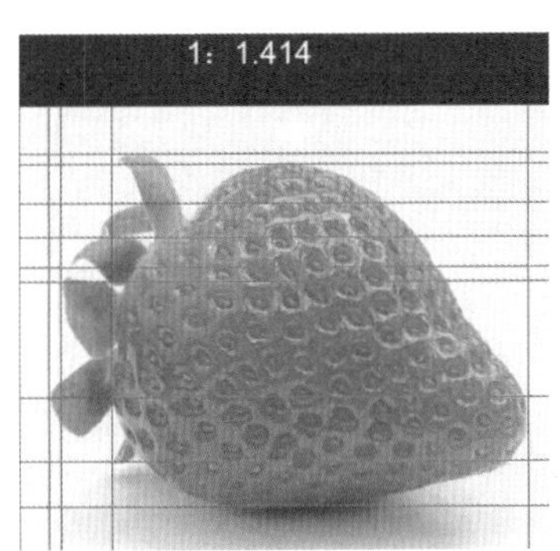

图 2.62

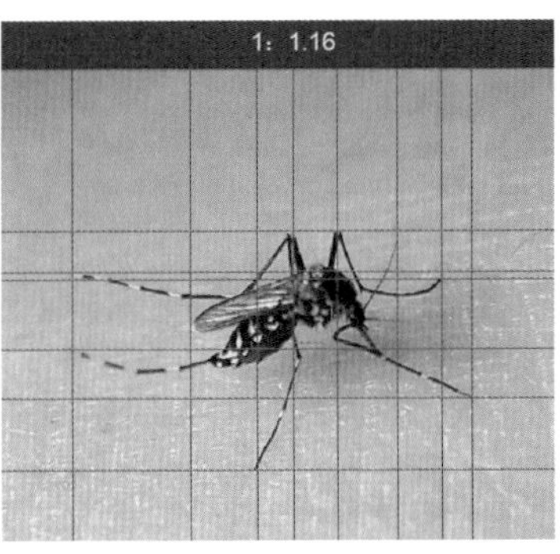

图 2.63

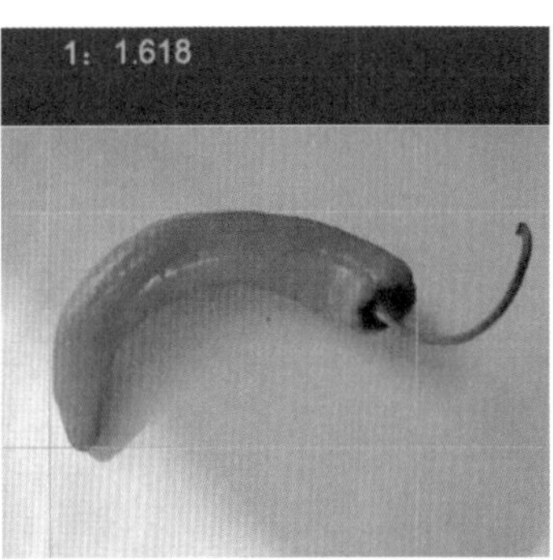

图 2.64

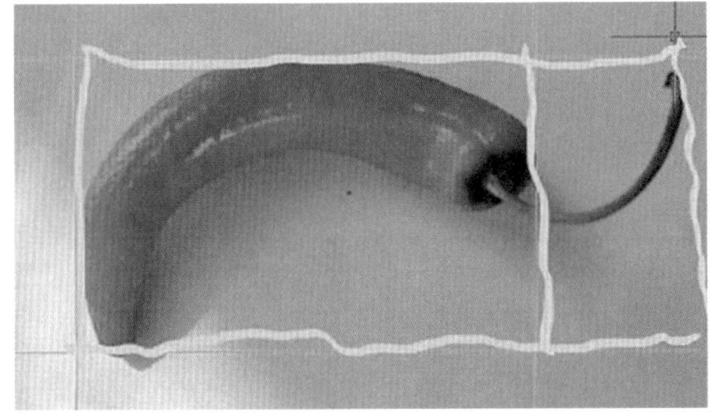

图 2.65

图 2.66

张皓月：这是我在网上找到的达·芬奇的一幅画（图 2.67）。我按照画中的特征点打上网格，经过测量、计算发现这幅画中存在一些符合宇宙法则的几何比例。例如，画中女士的鼻尖到下巴的距离与整个头部的高度之比约为 1∶3.3，接近青铜比例；鼻尖到眼睑的距离与两眼外边缘的宽度之比约为 1∶0.6，接近黄金比例；女士怀中的貂的头和身的高度之比约为 1∶2.6，接近第二黄金比例。

王老师：分析得很细致，但是你在关注画中细节的同时还应当对画面大体的比例关系进行分析，比如，人物脸部到画面边缘的比例。你还可以在这张画中打上对角线网格进行分析，看能否有进一步的发现（图 2.68）。同学们可以分析一下文艺复兴时期的绘画，看一下那个时期的绘画是在什么样的网格控制下进行绘制的。

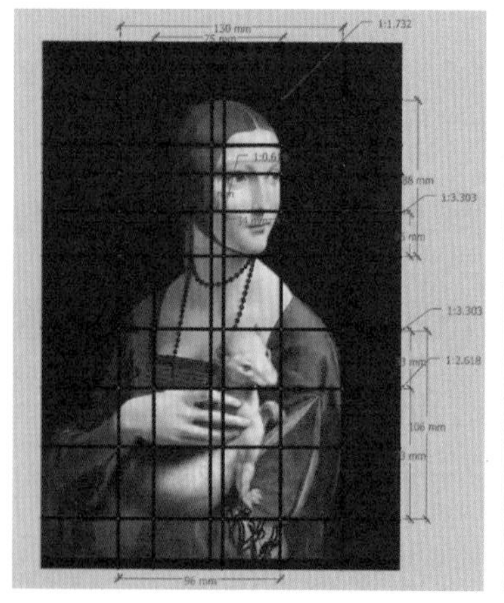

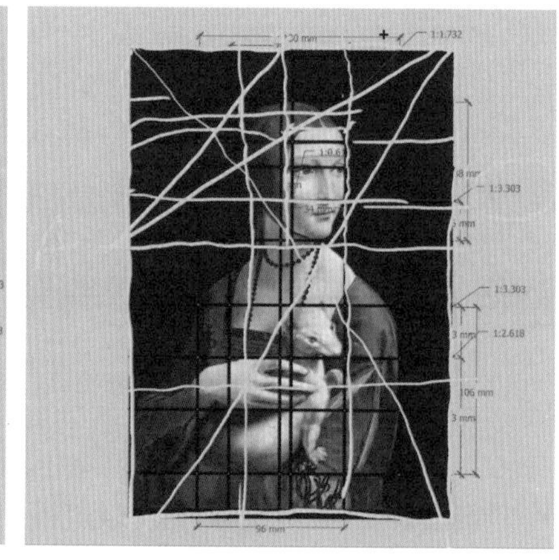

图 2.67、图 2.68

张皓月：这是我从网上找到的莫奈的画作。我按照上面的方法打上网格，经过测量、计算发现，两侧柳条的宽度与中间水面的宽度之比约为 0.6 ∶ 1，接近黄金比例，底部睡莲的高度与其上部的水面至画面顶端的距离之比约为 1∶1.4，接近白银比例（图 2.69）。

王老师：莫奈的这幅画看上去属于古典构图。你在进一步分析的时候可以在画面中打上网格，然后画对角线，并继续在交点位置画网格，去寻找这些控制线与画中各图形要素的位置关系（图 2.70）。

张皓月：这是我的手的照片。整个拳头的宽度与高度之比接近白银比例，大拇指根部关节到手腕的高度与拳头宽度之比接近黄金比例（图 2.71）。

王老师：你的问题也是太局限于细节比例了，对整体比例的分析不够。

张皓月：这是我拍的佛手瓜的照片。通过分析，我发现这颗瓜的果实部分在画面中的高度与长度之比约为 1.7 : 1，接近铂金比例。瓜的尖部与瓜身收束部位的水平距离，与收束部位到瓜的根部的水平距离之比约为 0.6 : 1，接近黄金比例（图 2.72）。

王老师：相对于前面的分析，这个分析注意了整体的比例关系。

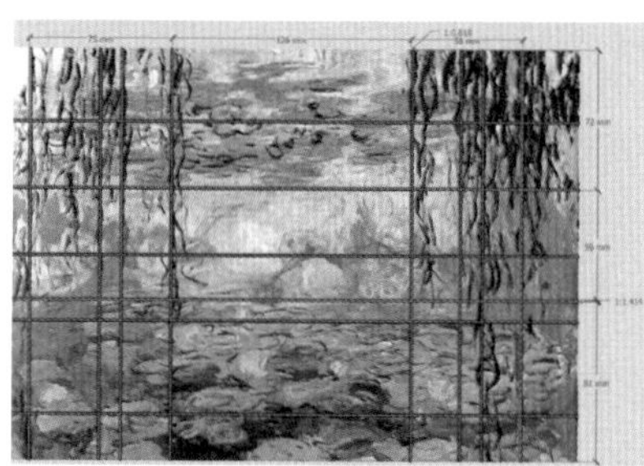

图 2.69、图 2.70

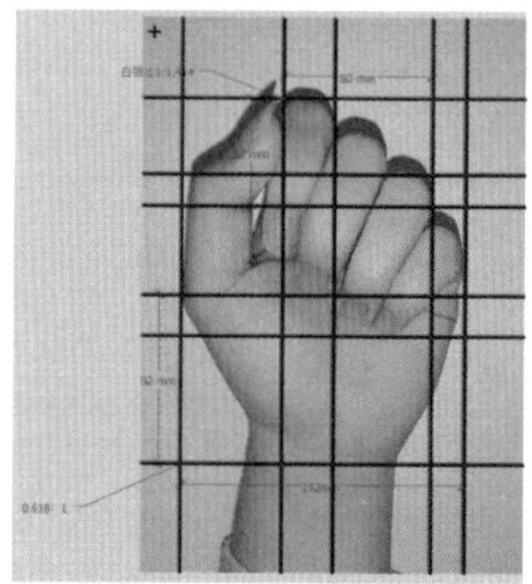
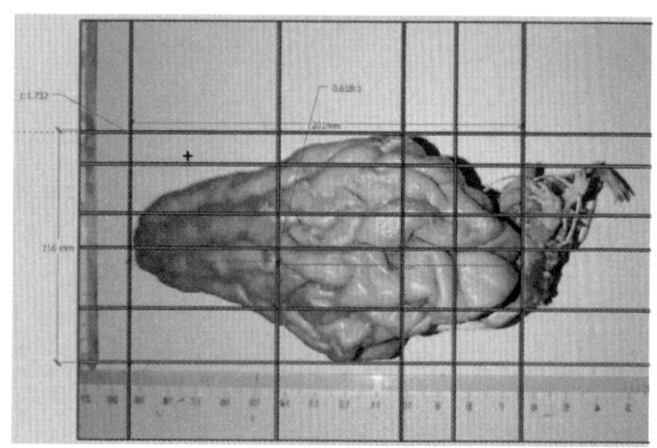

图 2.71、图 2.72

王老师：看完所有同学的测量、计算成果，我个人感觉还是很不错的，同学们都用心去做了，但是，也暴露出了一些问题。比如，分析的时候，同学们一定要从整体到局部系统地进行分析，目前有些同学要么只分析了整体，要么只分析了细节，这需要同学们课后去完善。同学们通过对画作、树叶、人体、瓜果、蔬菜等进行分析，已经发现了这些物质背后隐藏的符合宇宙法则的几何比例关系，在做设计的时候，同学们可以将这些几何网格作为设计的空间结构进行转化、利用，包括建筑的平面图、立面图和剖面图。虽然大家是在同一宇宙法则的控制下进行设计的，但是依然可以将作品设计得丰富多彩，因为每个人对这个世界的认识都是不同的，这就像自然界中的物质，虽然都是在一个体系下生长出来的，但形态还是非常丰富的。我们这节课训练的目的，就是让同学们认识到，丰富的世界背后存在这样一套抽象的几何结构体系，人类也是这套体系中的一部分。同学们认知到这套体系后，今后在进行设计的时候就应该遵守这套体系，而不是随意地表现形式，那是不符合美的宇宙法则的。

2. 由二维平面到三维空间

同学们初步完成了从现实世界的物质表象背后发掘宇宙法则下的几何秩序，接下来便是以这些二维的抽象几何秩序为基础，构建三维几何空间结构。这一训练的目的是让同学们对几何秩序控制下的几何空间结构有初步的认知，掌握几何结构空间生成的基本法则，然后将这些空间结构与物质原型相对照，以便理解与具象形态平行存在的抽象几何形态。以下是同学们从现实的具象物质中抽象出几何秩序后，在 A3 卡板上制作的几何空间结构模型。

崔薰尹同学的图像分析与空间模型（精选）

黄俊峰同学的图像分析与空间模型

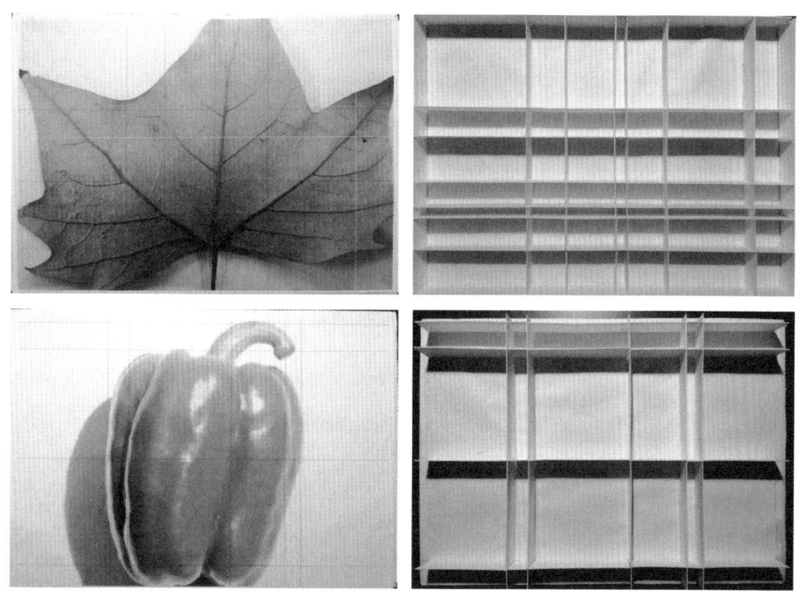

姜恬恬同学的图像分析与空间模型

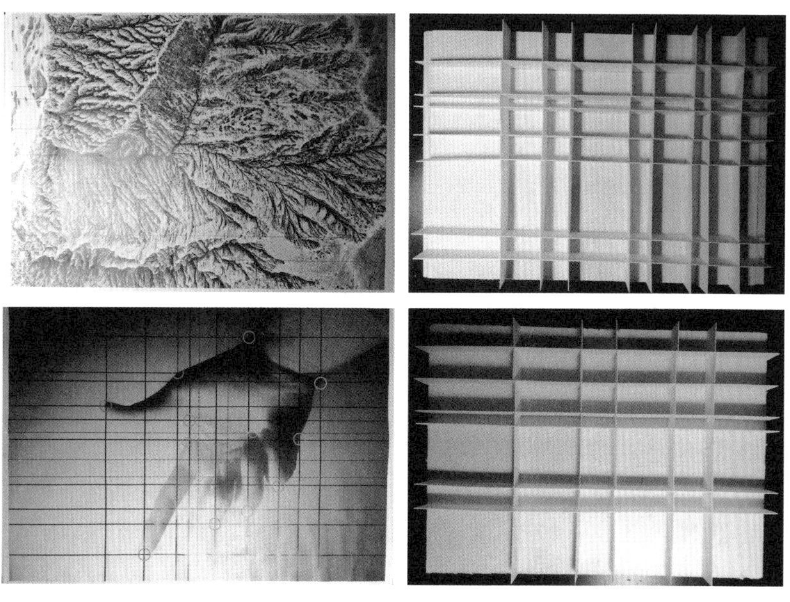

刘哲淇同学的图像分析与空间模型

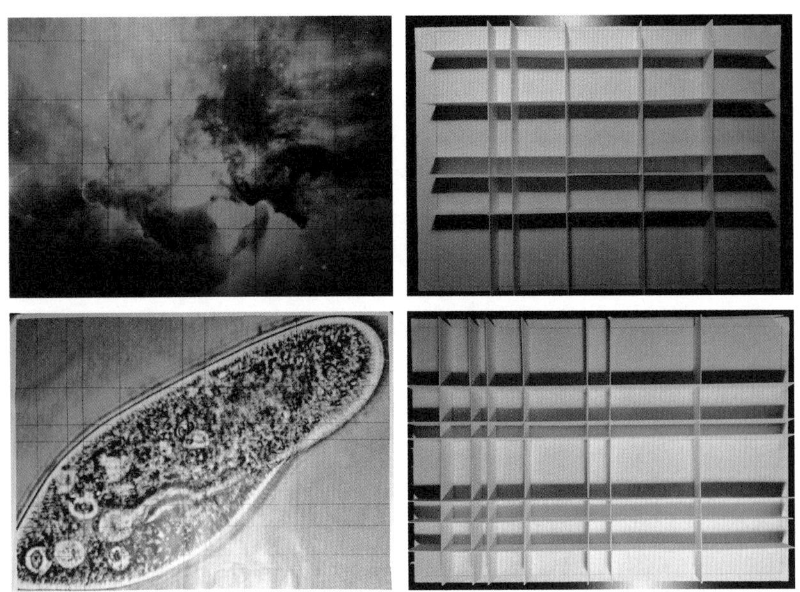

马司琪同学的图像分析与空间模型

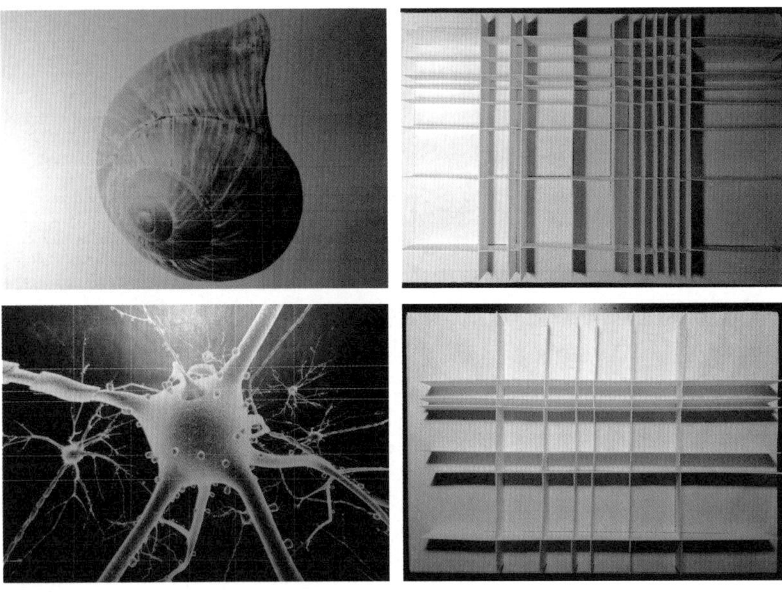

王建翔同学的图像分析与空间模型

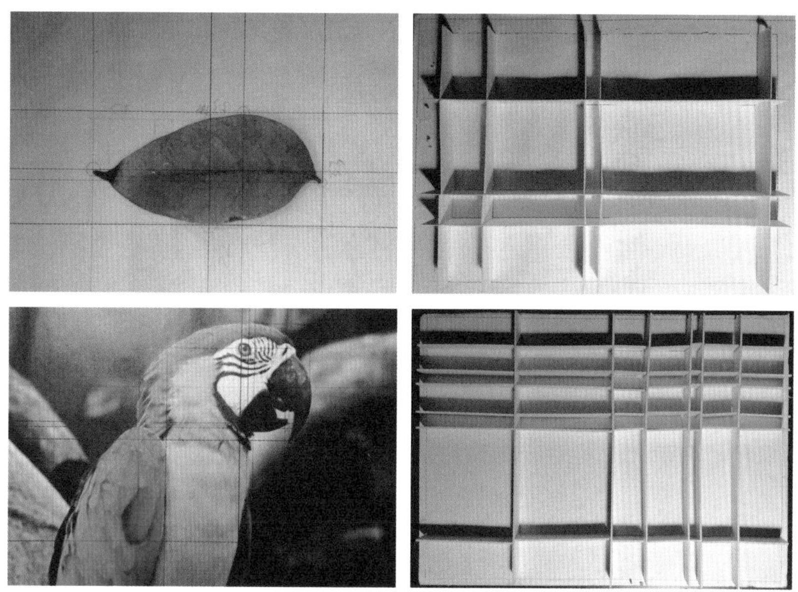

张琦同学的图像分析与空间模型

刘哲淇同学的图像分析与空间模型

3. 问题的浮现

同学们在这一环节的训练过程中在展现了自己独特视角的同时，也暴露出一定的问题，总结如下：

（1）在围绕对象物的测量、分析中，由于观察事物的视角不同，有的同学只注重图像大的格局的比例关系，而忽视图像中对象物的局部细节的比例关系。也有不少同学与之相反，观察事物时，往往容易被图像中的细节所吸引，只关注对象物中细节的比例关系，而忽视了其整体的比例关系。这两种现象是本教学环节中暴露出的突出问题。

（2）同学们在分析对象物时，存在的另一问题便是对细节分析的深度不够，如对树叶叶脉的节点分析得不够细致，这样容易漏掉若干个比例关系。

（3）具体对象物的拍摄角度欠佳。这一问题主要表现在同学们在面对身体局部、建筑等对象物时，由于透视变形而导致在分析过程中有些比例关系难以被发现。

（4）在对画作、摄影作品的分析中，同学们暴露出来的问题是单方面地局限于对图片中对象物本体的分析，而忽视了对象物与图片之间的比例关系。

以上内容是此次教学过程中出现的较为常见的问题，希望参照或学习这一教学环节的读者能够引以为鉴，取得更好的教学或学习效果。

第三章

3

扁平方体几何形态训练

1. 任务布置

第二个环节是“几何与空间形态设计”训练，以三个独立住宅设计为操作对象，进行对应的设计练习。这三个住宅位于北方某城市的郊区山地，沿河而布。其中，用地 A 位于山顶，用地 B 位于山脚，用地 C 位于河岸较为平坦的地带（图 3.1）。同学们需要按照“几何形态与观念赋予”设计训练的目标，在用地 A 设计出“完形方体几何形态”的住宅，在用地 B 设计出“体块穿插几何形态”的住宅，在用地 C 设计出“扁平方体几何形态”的住宅。该环节以三种不同几何形态的训练为途径，让同学们理解并掌握几何秩序下空间形态的生成与设计。

第一个阶段的任务要求是同学们将上节课测量、分析的网格结构转化成现代风格的画作，再以其中一幅画作为空间结构原型，在用地 C 上完成“扁平方体几何形态”的住宅设计。

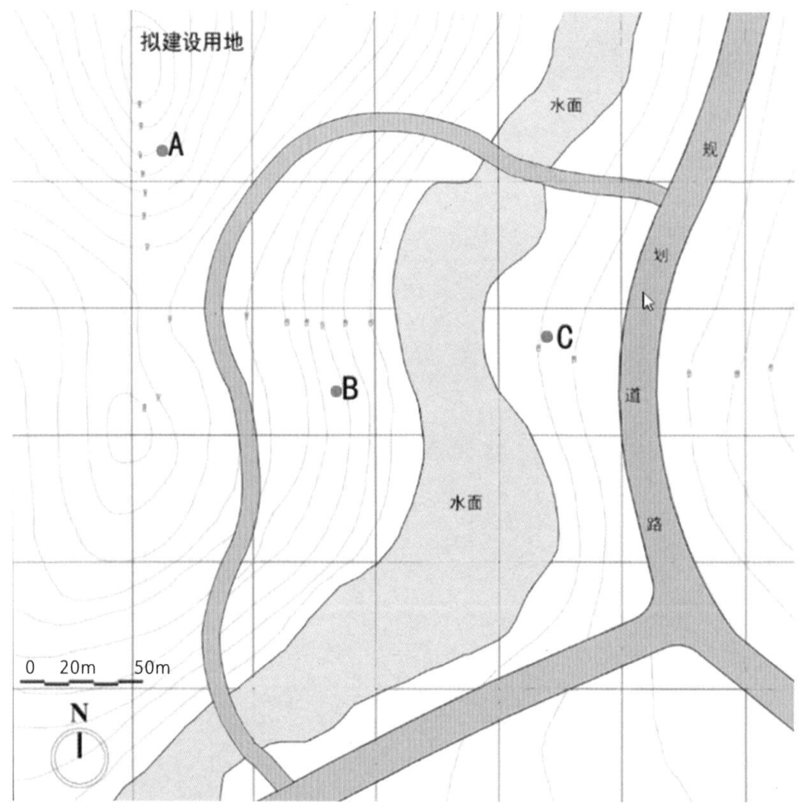

图 3.1

2. 画作与空间

王老师： 刚才浏览了一下同学们这次完成的作业，整体感觉还是很不错的。尤其是同学们将自己的住宅平面抽象成现代艺术画作后，每位同学使用的色彩感觉都不一样，这反映出了同学们丰富的内心世界。这些画作虽然表面上都是在类似的网格控制下完成的，但是每幅作品都有自己的特色。由此可见，我们没必要担心这次的住宅设计在空间形态上会有雷同了，因为每幅画作反映出的形态不同，那么表现在建筑空间中也是不同的。虽然每个住宅的形态都是方体空间，可是其内部的组合方式不同，空间边界的长、宽、高的比例也不同，因此这些空间展开的形态也是完全不同的。这就是现代文化里涉及的一个非常重要的概念——微差。在现代文明中，人们设计、生产的物品虽然表面看上去相似，但是物品之间存在着细微的差别，如比例、材料、颜色等方面，并且差异的层次是非常丰富的，这些细微的差别正是现代文明体系下物品形态的重要特征。

尽管同学们做的设计存在一些小问题，但是总体上，每个住宅中房间的比例还是不难看的。我说的不难看其实是一个很重要的标准，并不是所有学艺术或者学建筑的人做出来的东西都能做到不难看。想要达到不难看的境界是需要运用宇宙法则的。当然，天才除外。这说明“宇宙法则”在空间形态设计中发挥着重要的作用，它能够让每个同学在一个符合美的法则下去创造空间，而不至于“走形”。在这一方法的训练下，我发现同学们目前做的这些画，没有一个难看的，这是特别值得开心的一件事。我们用这样一套训练方法来规范大家的行为和思考方式，其目的是让同学们的绘画和空间设计具有秩序感。

同学们的绘画，从形式上主要分为两类：线性网格绘画和矩形色块绘画。有些同学是在网格结构内填充色彩，这样做的优点是秩序感比较强。有些同学则是把网格线去掉，保留了色块。这两种表现方式都不错，但需要注意的是，在网格内填色的同学要再做得灵活、跳动一些，而只保留色块的同学则需要进一步调整色彩关系中的微差变化。

接下来，同学们逐一把自己的 3 个住宅设计方案进行展示，并简单介绍一下自己的设计和相关的绘画。

郑泽皓： 这是用地 C 的住宅设计模型（图 3.2、图 3.3）。整座建筑的平面是按照黄金比例进行划分的（图 3.4）。正门的中心位置位于黄金分割点上，旁边是地下车库入口。进门之后便是会客室，旁边是起居室，起居室属于活动性比较强的空间。起居室的右侧是过渡空间。上方是主卧和次卧，主卧和次卧之间有一个比较大的厕所，下方是工作室和陈列室。我想让居住者在工作室和起居室都能看到陈列室里的作品，因此在陈列室的两面墙体上设置了大片的玻璃窗。工作室和起居室内分别有连通地下空间的楼梯。右上角是一个连通地下空间的庭院，我在这面院墙上开了一扇小门，以便连通室内外的空间。如果宴请客人的话，也可以直接从庭院去往地下空间（图 3.5）。

王老师：你刚才说这个住宅平面是一个符合黄金比例的矩形，那么内部也是按照对角线的方法划分网格，进行空间布置的吗？

郑泽皓：是的。我从原型抽象出来的画作可以看出当时划分的网格系统（图 3.6）。

王老师：那这幅画作的原型是什么？

郑泽皓：我没把原型放到 SketchUp 软件里。

王老师：那就来比较一下这幅画和这幅建筑平面图。在平面图右上角的庭院位置，楼梯的长边和短边的比例关系，以及它的位置做得有些随意了，没有

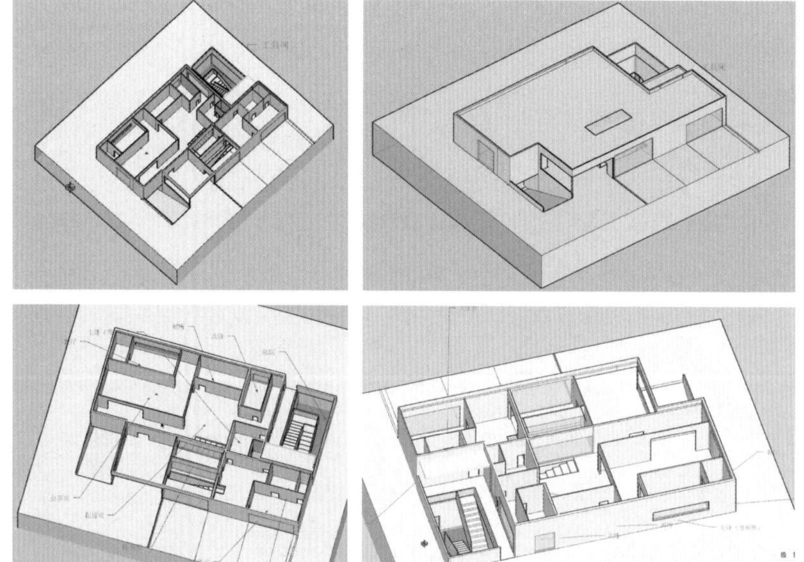

图 3.2、图 3.3

图 3.4、图 3.5

按照严格的内部网格体系进行设计（图 3.7、图 3.8），这是这个方案中暴露出来的第一个问题。虽然这个位置的地上和地下空间的趣味性有了，但是很遗憾，你没有按照网格体系进行设计，缺失了应有的严谨性。你应该在这个庭院对应的网格内按照对角线的方法打上网格，进行划分。

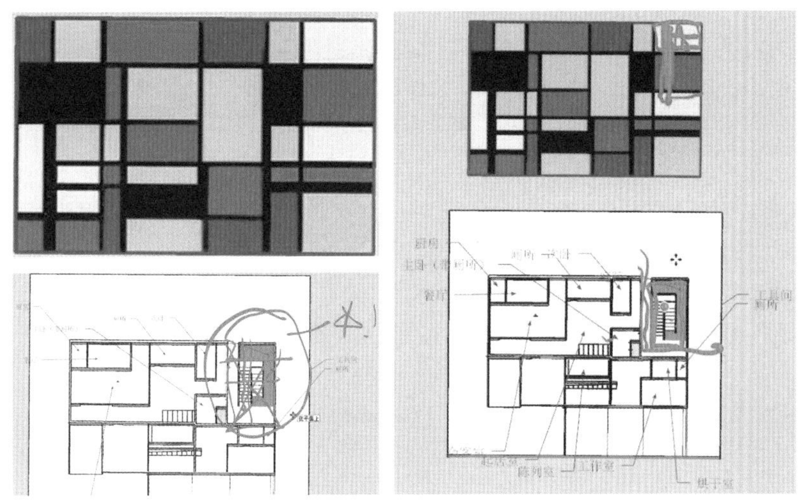

图 3.6、图 3.7　　**图 3.8**

第二个问题是这个建筑立面的开窗方法。立面开窗应当按照黄金比例网格进行划分，而不是任意开窗（图 3.9）。立面虽然是长条形，但可以将它划分成数个黄金矩形，再将黄金矩形进行内部划分，作为开窗的依据。

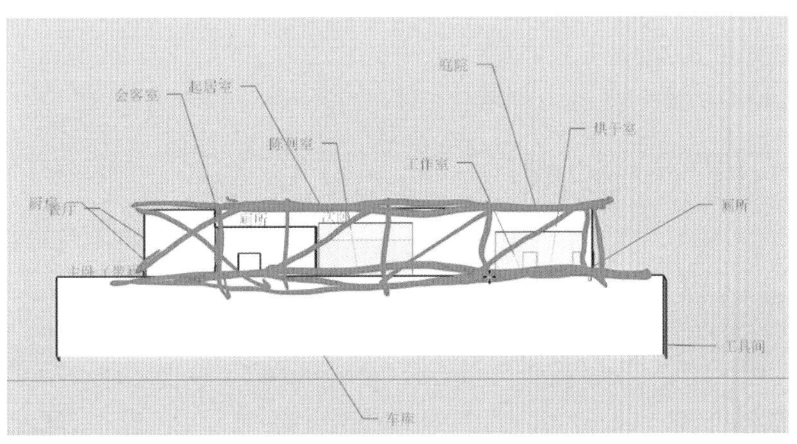

图 3.9

第三个问题是整个建筑形态的“完形性”问题。目前，这个住宅的车库和庭院位置都把完整方体的角部给去掉了，这样就把方体的完形性打破了，这两个位置在建筑的竖向立面应当有边界。如果你想让其作为庭院，可以在对应的屋顶部位开洞（图 3.10）。边界是一个非常重要的问题，它影响着建筑的体块关系。目前，角部缺失导致扁平方体形态的完形性被破坏，进而导致体块关系不明确。从体块关系来说，这是两个长方体的体块组合，而不是我们要求的一个扁平方体的空间体块（图 3.11）。在这个训练中，所有的体块形态必须保持完形性，否则训练目标就容易模糊。

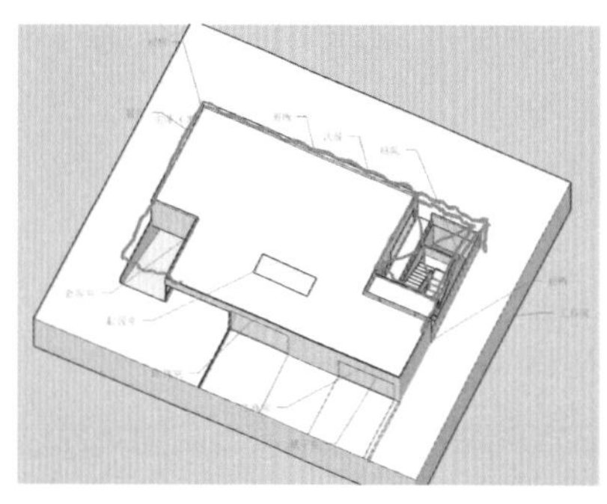

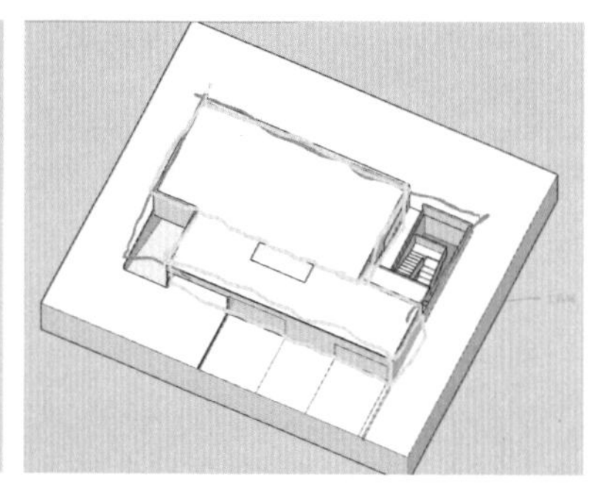

图 3.10、图 3.11

张皓月：这是我从原画作（图 3.12）中抽象出的一幅现代画作（图 3.13）。但是我设计的这个住宅建筑，在体块形态上也没有按照完形性的要求去设计（图 3.14）。

王老师：没关系，因为我之前没有把这个要求讲得太细致，大家课后按照要求去修改就可以了。

张皓月：图 3.15 是地下一层，里面主要布置了车库、修理间、藏书室、娱乐室、

图 3.12

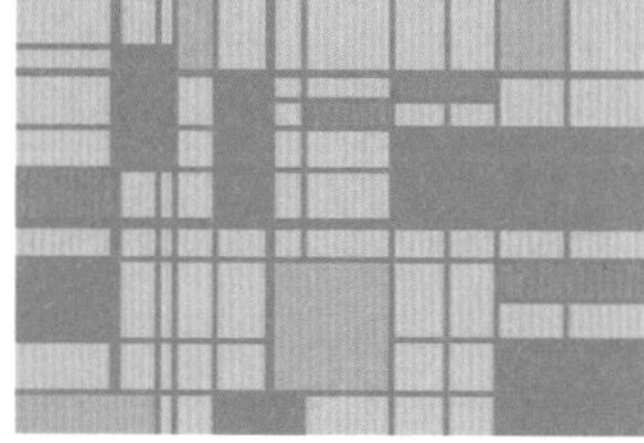

图 3.13

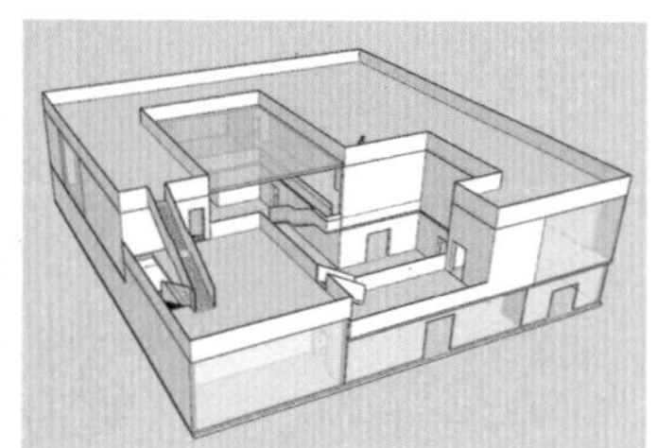

图 3.14

工作室等功能。图3.16是一层住宅空间，主要布置了玄关、会客厅、餐厅、厨房、佣卧、家庭起居室、客卧、主卧等功能。

王老师：你的这个住宅平面是按照抽象画作的哪一部分的网格结构进行空间组织的？

张皓月：我是把画作中间部分的抽象网格结构作为空间设计的依据，其余部分没有采纳（图3.17）。

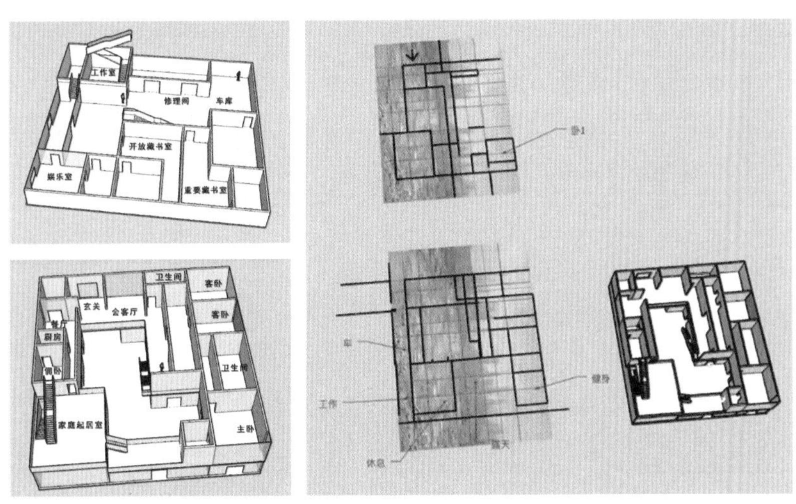

图3.15～图3.17

王老师：住宅内部空间的墙体都是按照这套网格结构布置的吗？

张皓月：除了连接主卧与客卧之间的卫生间隔墙，其他绝大部分是严格按照网格布置的。

王老师：卫生间隔墙为什么没有按照网格结构布置呢？

张皓月：因为没有这片隔墙的话，客卧与主卧之间就没有过道连通了。

王老师：这反映出你从功能入手进行设计时存在的问题，即对形式的任意操作，这是目前建筑设计学习中大家常犯的错误，也是我们这个训练不允许的。让同学们按照这套抽象出来的网格结构进行空间划分，就是让同学们学会将建筑功能在网格结构的比例控制下进行调配，不能任意打破网格结构。刚才听了两位同学的汇报，我最深刻的感受就是，生活的经验限制了你们对平面布置的想象力，生活经验的匮乏导致你们不知道这个房间用作什么功能会更合适。因此，这方面的问题在后面的深化过程中我会重点讲解。另一个便是前面暴露出来的空间形态的“完形性”问题。这个住宅屋顶的庭院洞口一定要是完整的矩形，而不能出现任意两个矩形的合并，这样做的结果是矩形的完形性遭到了破坏，形态不清晰（图 3.18）。

王老师： 还有一个立面形式的问题，任何一个建筑立面都要用比例关系来控制，包括整体立面及立面上的门、窗等构件的形式（图 3.19）。建筑立面上的任何门、窗，包括楼梯的位置，都应该在严格的网格结构下进行设计，遵从一定的比例关系，而不能有任何的任意性，这样才能保证这座建筑空间形态的韵律感和节奏感。解决这一问题的比较简洁的方法是，将画作中的一段网格结构抽取出来，用作建筑立面的设计参照（图 3.20）。另外，你们对地下空间的想象需要再放开一点儿，这个空间应该更丰富。

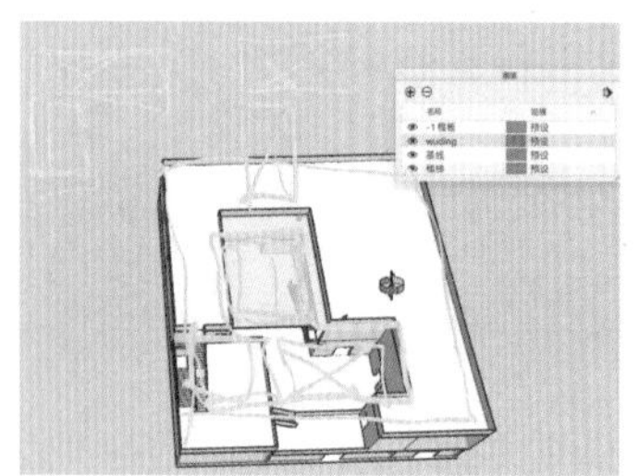

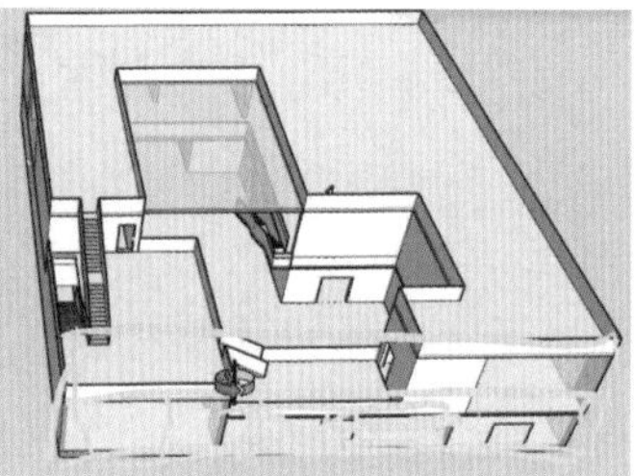

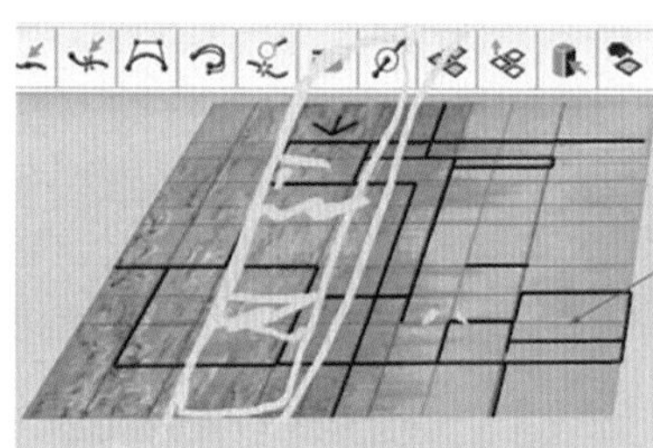

图 3.18 ～图 3.20

于爽： 这是一幅从树叶的叶脉中抽象出的网格结构原型图（图 3.21），我将其中一部分作为住宅建筑平面的设计参照。

王老师： 从建筑的外部形态来看，这个也没有按照具有完形性的扁平方体体块去设计。从目前来看，这个形态的概念不清晰，是几个矩形体块的组合，而非一个完整的扁平方体形态（图 3.22）。同时，外部形态也影响了室内空间形态（图 3.23）。

在建筑中心，联系地下一层和一层的庭院面积过大，使得扁平方体的形态变成环廊的空间形态，破坏了其完形性（图 3.24）。因此，建筑中的庭院面积不应过大，并应在网格结构内布置。还有一个问题，中心庭院里的双跑楼梯同样破坏了方体庭院空间的完形性。这里最好采用直跑楼梯，并且应当沿庭院边缘布置或斜向布置，这样对庭院空间的完形性影响最小，或者设计一个

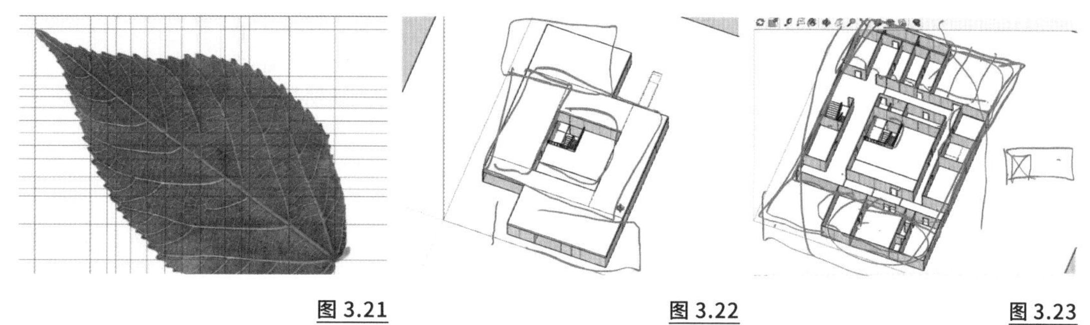

图 3.21　　图 3.22　　图 3.23

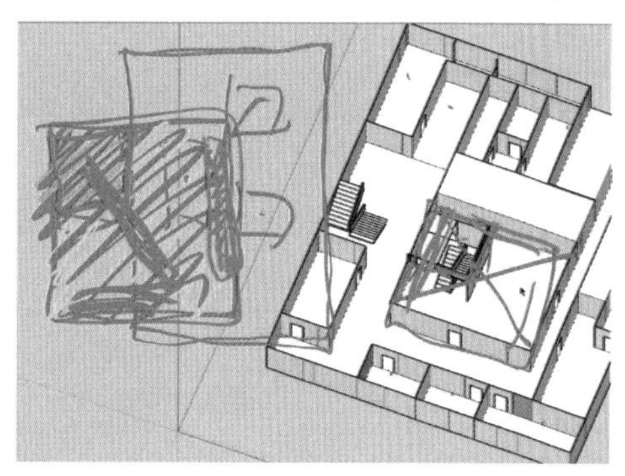

图 3.24　　图 3.25

旋转楼梯也可以，都不会对庭院的空间形态产生影响（图 3.25）。

杨琀珺： 我从藕片截面中抽象出住宅空间设计的网格结构原型（图 3.26）。目前看，网格有些密集。

王老师： 没问题。

杨琀珺： 图 3.27 是在网格结构内布置功能后生成的空间形态。这是一个合宅的方案设计，因此平面布置是左右均衡的。

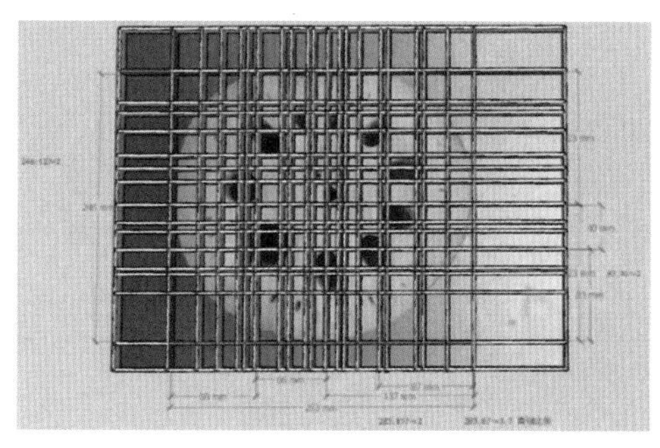

图 3.26

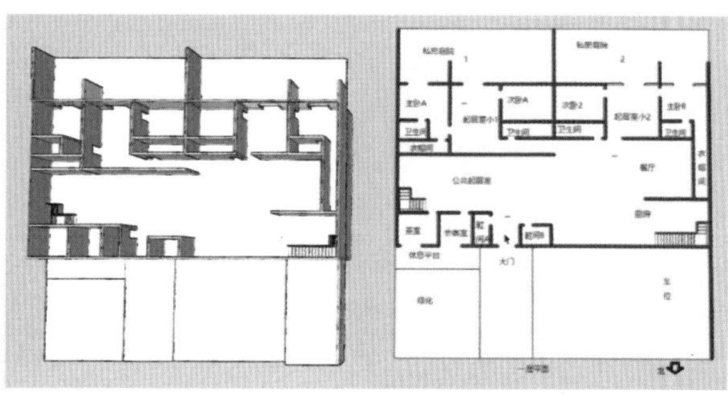

图 3.27

王老师：这个方案的空间韵律感还是不错的。从整体来看，平面图中的墙线以左右横向肌理为主，因此在公共起居室内沿横向布置直跑楼梯会更顺应这一肌理，同时也会显得这一空间更为开敞（图 3.28）。现在，一层平面的左右两侧都布置了折跑楼梯，从平面肌理来看，不是太协调。从空间形态来看，起居室的左下角布置了四个小空间，这也破坏了主体空间形态的完形性（图 3.29）。从人的空间感知层面来说，空间序列感遭到了破坏，这个问题我会在后面专门讲解。

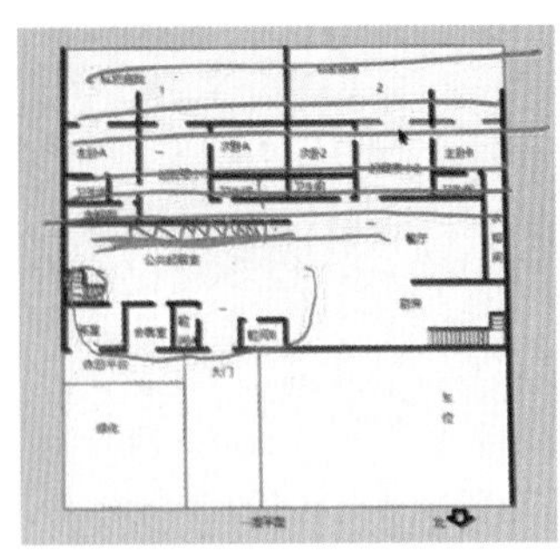

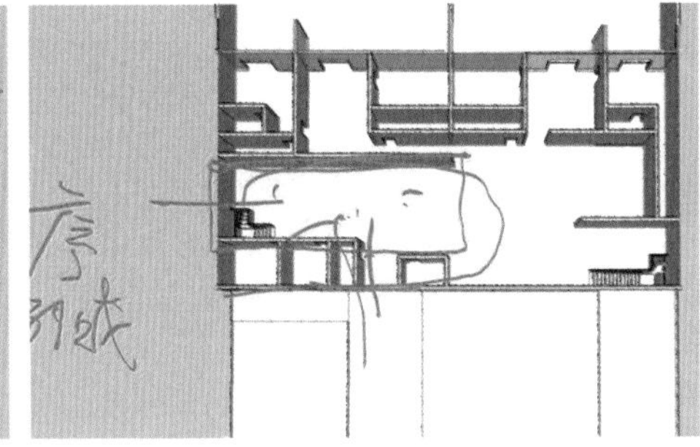

图 3.28、图 3.29

崔晓涵：这是我的住宅设计方案。一层空间是根据从一条鱼中抽象出的网格结构进行设计的，地下一层空间则是以手的抽象网格结构为参照进行设计的（图 3.30）。

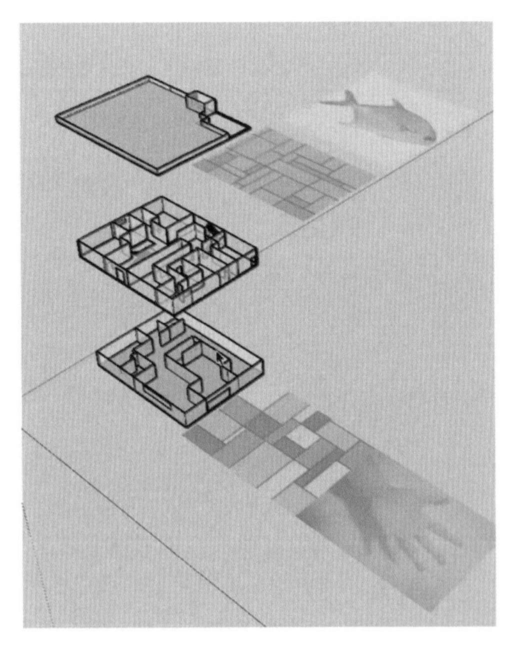

图 3.30

王老师：这两层空间用了不同的网格吗？

崔晓涵：是的。

王老师：可以。

崔晓涵：下面是这个住宅内一层和地下一层平面的功能布置（图 3.31、图 3.32）。

王老师：你在地下一层布置了一个篮球室，它的室内高度是多少？

崔晓涵：4.5 米。

王老师：这个层高可能会有问题。另外，建筑屋顶的楼梯间的比例与你的抽象网格对不上，它比对应网格在整个抽象图像中的比例要小很多，这就反映出你在空间形态设计时的任意性，这是我们这个训练中不允许的。如果按照楼梯间的比例反向推导的话，这条鱼的身体局部与整体的比例就会不协调（图 3.33），因此，要严格按照网格比例进行空间划分。

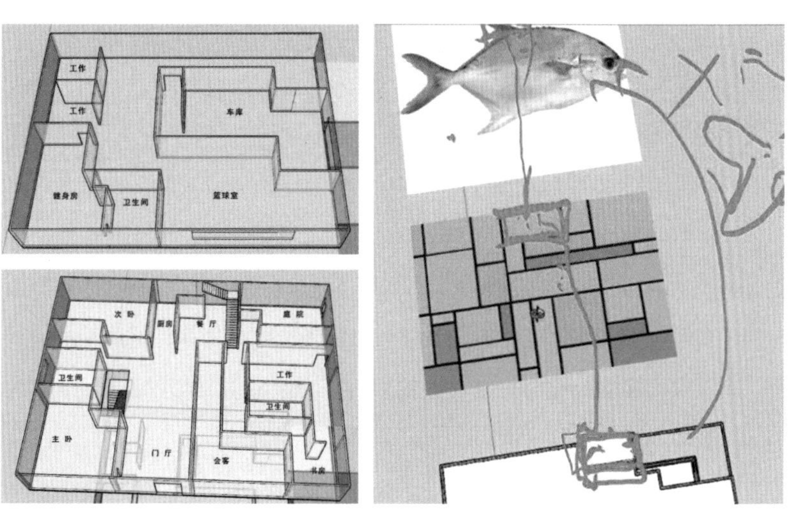

图 3.31 ～图 3.33

徐维真：图 3.34 是住宅设计的原型画作及初始的网格结构，图 3.35 是住宅方案的模型。

王老师：这个住宅模型的体块形态相较于前几位同学的方案来说，完形性较好。但是住宅屋顶开这么大的天窗是缺乏设计的，光的利用必须经过设计，天窗必须按照网格结构设置，并且要开在合适的位置，这样才能为室内营造

图 3.34

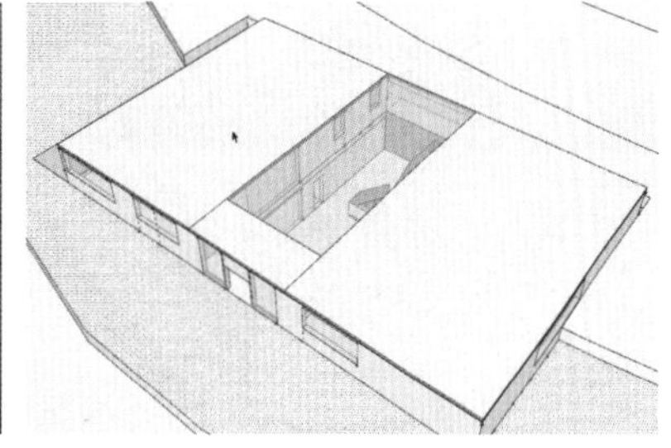

图 3.35

出丰富的空间氛围（图 3.36）。中庭内部采用的双跑楼梯的表演性不好，建议设计成直跑楼梯。中庭设置在住宅的中间位置，导致左右两部分的空间有些过于平均，因此，整个住宅内部空间的丰富度不够（图 3.37）。

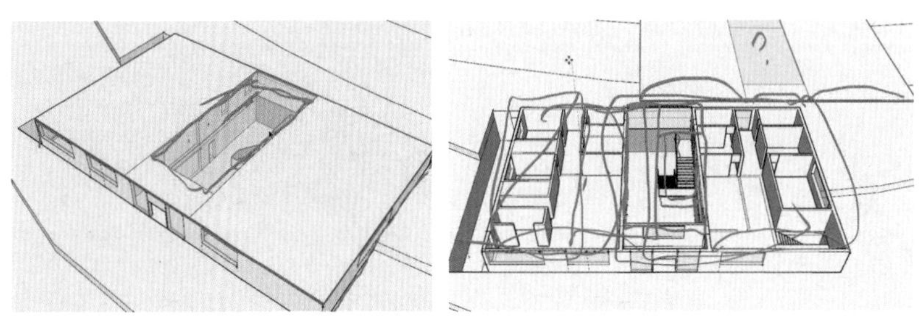

图 3.36、图 3.37

石丰硕：我从网上找了一张《雅典学院》的图片，然后从中抽取出了住宅设计的网格结构原型（图 3.38）。图 3.39、图 3.40 分别是住宅的一层空间和半地下空间模型。一层住宅空间局部架空，人们通过楼梯可以到达一层主入口，也可以从一层的内部庭院到达室外地面。

王老师：整体的外部空间形态符合完形性的要求，内部空间的韵律感也还不错，但空间序列有些混乱。一层入口的楼梯垂直于建筑立面，从空间序列来看有些直白，建议你将直跑楼梯顺着建筑立面布置，或者按照一定的角度斜向布置（图 3.41）。从主入口到建筑内部的行动流线同样过于直白，建议你尝试将入口设置在建筑的另一侧，以此增加空间序列的趣味性（图 3.42）。

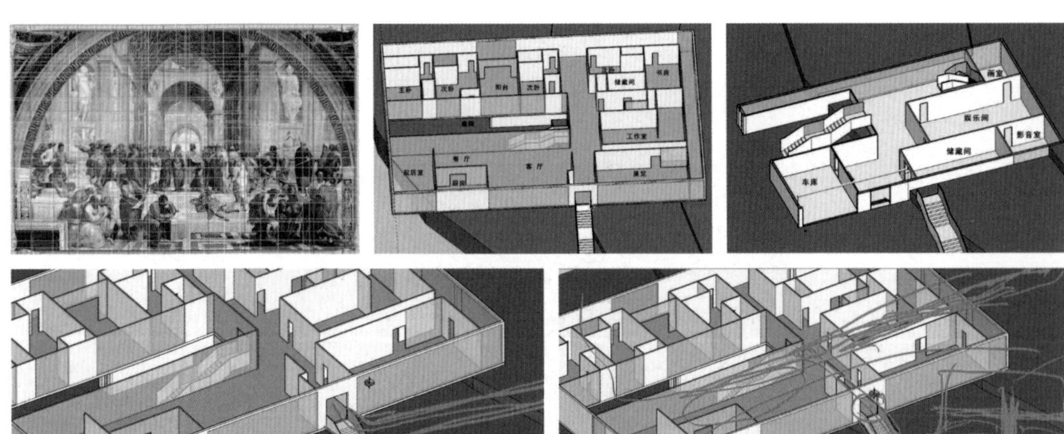

图 3.38 ～图 3.42

宁思源： 我从《神奈川冲浪里》中抽象出住宅设计需要的网格结构原型（图3.43），并按照这一网格体系设计出了用地C的住宅方案（图3.44）。图3.45、图3.46分别是一层空间和地下层空间的模型。

王老师： 这个设计的一个突出问题同样是没有满足外部空间形态的完形性要求，建筑角部的庭院以及屋顶局部的凸出部位都破坏了扁平方体的完形形态（图3.47）。住宅内部的空间划分比较具有开放性，空间节奏感还不错。

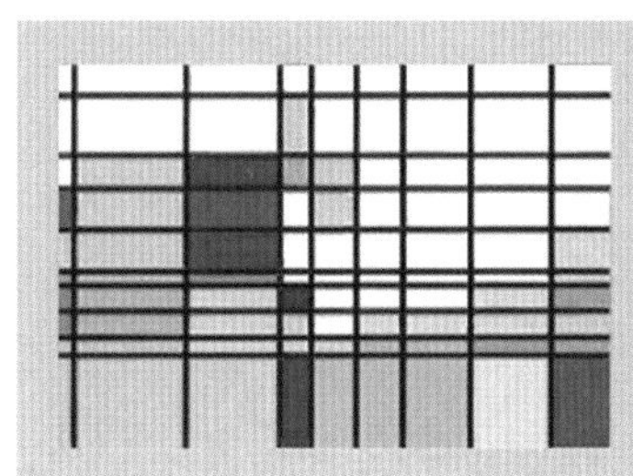

图3.43

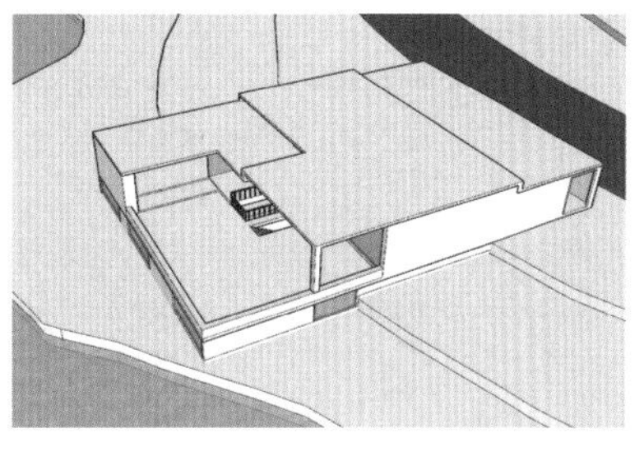

图3.44

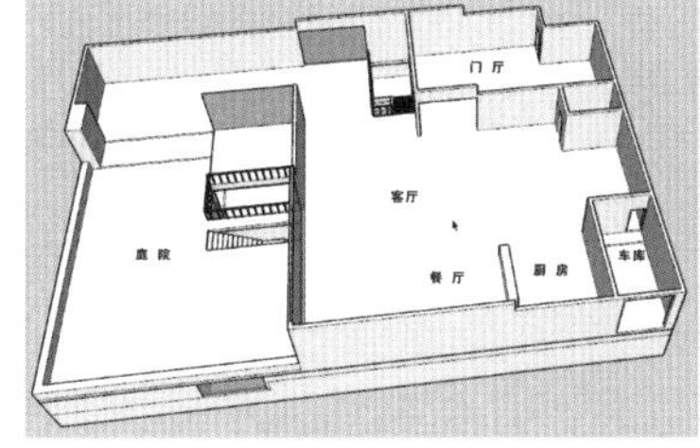

图3.45

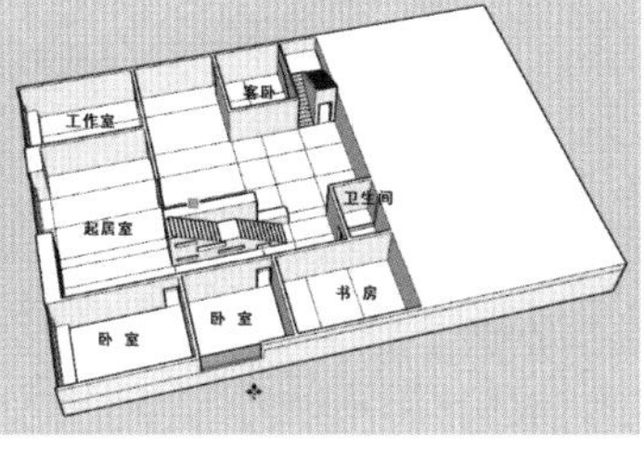

图3.46

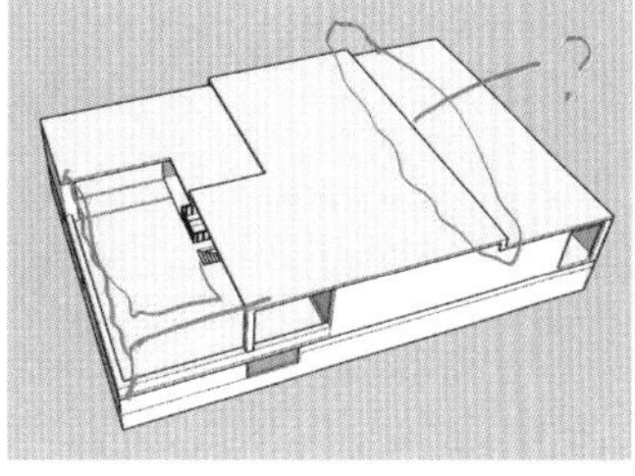

图3.47

刘昱廷： 我从手势和风景画两张图片中抽象出住宅平面的网格结构，作为空间划分的原型（图3.48、图3.49），并将住宅空间转换成两幅现代风格的抽象画（图3.50、图3.51）。图3.52是根据这两个网格结构设计出的住宅方案模型，图3.53、图3.54是各层功能空间的布置。

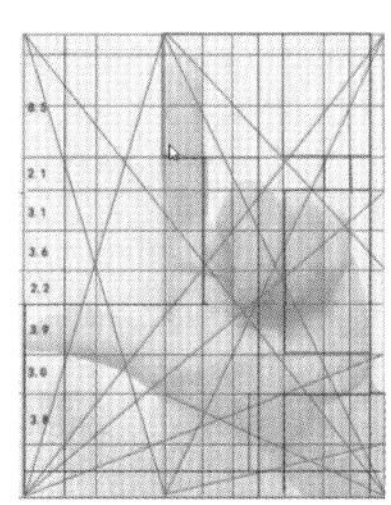

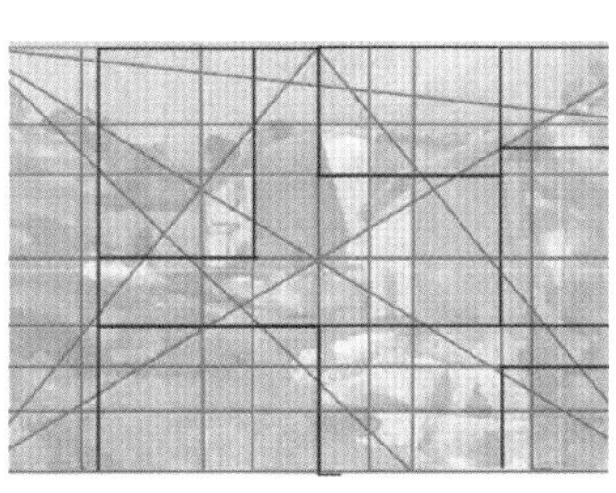

图3.48～图3.51

王老师：这个方案在空间外部形态上是按照完形性的要求进行设计的，内部空间较为连通。有一个问题需要注意，屋顶檐口高度在建筑立面上是否是按照网格比例进行设计的，立面的开窗是否是按照一定的比例进行划分的（图 3.55）。在进行立面设计时，一定要按照宇宙法则进行设计。

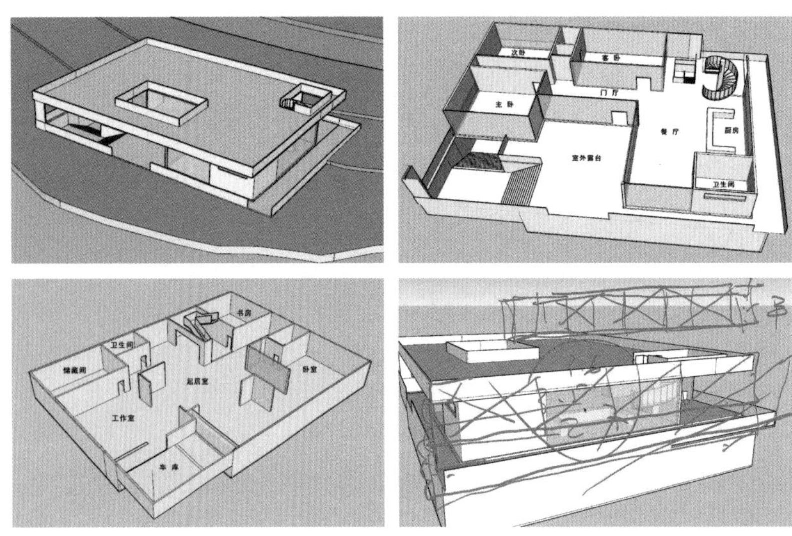

图 3.52 ～图 3.55

梁润轩：这是我从手的图像中抽象出的网格结构，以及据此设计的一幅抽象画作（图 3.56、图 3.57），还有按照网格结构设计的住宅方案模型（图 3.58）和每一层的功能空间（图 3.59、图 3.60）。

王老师：这个方案从外部空间形态来看，是按照具有完形性的扁平方体设计的，住宅内部相较于其他方案，在竖向上开设了共享空间，因而空间的连续性更好。另外，各层空间布置的密度和韵律感都较为合适。但是，空间序列不够讲究，屋顶矩形天窗的形式也有些随意，而且面积太大（图 3.61）。

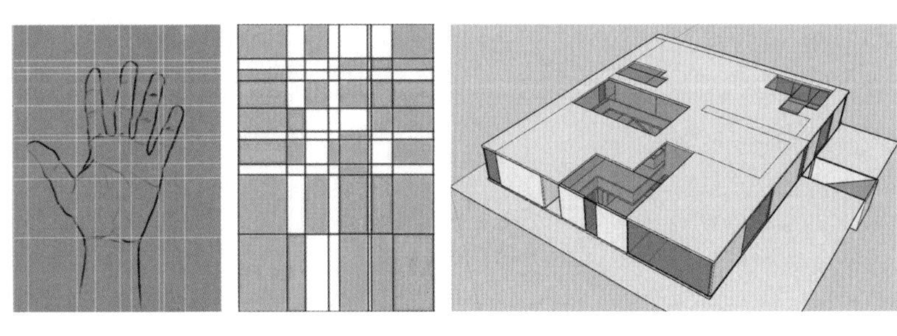

图 3.56 ～图 3.58

目前来看，建筑立面的设计没有严格按照美的比例进行设计，立面的横向划分要符合整数倍的网格比例（图 3.62）。

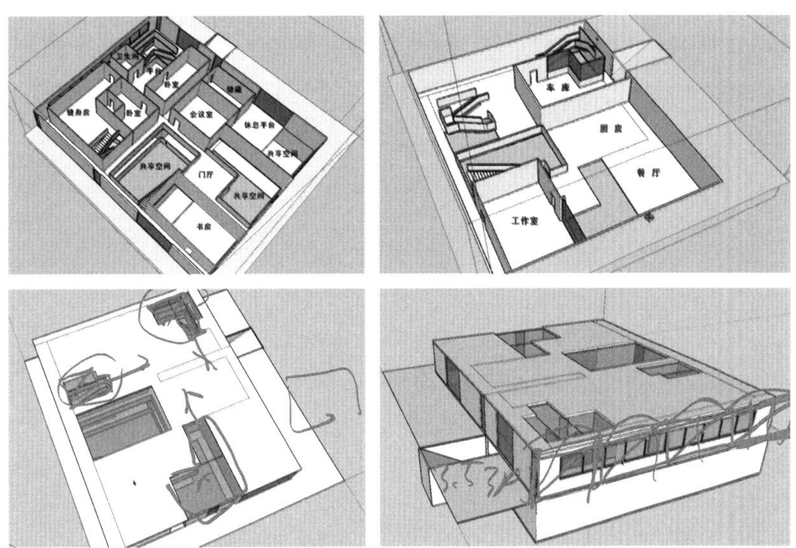

图 3.59 ～图 3.62

李凡：我从网上找了一幅风景照片，从中提取出住宅空间划分的网格原型（图 3.63），然后按照网格继续划分出用地 C 的住宅空间（图 3.64~图 3.66），并将这些空间抽象成两幅现代绘画作品（图 3.67、图 3.68）。由于用地 C 的地形属于缓坡，因此，地下层空间在地势较高的地方完全处于地下，而靠近河岸、地势较低的地方则露出地面。

图 3.63 ～图 3.65

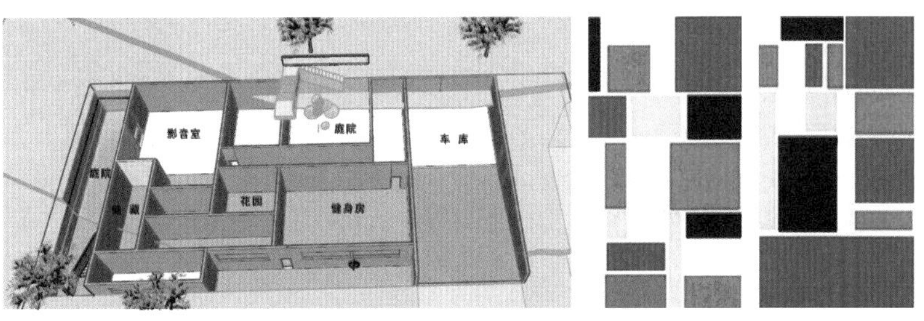

图 3.66 ～图 3.68

王老师：从室内空间划分来看，韵律感还是不错的，平面逻辑性也比较好。但你跟前面的同学犯了同样的错误，就是外部空间形态没有按照完形性的要求去做。住宅边缘位置的庭院空间破坏了完形性（图 3.69）。第二个问题是住宅内部两个庭院的位置关系，这两者的关系不仅由功能决定，还涉及形式美学的问题，它们之间存在一定的力学关系（图 3.70）。因此，庭院之间的位置、比例关系也应当符合“宇宙法则”。第三个问题是建筑立面没有按照网格结构进行划分，目前形式的任意性比较明显（图 3.71）。即便你只是在示意立面的形式，但是它从整体到局部大致的比例和位置关系不能脱离“宇宙法则”，这样才能保证一个设计的形式从大致的法则体现到最终方案的确定，自始至终都能够得到把控（图 3.72），同时这也是你们将来作为建筑师的专业底线。

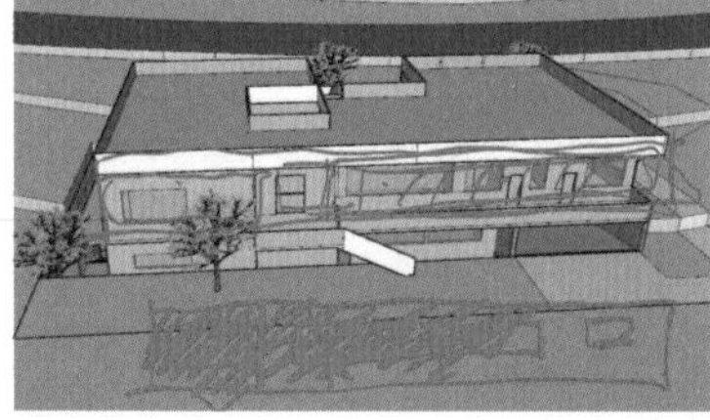

图 3.69 ～图 3.72

金奕天：这是我从一个网格结构中抽象出来的一幅画作（图 3.73），并按照网格结构设计了住宅方案。图 3.74~图 3.76 所示的是住宅模型以及一层空间与地下一层空间。住宅的入口设置在一层建筑的西侧，也是矩形体块的短边一侧，入口旁边有一处带游泳池的庭院。进入室内首先看到的是门厅，门厅南侧可以布置餐厅和厨房，北侧沿着台阶通过内廊，可以进入住宅的其他空间，如次卧。从门厅继续向东前行，我想在这里设计一个可供家人共同使用的公共空间，如客厅，它的

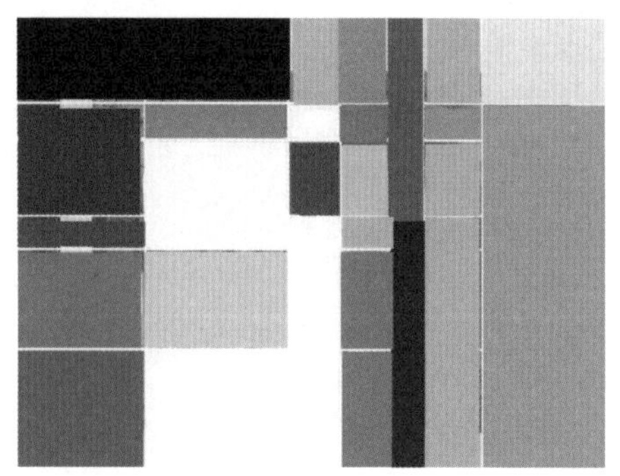

图 3.73

北侧可布置客房，东侧可以设计一个更为开放的室内庭院，庭院空间能起到采光、通风和交通枢纽的作用。庭院的北侧可以布置一些功能，如客卧、多功能厅。南侧的朝向好一点儿，可以布置主卧、书房等空间，这些功能其实并不确定，可以根据主人的喜好自行调整。但我目前只完成了一层空间的功能布置，地下一层的空间还没完成，因为我觉得地下一层的功能不太好布置。

王老师：这个方案比较明显的问题也是外部空间形态没有按照完形性的要求去设计，如建筑角部的露台位置（图3.77）。这个方案比较有意思的地方是，它跟你的抽象画作的关系比较紧密，住宅内部的空间与画作色块的对应性比较好，空间单元的边界也较为清晰，我认为这比较接近一个建筑师的状态。你刚才介绍方案的表述方式也反映了这一点，比如，一个空间可能是起居室，也可能是餐厅，还有可能是书房。这说明你设计的这座建筑具有多种可能性，它可以给音乐家住，也可以给画家住。所以，我觉得这种叙述方式比较接近建筑师的状态，也体现了你对空间趣味性的多种设想。

还有一个关于天窗采光的问题，住宅入口顶部全部采用玻璃的方式不够巧妙。我们前面讲过，天窗的采光从哪儿引入，照在室内的哪个位置，都是要经过计算的，换句话说，光是需要经过收集后有意图地照射到室内的。

你刚才说地下一层空间的功能不好布置，我想说的是，我们的这个设计不是为了训练功能布置，而是要将你对空间的梦想装进你的设计里。每一个空间

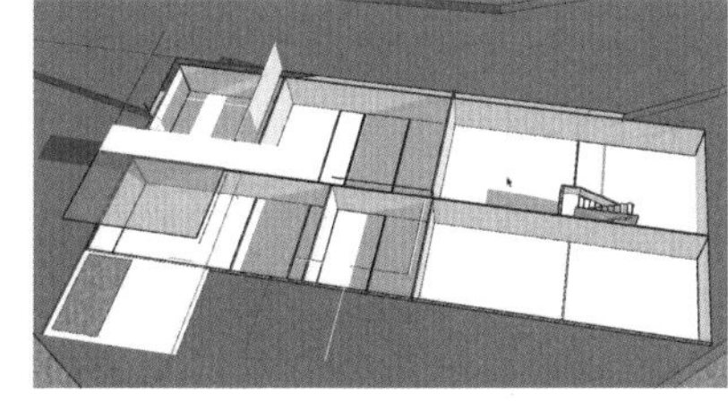

图3.74～图3.77

都可以满足你想要的功能，但是需要按照你所设计的空间序列组织起来，营造出你所设想的空间氛围。因此，同学们的空间梦想不要被功能束缚住。

金奕天：王老师，我有个问题想请教。您刚才说一个房间有很多种可能性，但是如果每个房间都可以有任意功能的话，那它有没有更适合哪种功能的倾向性呢？有的话，这种倾向性的程度应该怎样去掌握？

王老师：这个尺度需要你自己去判断。比如，你说这些房间什么都可以做，但是你为什么这么划分呢？这个训练要求同学们在“宇宙法则”下进行空间划分，实际上就是为同学们保证自己的空间符合美的比例关系提供了前提条件。在这种法则下，你划分出了大大小小的空间，它们之间的对比、韵律、明暗等关系传递给你的感受，实际上决定了这些空间适合承载什么样的功能。同学们在房间里走动时，在不同房间的步数之比实际上也符合“宇宙法则”下的某种比例关系，因此，在这一法则下的空间需要你去设想它的空间氛围，组织其空间的序列，让它们符合韵律节奏，构成丰富的场景，而不是固定的功能。

董嘉琪：我从一张猫的照片中提取出了网格结构（图 3.78），然后抽象成一幅现代风格的画作（图 3.79）。当把这幅画用作住宅空间设计的原型时，我发现画面中色块划分的比例太大，与住宅空间平面所需的比例不吻合，于是又回到网格结构，按照对角线法则进一步将网格细化，并将细化后的网格

图 3.78、图 3.79

结构作为住宅空间的设计原型，最终得出了这个住宅方案（图3.80~图3.82）。这个方案按照任务书的要求设计的是双宅，它既有共享的公共空间，又有独立的出入口和车库。住宅内部的上下层空间有两个共享中庭作为连通空间。

王老师：这个住宅内部空间的韵律感还是不错的，包括上下层空间的连通，外部建筑形态也满足了完形性的要求。但是，空间序列的组织、场景营造及立面还存在欠缺。同时，室内外门窗的设计也应该按照墙体划分网格，遵照一定的比例关系以及场景的营造进行设计（图3.83）。

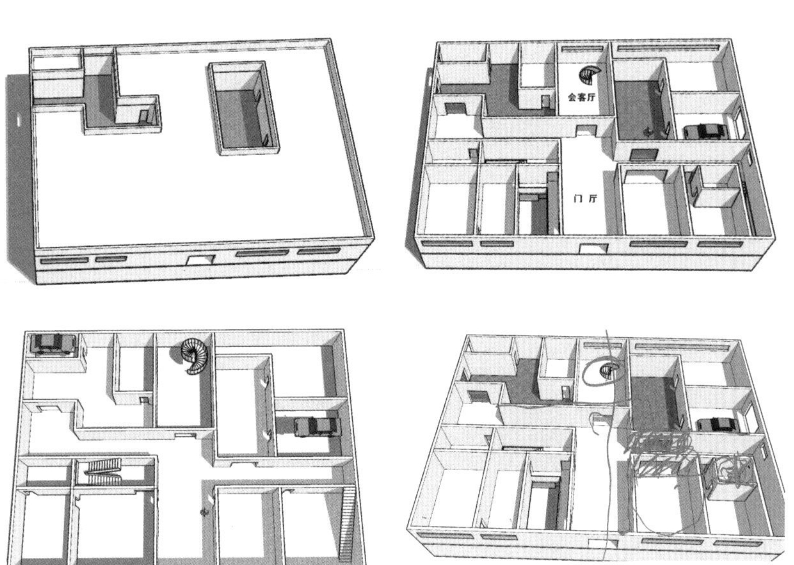

图3.80～图3.83

初馨蓓：这是我从自己拍的一张树的照片中提取的网格结构（图3.84），并抽象出一幅现代画作（图3.85）。我在这幅画作的基础上，将其放大到建筑场地的尺度，进行住宅空间设计。图3.86~图3.88是住宅设计模型和一层及地下一层空间模型，这些依照网格结构划分的住宅内部空间的比例都符合“宇宙法则”。我按照设想的住宅功能流线在这些空间中置入了相应的功能，一层和地下层空间通过中间的共享庭院和角部的共享空间在竖向空间上连通了起来。

王老师：这个方案从空间生成过程到外部形态的完形性都符合要求，但建筑立面没有按照美的比例进行设计（图3.89），车库入口的坡度也没有经过计算。

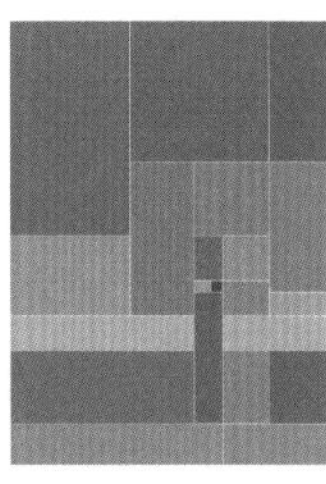
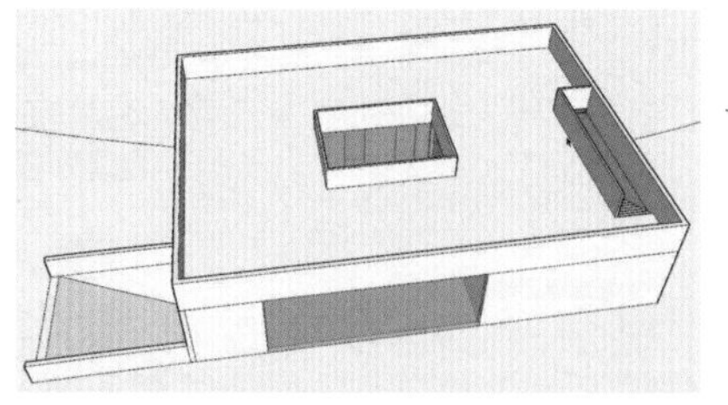
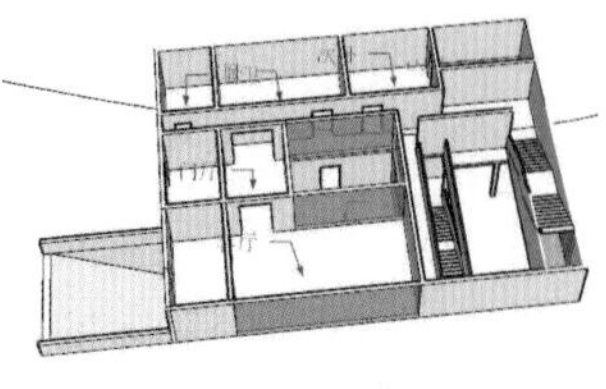

图 3.84 ～图 3.87

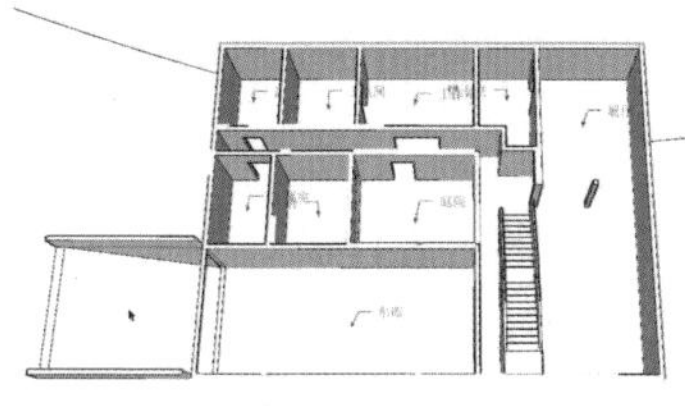
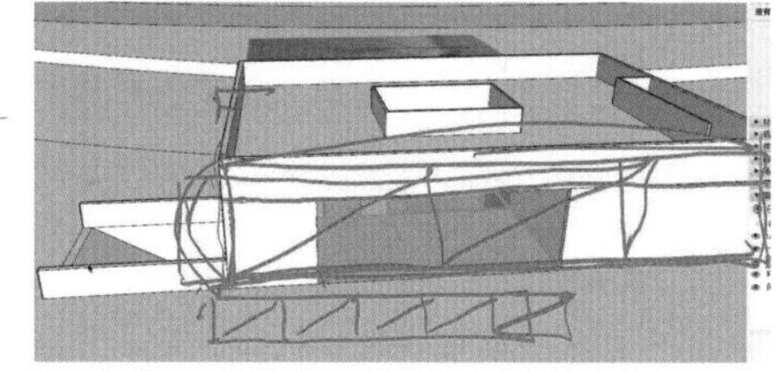

图 3.88、图 3.89

3. 问题的浮现

王老师：看完同学们设计的用地 C 的住宅建筑方案，我认为同学们只要按照网格结构进行空间的划分，呈现出的结果都不错，包括外部形态和内部空间的韵律感。目前来看，同学们存在以下几个问题：

（1）建筑立面没有按照宇宙法则下的美的比例进行设计，如建筑立面的整体比例、开窗比例、檐口比例等。这些问题我们没有在布置任务之前具体交代，这节课暴露出来后，同学们要在接下来的学习中练习和改进。

（2）室内空间序列的组织性不够，空间的戏剧性缺少感染力。虽然同学们按照网格结构原型创作出的内部空间的韵律感还不错，但是对空间序列的组织缺少逻辑性表达，空间的戏剧性缺乏场景设计，如光的设计、房间的尺度等。空间的序列虽然是靠人在空间内的行进路线来组织的，但是这种组织不能仅以使用功能作为标准，更重要的是要在这一路线中创造出具有趣味性的空间，这是同学们需要在观念上纠正的。

（3）建筑的概念不够清晰。这个阶段的训练并不是以教会同学们设计住宅为目标的，而是将住宅作为空间设计训练的载体，让同学们树立对建筑的正确理解，把建筑从纯粹的功能性概念转换为一种空间的戏剧性创作，因为建筑的本质就是用空间来表达戏剧效果的载体。按照“宇宙法则”的组合关系，使空间的宽窄、大小等获得韵律感和节奏感，我认为这才是我们训练的目标之一。

（4）光的设计不合理。同学们应当把门、窗理解为光的“收集器”，要利用这些经过计算的“收集器”把光线有目的地引入空间，这样光才有表现力，空间才具有戏剧性。

（5）空间形态的设计没有严格遵守完形性的要求。有些同学按照要求去做了，但还有一些同学们需要在这个问题上改进。

（6）抽象画作的类型不全。我们要求同学们完成三种抽象画作的制作：第一种是在网格内填色块；第二种是将网格去掉，只用色块来构成画作；第三种是将局部色块去掉，形成具有跳动韵律感的画作。同学们课后检查一下自己的画作，根据需要进行补充和完善。

第四章

4. 完形方体几何与体块穿插

在这一阶段，同学们展示了用地 A 上的“完形方体几何形态”和用地 B 上的“体块穿插几何形态”这两个不同的住宅设计方案。这两个方案的训练要求与用地 C 上的住宅设计方案一样，都是根据“宇宙法则”下的网格结构进行空间操作，呈现出不同的空间形态。同学们在展示方案的同时，王昀老师对每位同学的设计成果进行了有针对性的讲评，并指出了问题所在。本章将这些问题精简后呈现出来，以便读者在阅览、实践过程中思考和体会。

1. 两种训练

王老师： 同学们在初步完成了“扁平方体几何形态”的训练之后，在接下来的这一阶段，需要按照任务书的场地要求，分别在用地 A 的山顶部位进行“完形方体几何形态”设计，在用地 B 的山脚部位进行“体块穿插几何形态”设计。其中“完形方体几何形态”训练要求同学们在一个完形方体几何空间形态内，进行地上 3 ~ 5 层、地下 1 层的空间设计。“体块穿插几何形态”训练则要求同学们利用抽象画作的直角拼接，建立两个维度的空间网格结构，并使这些对应色块在进深方向形成空间，然后将两个维度的空间穿插得出的空间形态作为用地 B 的住宅设计载体。用地 B 的住宅设计同样要求地上 3 ~ 5 层、地下 1 层。

这两种空间形态的训练将同时进行，用两种不同的形态去激发同学们对空间的表现欲望，同时让同学们体会两者之间的共同点与差异性。

2. 形态的呈现

董嘉琪： 这是在用地 B 上按照“体块穿插几何形态”训练得到的空间形态（图 4.1、图 4.2）。形态的生成方法是：将之前的三幅现代画作按照直角拼接的方法组合，然后将这些画作上的色块在画面的纵深方向挤出空间，三个维度的空间穿插在一起，就得到了现在的结果（图 4.3）。

王老师： 这种空间操作方法是正确的，得到的空间形态也符合体块穿插的训练要求。但有一个问题，这些体块之间缺乏联系，比如，二层这个空间的侧面可以用一个楼梯通向一层空间的顶部（图 4.4）。第二个问题是一层空间的底部没有底板。第三个问题是，这些空间的立面洞口是按照网格比例划分的吗？

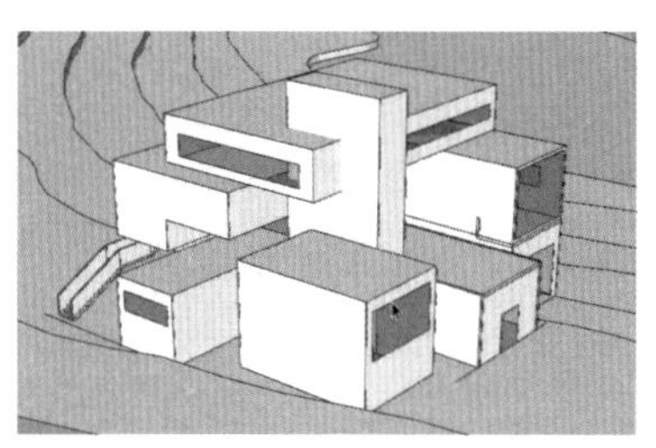
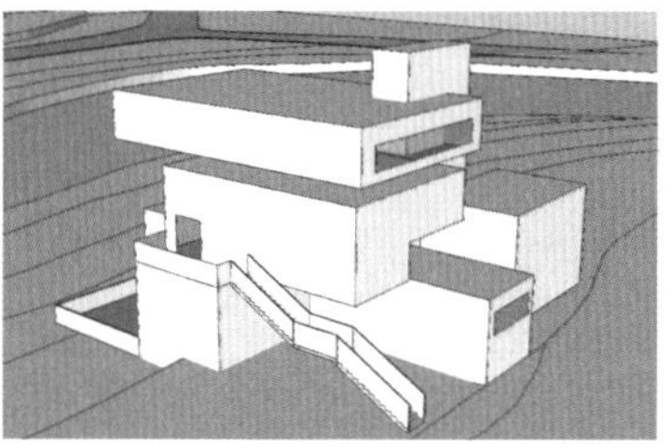
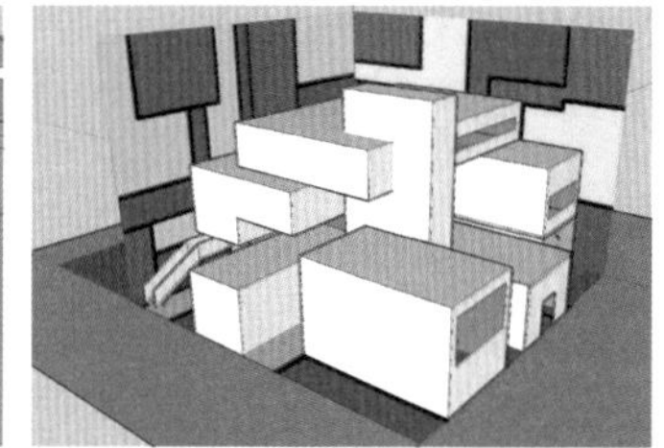

图 4.1 ～图 4.3

董嘉琪：这些立面的洞口没有按照网格比例进行划分。

王老师：这是不允许的。我们在“扁平方体几何形态”的训练中已经讲解过这个问题了，建筑立面的分割要严格遵照网格比例，杜绝任意性的做法（图 4.5）。至于体块表面开洞的问题，如果时间紧张的话，可以将整个表面开成洞口，把体块的厚度留出来就可以了，这样表达至少不会破坏体块表面的比例关系（图 4.6）。还有一个问题是，这些空间体块的截面比例要严格按照画面轮廓的比例进行抽取，而不能任意地改变（图 4.7）。

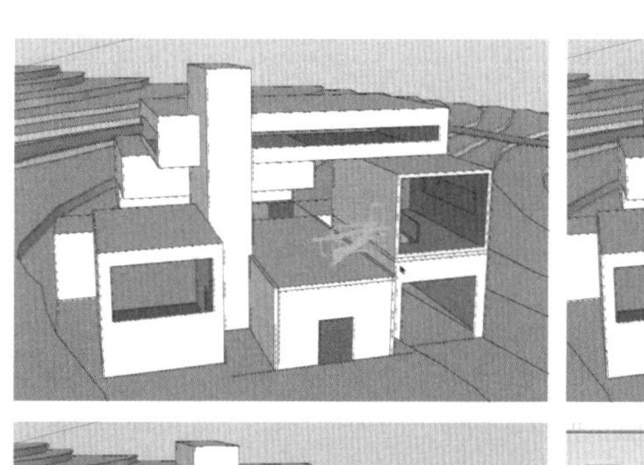
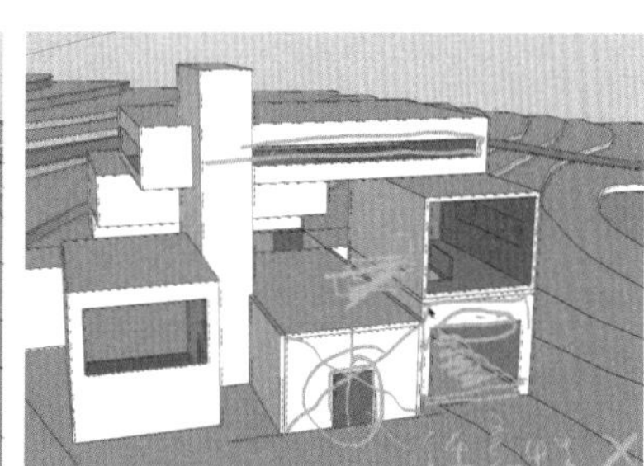
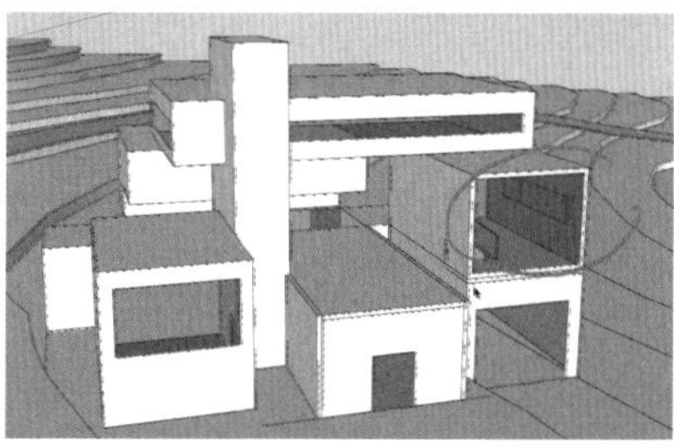
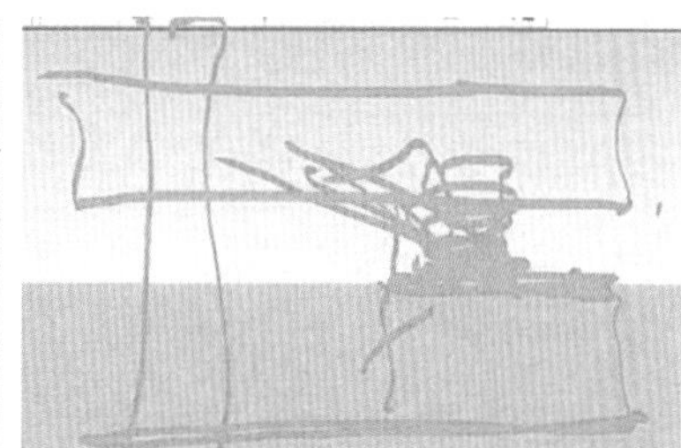

图 4.4 ～图 4.7

董嘉琪：图 4.8 是在用地 C 上按照白银比例的网格得到的“完形方体几何形态”，它的平面和立面都是根据这个网格体系进行划分的（图 4.9）。

王老师：这个空间生成的操作方法也是正确的。但从体块模型的立面来看，它并不是严格符合这个白银比例的网格（图 4.10、图 4.11），这又暴露出了你在空间形态操作过程中的任意性问题。一定要先按照网格比例来确定建筑立面，然后再反推内部各层空间的层高，否则网格比例就失去了它的意义。

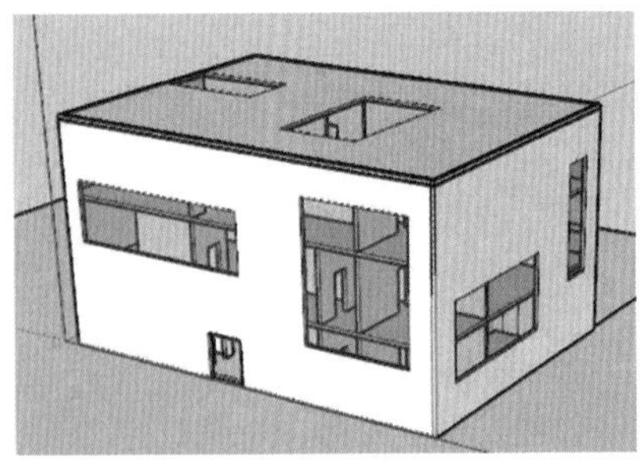

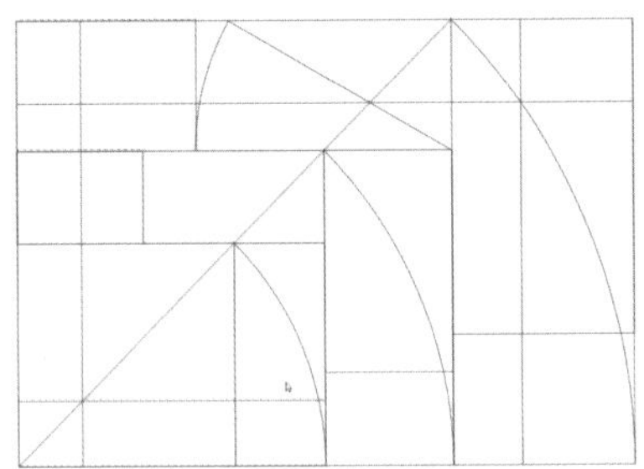

图 4.8、图 4.9

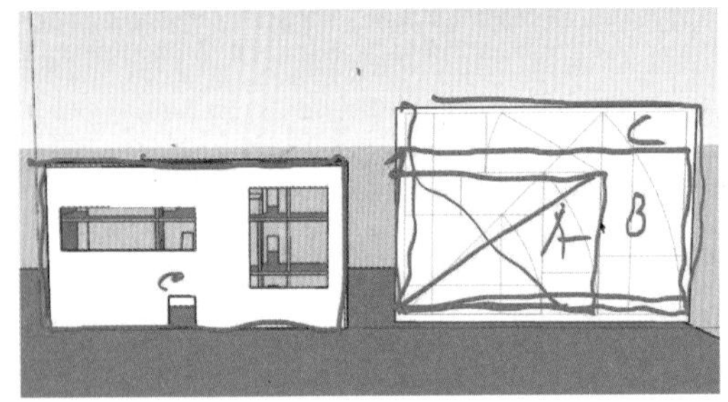

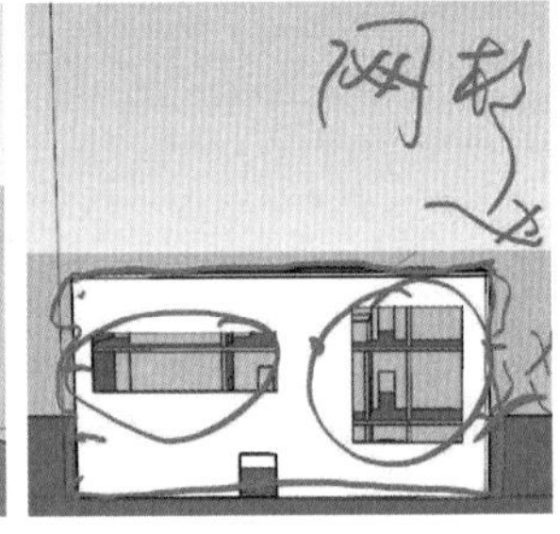

图 4.10、图 4.11

初馨蓓：先请大家看一下用地 A 的“完形方体几何形态”的住宅空间模型（图 4.12、图 4.13）。这个住宅空间是以黄金比例的矩形为依据进行网格划分，然后按照网格进行空间分割的（图 4.14）。

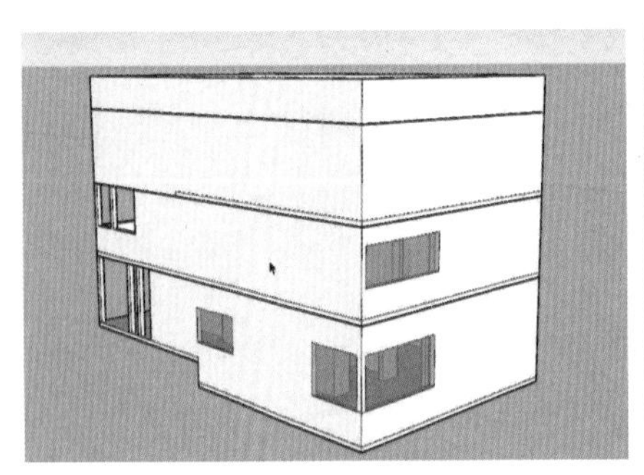

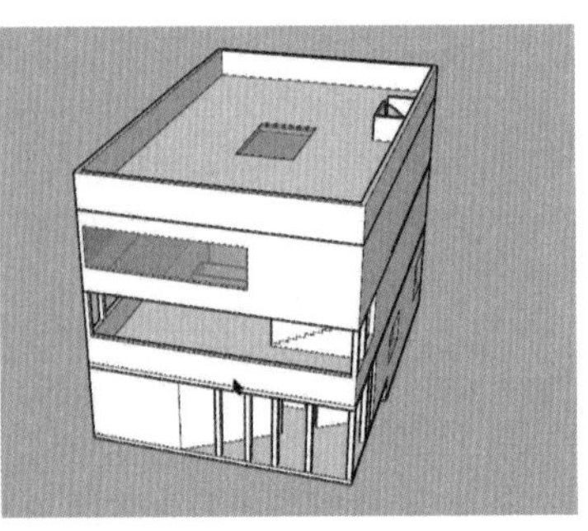

图 4.12、图 4.13

王老师： 这个建筑立面的开窗是按照网格结构进行划分的吗？

初馨蓓： 每一层的开窗在这一层里都是按照黄金比例进行划分的（图 4.15）。

王老师： 这种操作方法只能保证窗在每一层的住宅立面上的比例关系，但它与整个建筑立面的比例不一定协调，因此，要把建筑立面置于整个网格结构中进行开窗的划分。另外，这个窄的建筑立面符合黄金比例吗（图 4.16）？

初馨蓓： 这个不符合黄金比例，但底层边线是长边的立面符合黄金比例。

王老师： 我们这个训练要求的是，所有的建筑平面、立面、剖面都要符合美的比例法则（两个立面可以符合不同的比例关系），只有单一的立面符合这一法则的话，在实际的三维视觉维度下是不能形成美的视觉图形的（图 4.17）。另外，一层建筑外立面的柱子的布置同样应该在网格结构下划分（图 4.18），不能随意摆放（图 4.13）。

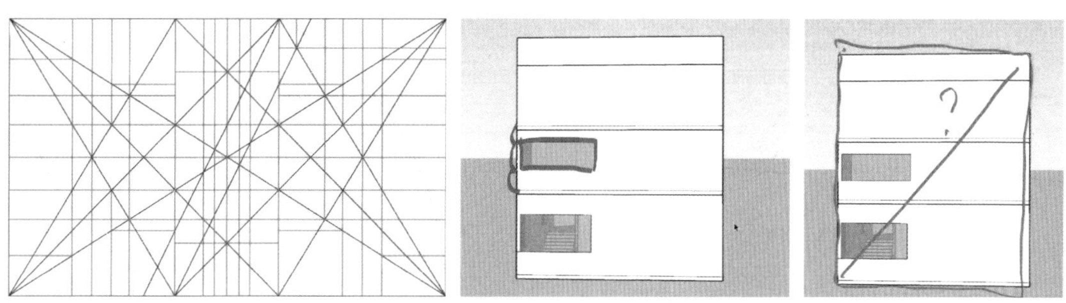

图 4.14 ～图 4.16

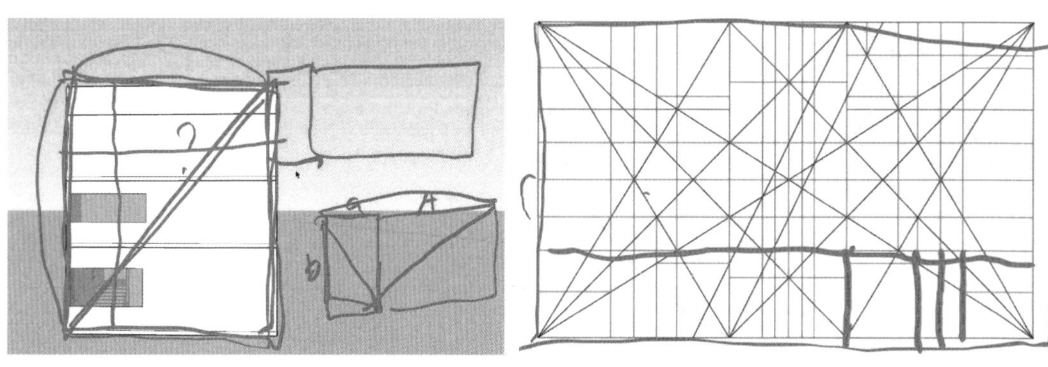

图 4.17、图 4.18

初馨蓓：这是用地B上的“体块穿插几何形态”的住宅方案的空间模型(图4.19、图4.20）。这个空间形态也是将之前做的两幅现代画进行正交拼接，挤出空间后穿插得到的结果。

王老师：你的操作方法是没错的，但目前有两个问题：第一，这个体块形态不符合方体的完形性要求（图4.21），形体轮廓不清晰。可以将这个形体分为上下两个完形部分进行处理（图4.22）。第二，你目前在竖向上用两张现代画作的垂直拼接来生成穿插的空间形态，但是在水平方向上缺少第三维度的网格控制，两个方向空间体块的穿插都需要用这个第三维度的网格去规范（图4.23）。

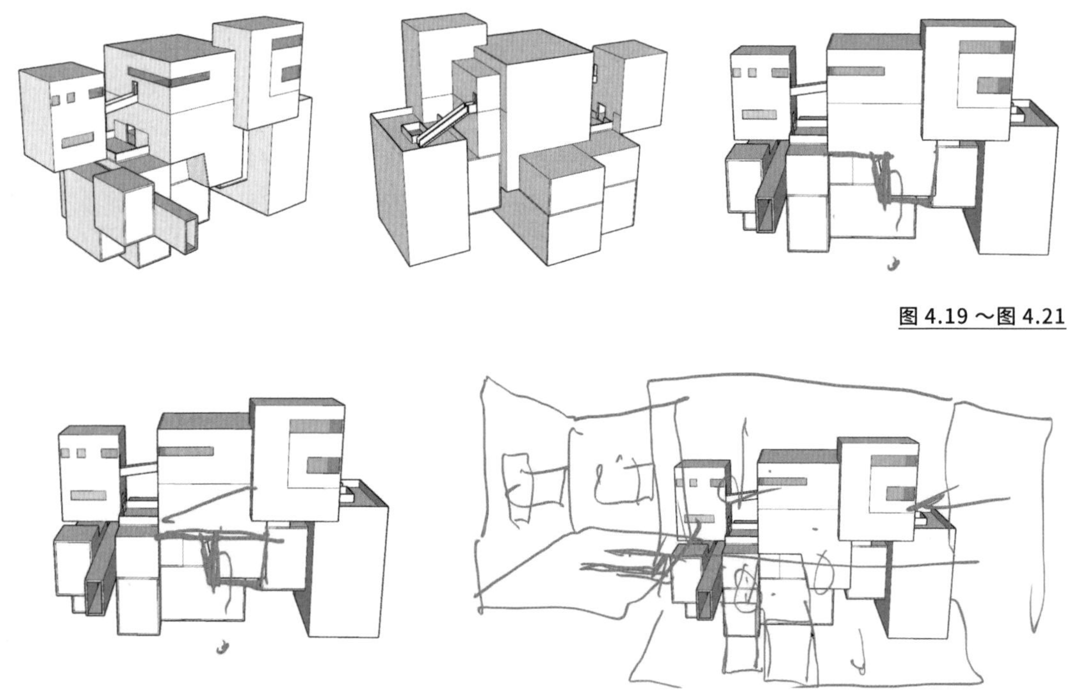

图4.19 ～图4.21

图4.22、图4.23

李凡：这是用地B上“体块穿插几何形态”住宅方案的空间模型（图4.24、图4.25）。我根据地形变化在模型底部进行了微调，通过楼梯将不同体块内的空间进行连通。这个空间形态生成的方法就是将三个画作在一个角部垂直拼接得到的体块穿插的效果（图4.26、图4.27）。

王老师： 整个空间生成的操作方法没有问题。但是，虽然空间体块的穿插效果有了，但整个形态的穿插效果不够明显，应该再大胆一点儿。你可以将某些体块出挑得更加深远，具体方法是将四个竖向画作在水平方向上放倒，作为空间体块出挑的参照，通过对体块出挑深远的控制来表现整个建筑形态的张力（图 4.28、图 4.29）。还有一些细节问题，比如，这个侧面的旋转楼梯体量有些大，与整体的建筑体量比例不协调，可以尝试设计一个稍微小一点儿的旋转楼梯（图 4.30）。

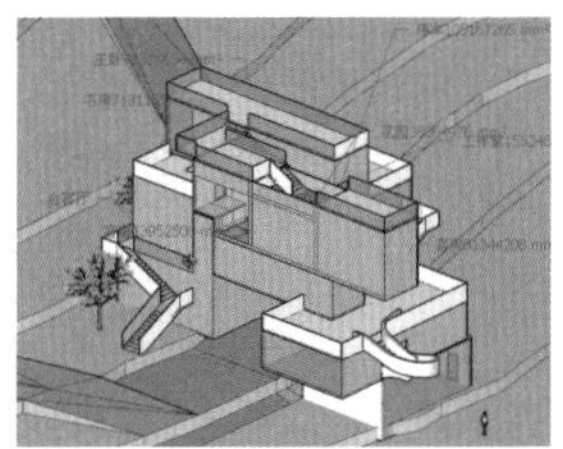

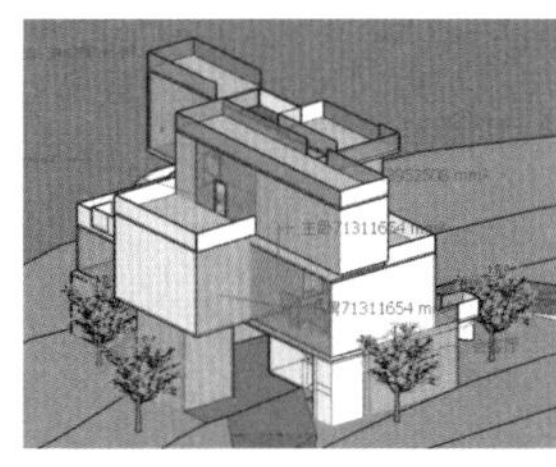

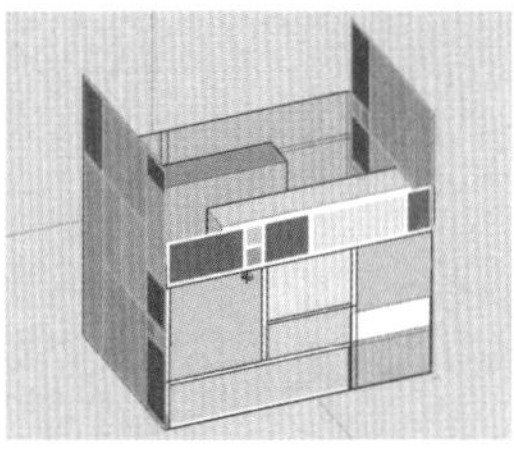

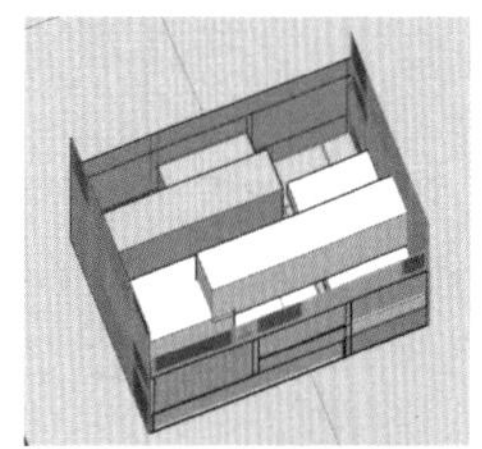

图 4.24 ～图 4.27

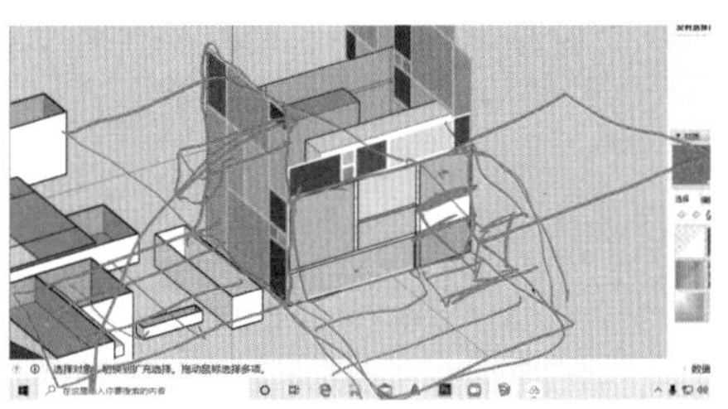

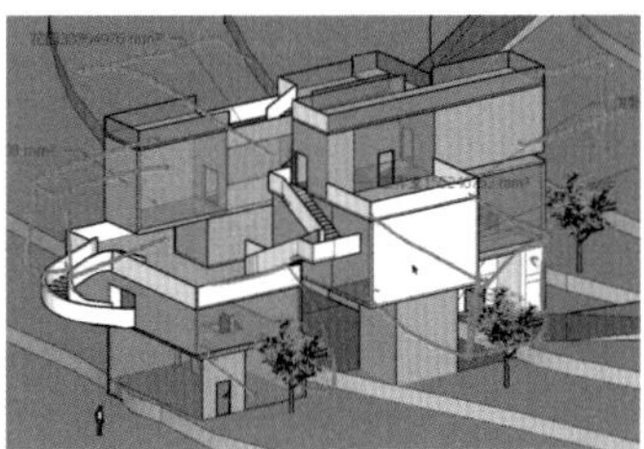

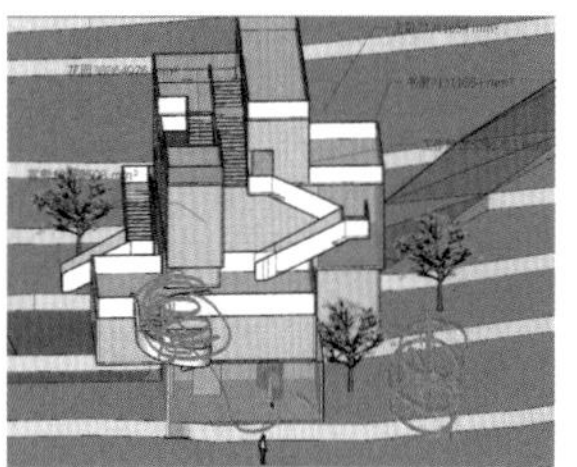

图 4.28 ～图 4.30

李凡： 这是用地 A 山顶部位的“完形方体几何形态”住宅设计方案（图 4.31、图 4.32）。它的空间形态是根据符合黄金比例的平面和长边的侧立面生成的。在划分平面和立面网格的时候，我是用米字格的方法在线段交点的位置打上正交网格进行空间分割的。

图 4.31、图 4.32

王老师：这个空间形态的生成方法和开窗方式都是在网格体系下完成的，同学们应该以这个方案的生成方法为参照进行练习。方法虽然没有问题，但细节问题还是有的。首先，空间形态没有遵照完形性的要求，建筑的角部空间不应是开敞空间，至少应有 3 个侧面的维护墙体来保证这一空间的完形性（图 4.33）。如果想在角部空间设计庭院的话，可以在屋顶开洞，但是庭院的外部边界要保证完整，使整个建筑形态从每个立面看都是完整的符合比例关系的矩形（图 4.34）。

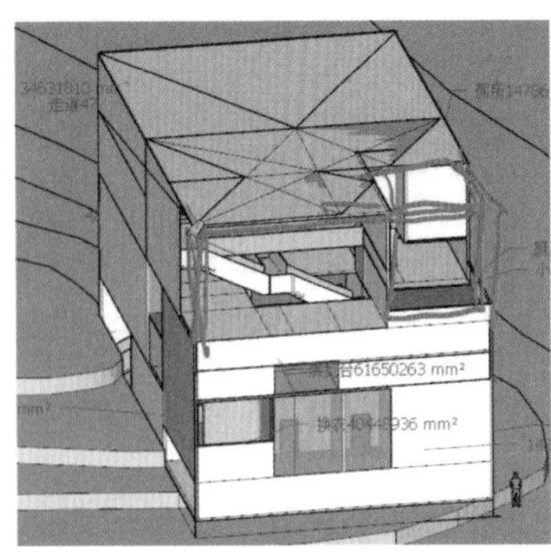

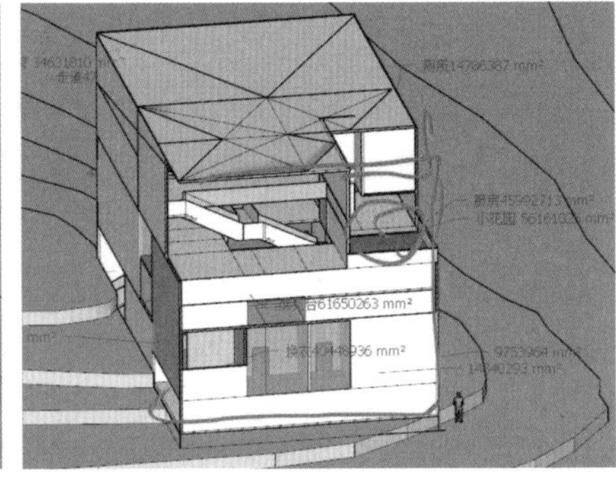

图 4.33、图 4.34

梁润轩：这是用地B上“体块穿插几何形态”的住宅方案模型（图 4.35、图 4.36）。我感觉这个建筑形态的穿插、交错效果不理想，自己在做的过程中也想处理得更好，但找不到问题所在。

王老师：目前来看，你采用的方法是按照平面网格生成每层的空间形态，然后将每层空间形态竖向叠加得到整体的建筑形态。问题就是，这种形态生成的操作方法不合理，最终导致整体建筑形态的体块穿插效果不理想。你可以向李凡和董嘉琪学习，将参照的网格结构竖向拼接，从这些网格中提取完形体块，再利用不同方向的体块形成穿插效果（图 4.37）。

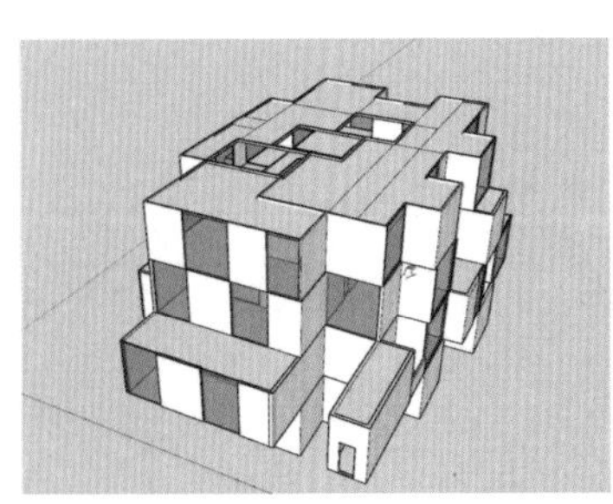

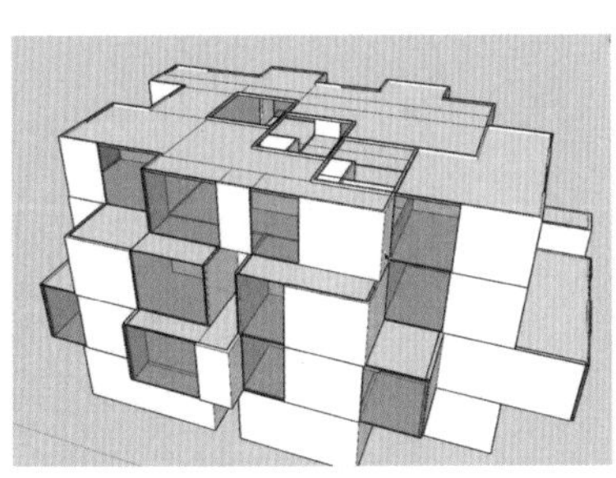

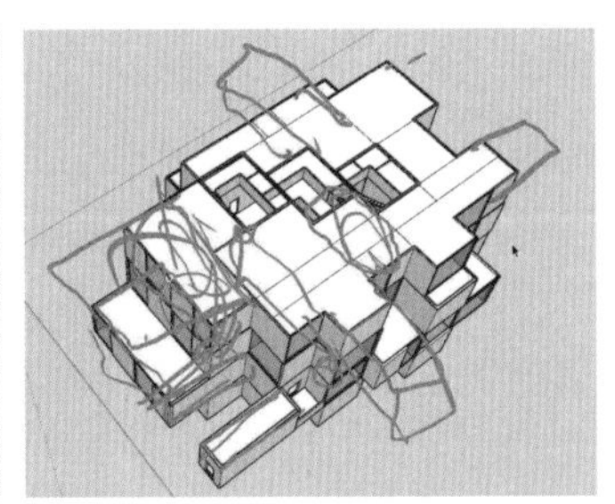

图 4.35 ～图 4.37

刘昱廷：用地 A 上的“完形方体几何形态”的建筑方案是以具有黄金比例的矩形为原型得到的空间形态，每个建筑立面都是按照黄金矩形的内部比例划分完成的（图 4.38、图 4.39）。这是内部空间的划分效果（图 4.40），每层平面都是按照黄金比例划分得到的空间结构，这些空间竖向叠加形成最终的内部空间形态。

王老师：空间生成的操作方法和内部空间的划分都没有太大的问题。

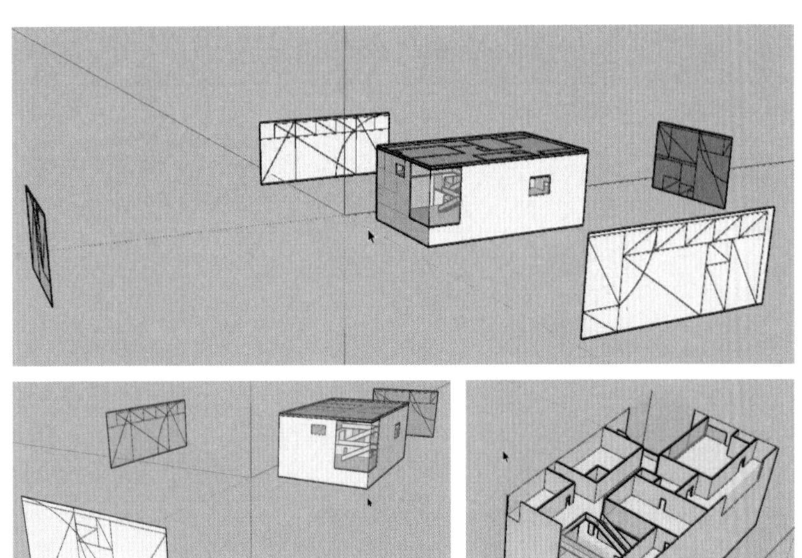

图 4.38 ～图 4.40

刘昱廷：用地 B 上的“体块穿插空间形态”的生成是按照老师讲的，采用从三个方向的网格结构抽象提取空间，并将其交叉的方法操作完成的（图 4.41）。我用不同的颜色区分提取的这些空间体块（图 4.42），然后在这些空间体块上按照网格结构开窗，并用楼梯将各层空间联系起来，最终得到现在的建筑形态（图 4.43）。

王老师：这个空间形态从操作方法上看是正确的，但是整体空间形态的穿插与对比关系不够明确，整体形态显得拘谨，有些体块的出挑可以再夸张一些（图 4.44）。绿色屋顶下，哑铃形状的体块不符合完形方体形态的要求，建议你把它的中间部分去掉，保留两侧的方体几何形态（图 4.45）。

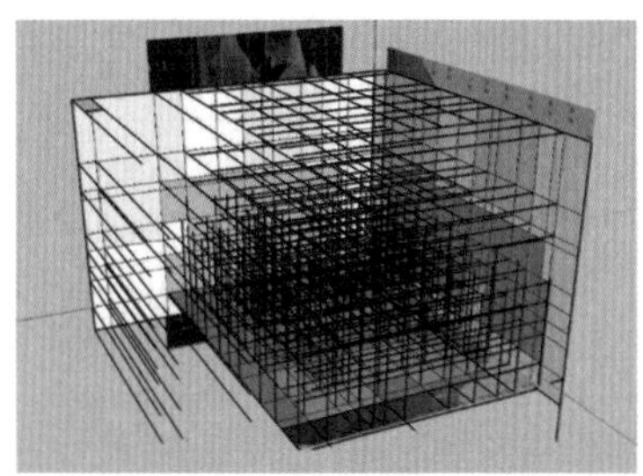

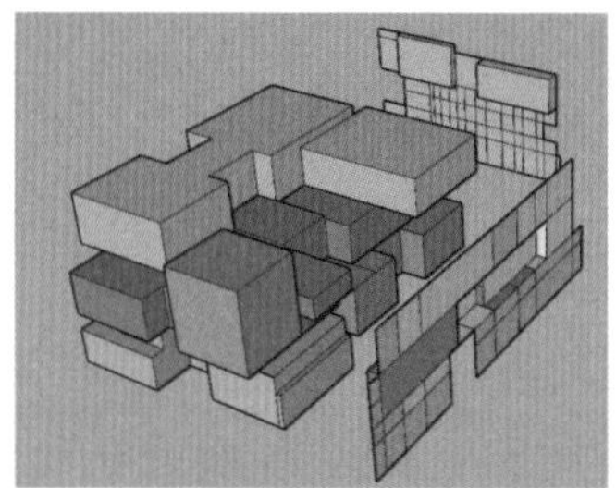

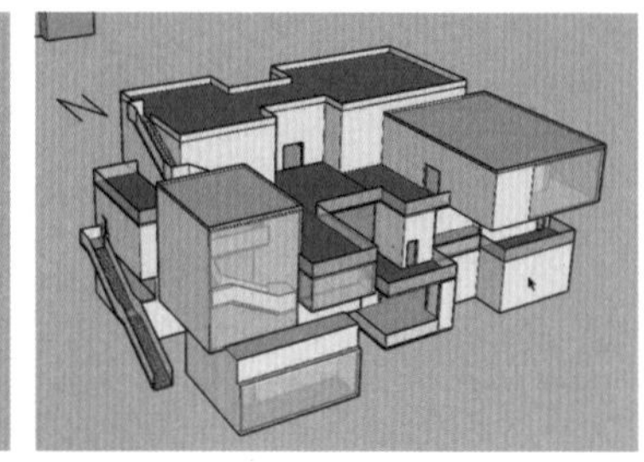

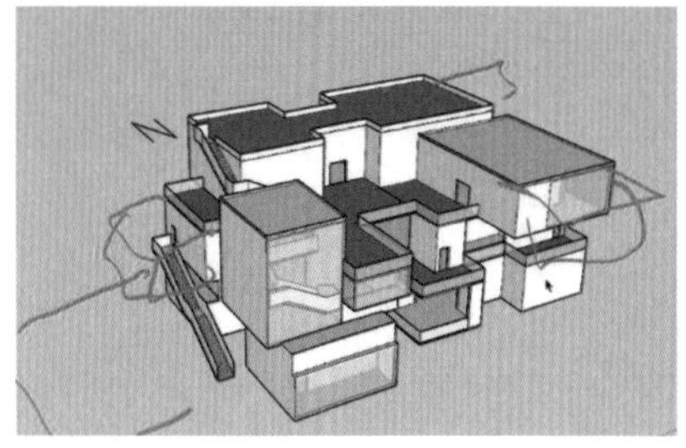

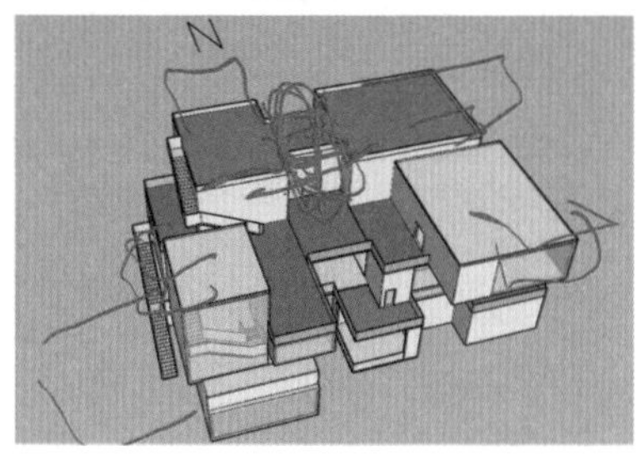

图 4.41 ～图 4.45

刘源：这是用地 A 上“完形方体几何形态”的建筑方案模型（图 4.46）。

王老师：这个建筑模型的立面没有按照你的抽象画作进行开窗和开洞，如果按照这些画作上的色块比例开窗和开洞的话，应该会得到很生动的建筑立面（图 4.47）。

刘源：模型内部空间是按照平面维度上的网格结构进行划分的（图 4.48）。

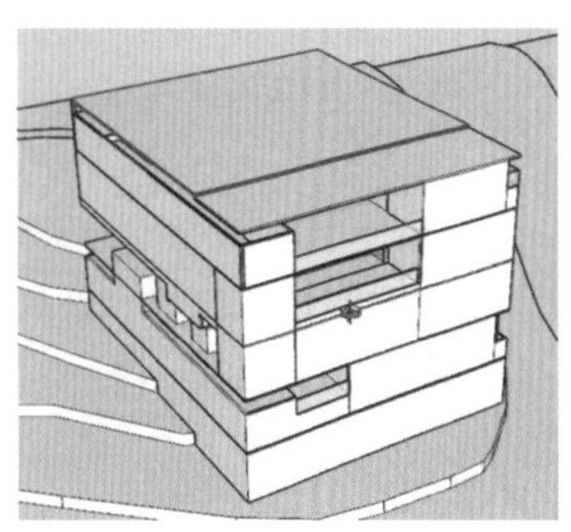

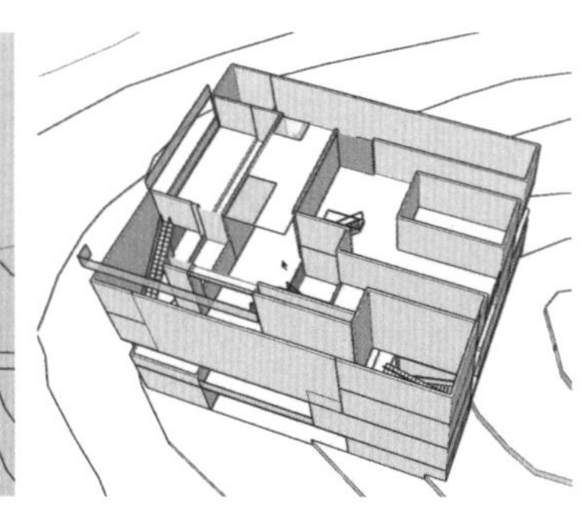

图 4.46 ～图 4.49

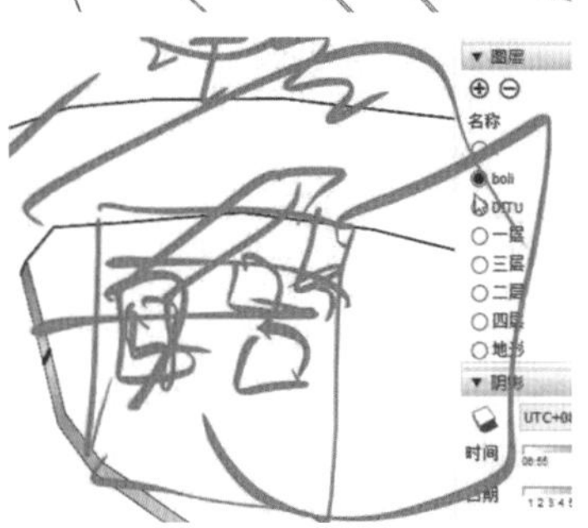

王老师：内部空间的丰富性很好，但这是一种空间生成的操作方法，我建议你按照从竖向画作中的色块抽象提取出的方体空间，在画作整体的空间内部进行穿插，得出另一种空间效果（图 4.49）。

宁思源：这是按照“完形方体几何形态”的要求做的住宅方案模型，我把它放在用地 B 上（图 4.50、图 4.51）。

王老师：我们要求用地 B 上的方案按照“体块穿插几何形态”去做，因此这个方案不符合训练要求。如果按照完形几何要求来看，这个空间形态的完形性不够严谨，这些角部空间的形态目前是错动的（图 4.52）。

宁思源：我在用地 A 上设计了一个“体块穿插几何形态”的住宅方案（图 4.53）。

王老师：用地 A 是要求按照“完形方体几何形态”去做的。

宁思源：那我就介绍一下这个方案的空间形态的操作吧。这个空间整体的形态是将从垂直拼接的抽象网格中提取的空间进行组合得到的（图 4.54），建筑内部空间都是按照网格结构进行划分的。

王老师：这种空间操作手法是没有问题的。但是，整体空间形态的体块穿插效果还不明显，需要让某些体块出挑、退让的对比效果更明显一些（图 4.55），这样整体形态会更具有张力。

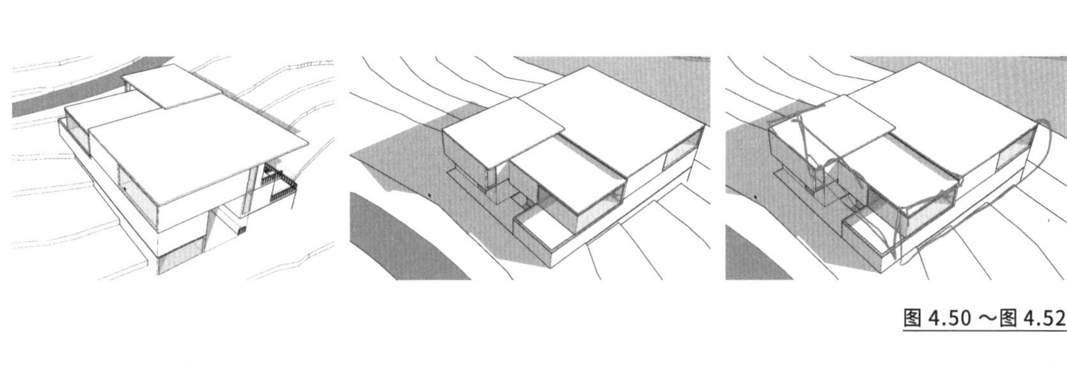

图 4.50 ～图 4.52

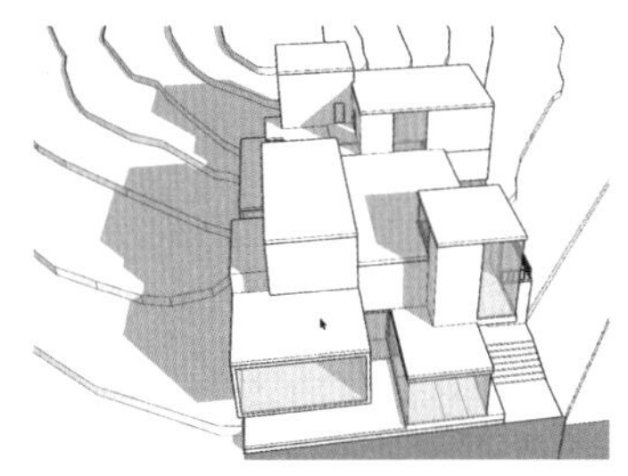

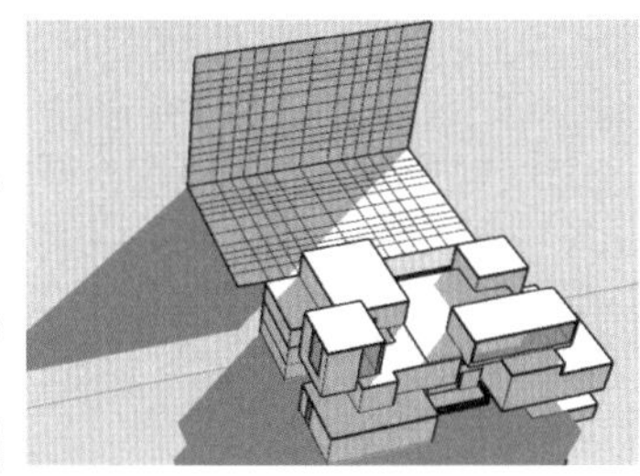

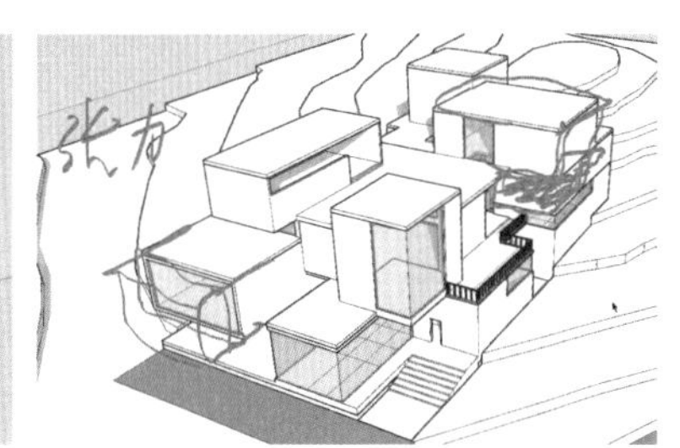

图 4.53 ～图 4.55

崔晓涵： 这是在用地 B 上按照“体块穿插几何形态”的要求做的住宅方案模型（图 4.56、图 4.57）。

王老师： 从整体空间形态来看，体块穿插的效果同样不够明显。一层空间的角部存在干扰完形性的局部空间（图 4.58），我们要求的是每个体块都是方体空间形态，但是这个局部破坏了两个主要方体空间的完形性。

崔晓涵： 接下来是在用地 A 上按照铂金比例生成的建筑空间形态模型（图 4.59~ 图 4.61）。

王老师： 同样，空间形态的操作方法没有问题。但是，从内部空间序列来看，它们之间缺少联系，大部分的空间都是各自独立的，因此，整体内部空间缺少丰富性（图 4.62）。

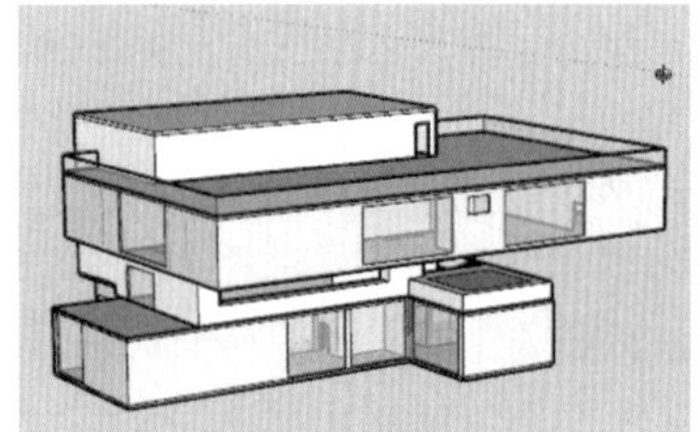
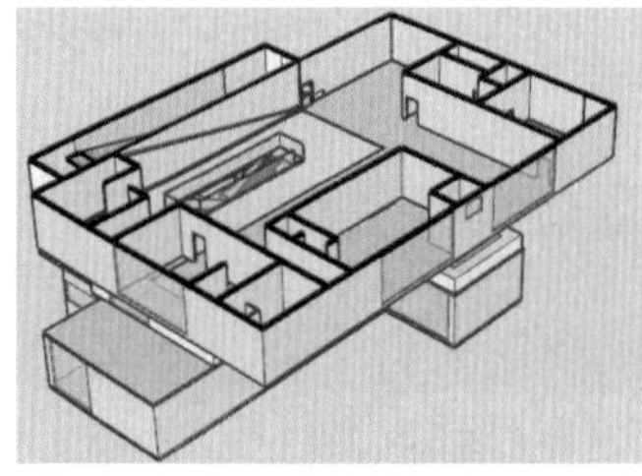
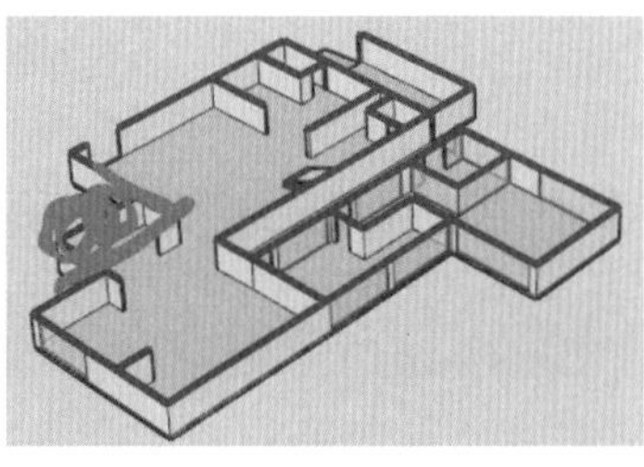

图 4.56 ～图 4.58

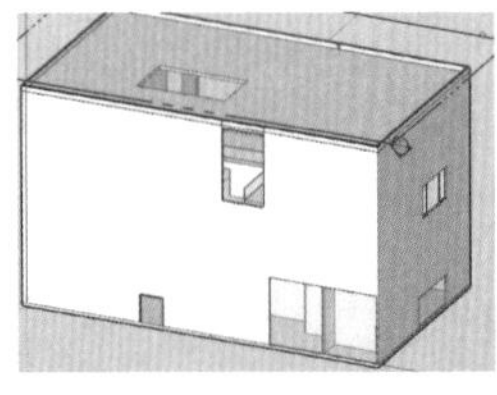
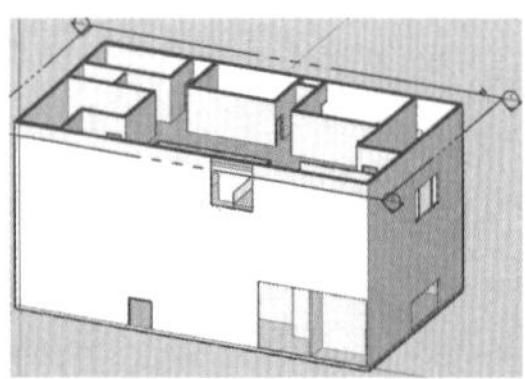
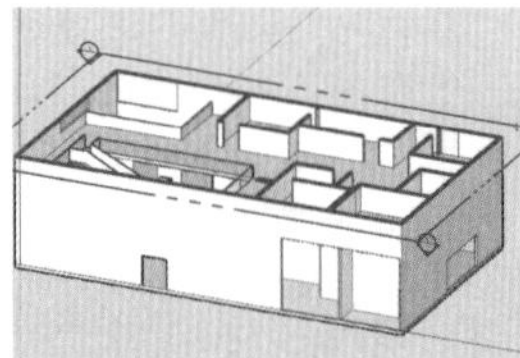
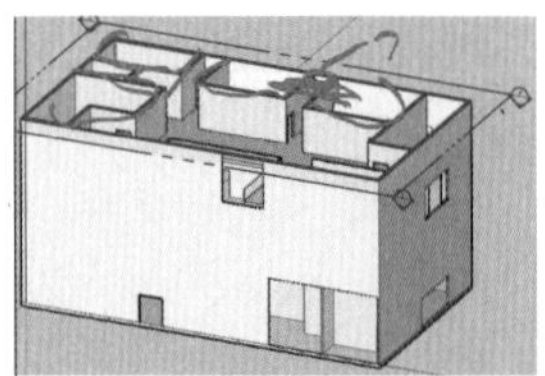

图 4.59 ～图 4.62

于爽： 这是在用地B上按照“体块穿插几何形态”设计的住宅方案模型(图4.63、图 4.64）。

王老师： 这个方案的整体形态较为丰富，但是各个体块之间缺少相互的穿插关系。体块之间的空间完形性做得不纯粹（图 4.65）。有些空间体块下的柱子是多余的，将这些柱子去掉，利用悬挑实现体块的悬浮效果（图 4.66）。模型里旋转楼梯的尺度有些大，建议将它缩小。

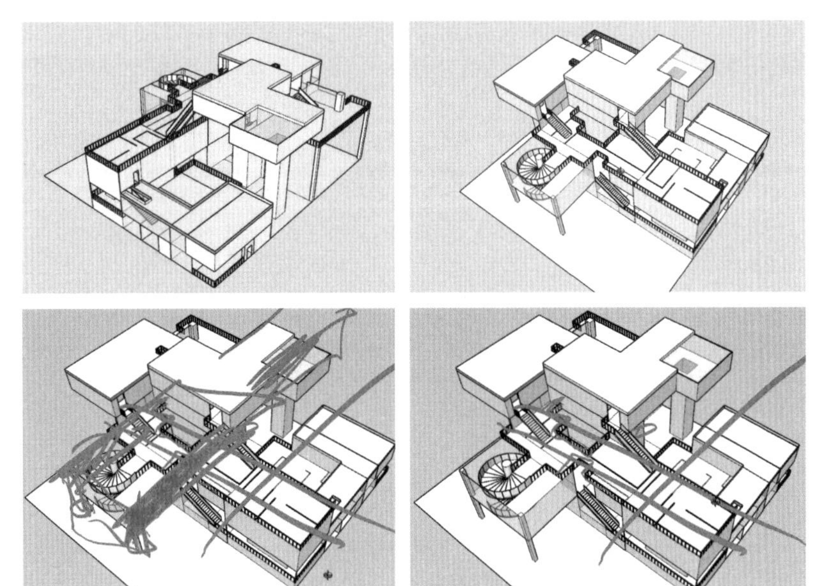

图 4.63、图 4.64

图 4.65、图 4.66

于爽：这是用地 A 上“完形方体几何形态”的住宅方案模型（图 4.67、图 4.68），它也是按照网格的比例关系得到的空间形态（图 4.69、图 4.70）。

王老师：这个方案从几何形态生成的操作方法来看是正确的，但是这个方案与你在用地 C 上的“扁平方体几何形态”方案太相似了。我建议将这个建筑形态竖向翻转 90°，作为用地 A 上的住宅设计方案（图 4.71、图 4.72），也可以继续将它侧面竖向翻转，得到另一个住宅方案（图 4.73）。同学们看一下

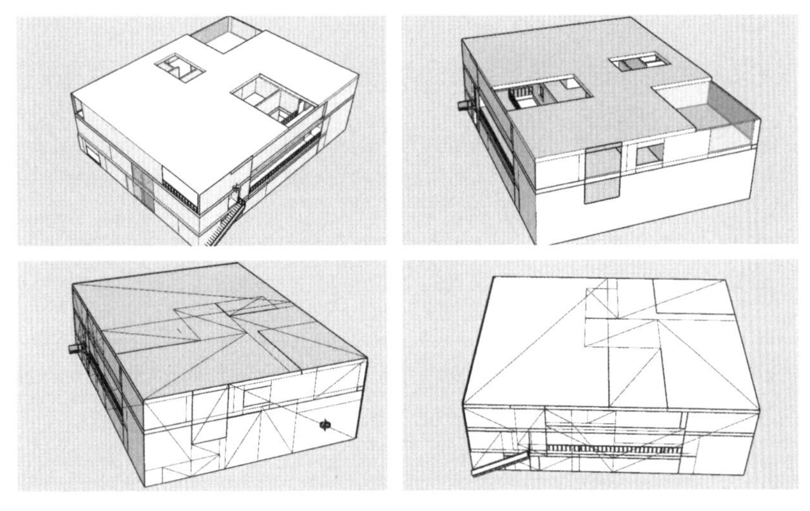

图 4.67、图 4.68

图 4.69、图 4.70

第二个住宅方案的内部空间，利用楼梯或者坡道将内部竖向空间连通起来后，空间效果也非常精彩（图 4.74、图 4.75）。所以，大家对空间的理解一定要灵活，空间序列的思路要打开，大家课后可以按照同样的方法尝试一下。

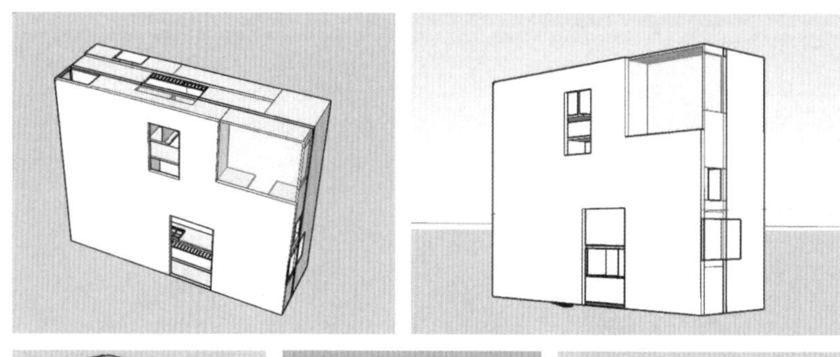

图 4.71、图 4.72

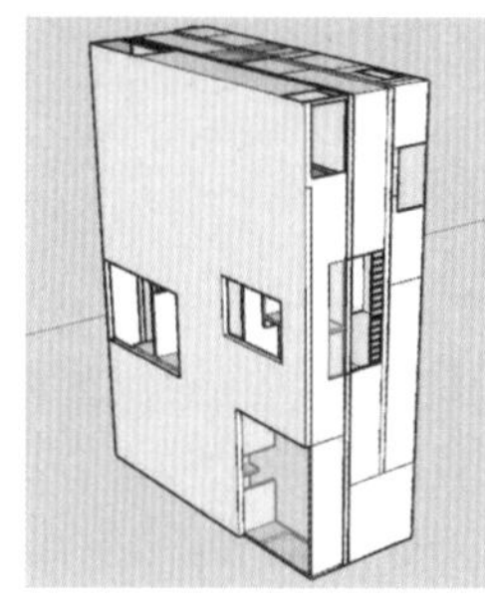

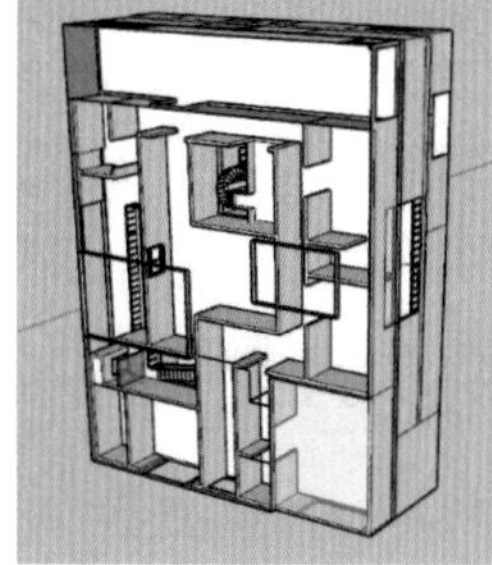

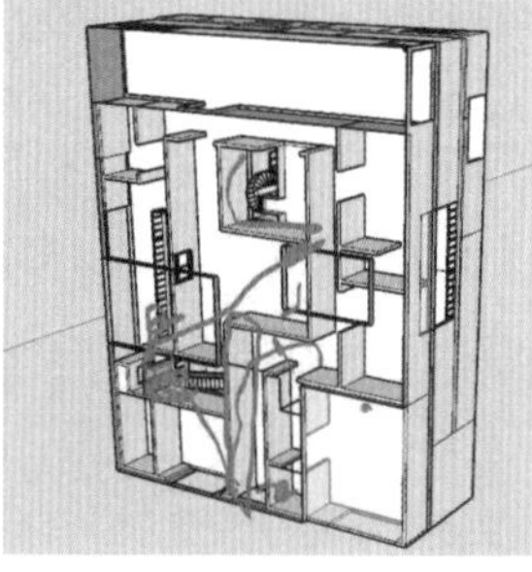

图 4.73～图 4.75

张皓月：先请大家看一下用地 A 上的"完形方体几何形态"住宅方案模型（图 4.76）。我先根据黄金矩形进行网格划分得到每层空间，然后将各层空间叠加得到完整的形态（图 4.77）。建筑的外立面同样是按照网格比例划分得到的（图 4.78）。

王老师：整个空间形态的操作方法没有问题，但有个细节问题，建筑立面上的楼层线应该隐掉（图 4.79），这样才能更加清晰地显示完整的建筑外部形态。我有一个问题，你做的下沉庭院空间也是按照网格比例划分的吗（图 4.80）？

张皓月：这个我不太确定，因为我在做下沉庭院空间划分的时候没有考虑形式的比例关系。

王老师：其实下沉庭院也应该按照网格比例关系进行空间划分，包括其平面尺寸与建筑平面尺寸的比例关系等（图 4.81、图 4.82）。

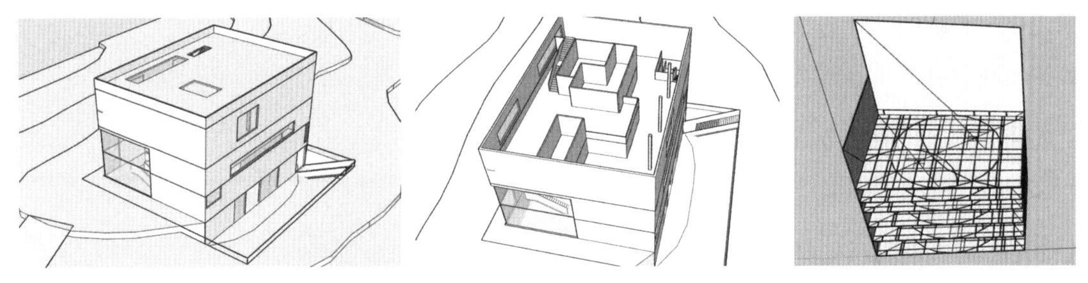

图 4.76 ～图 4.78

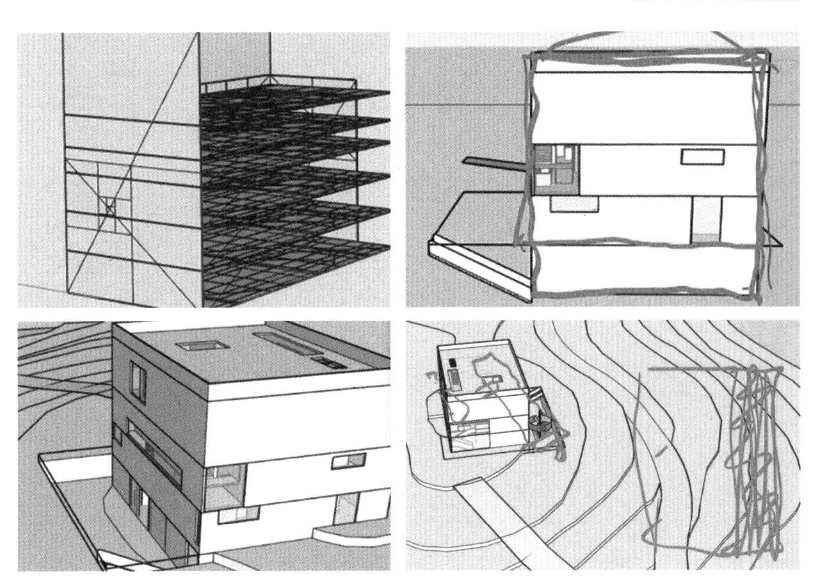

图 4.79 ～图 4.82

张皓月： 这是用地 B 上“体块穿插几何形态”住宅方案模型（图 4.83、图 4.84）。这个模型最高的那个空间体块，我想把它设计成采光井。

王老师： 整个建筑的外部形态符合体块穿插的训练要求，构成感也不错。但是，这个建筑侧立面上的两个空间体块可以向外悬挑得更夸张一些（图 4.85），这样整个建筑形态会更加有张力。

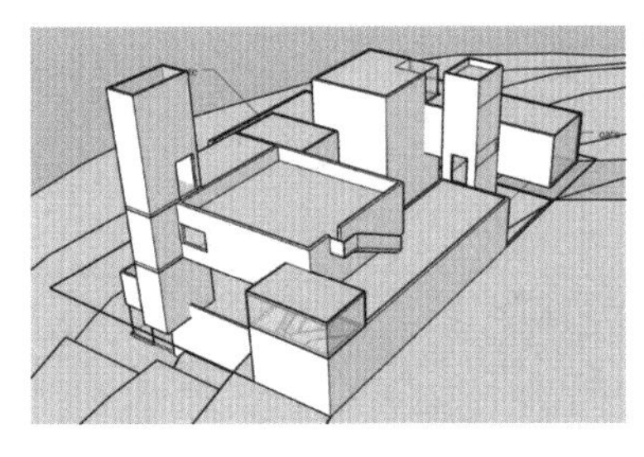

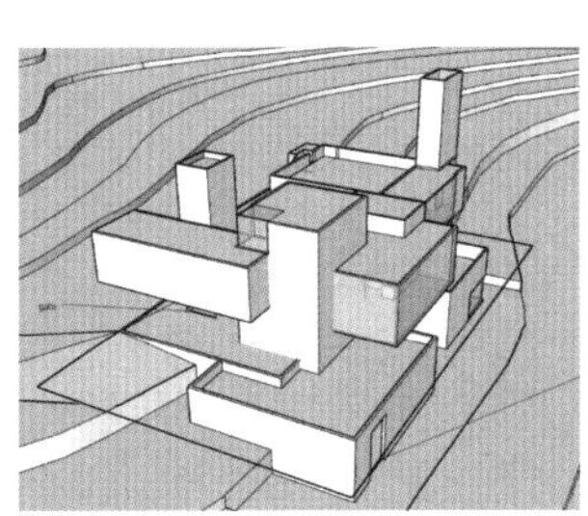

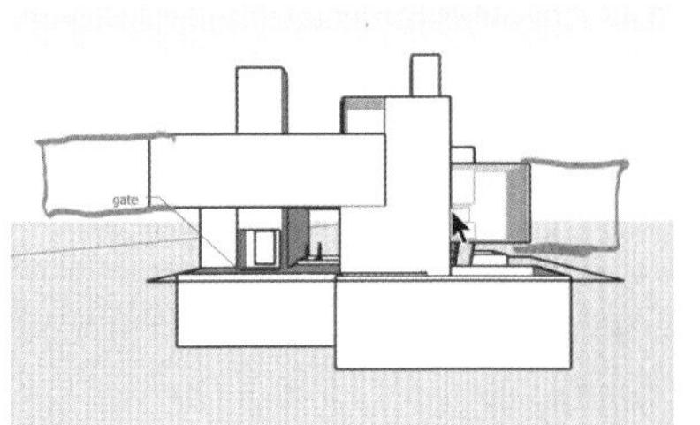

图 4.83 ～图 4.85

郑泽浩：先请大家看一下用地 A 山顶部位的“完形方体几何形态”住宅方案模型（图 4.86~ 图 4.88），整个建筑的平面和立面是分别按照抽象画作进行空间划分的（图 4.89），最终得到完整的建筑空间形态。

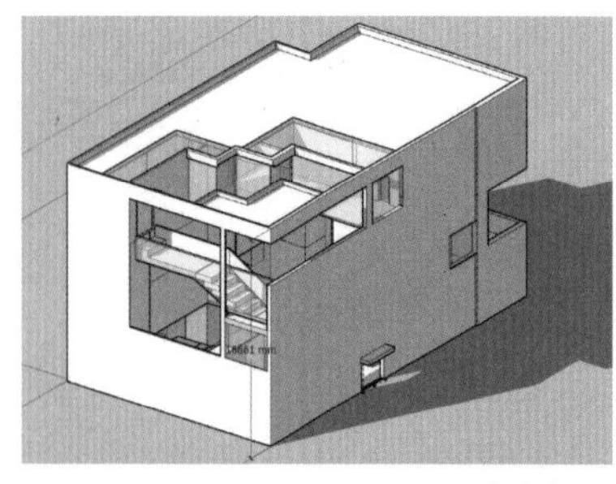

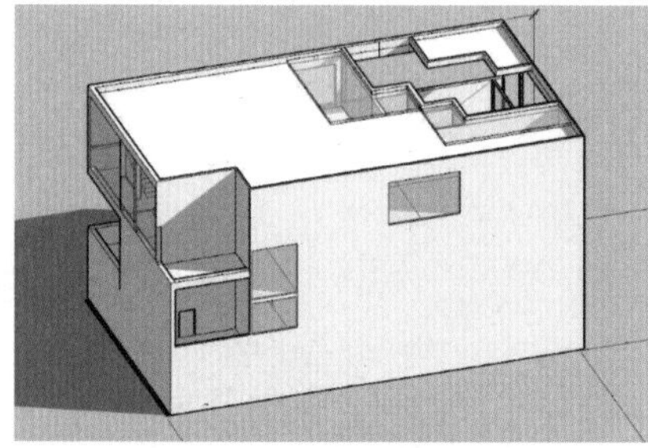

图 4.86、图 4.87

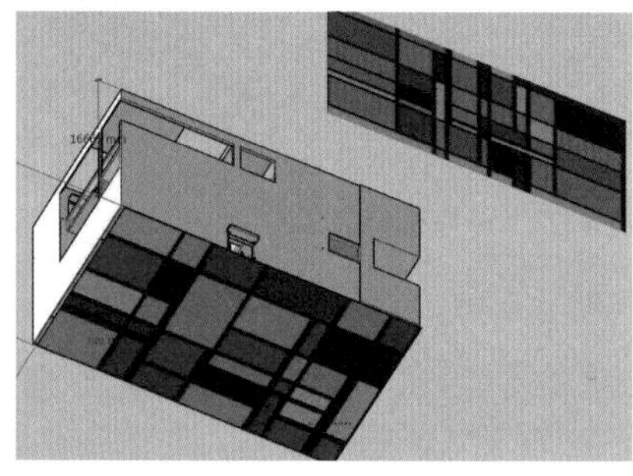

图 4.88、图 4.89

王老师：整个空间形态的操作方法没有问题。但是，外部空间形态存在两个明显的问题：第一，建筑形态的角部没有按照完形性的要求进行处理（图 4.90），应当将这个角部补齐；第二，这个角部对角位置的洞口在两个相邻立面上是连续的，破坏了两个建筑立面的完形性（图 4.91、图 4.92）。另外，屋顶天窗和庭院顶部的轮廓也没有遵循完形性的要求（图 4.93），这些曲折的边线过于琐碎，每个洞口都没有形成完整的矩形形式。天窗采光一定要经过仔细设计，目前来看，这些天窗的设计没有目的性，过于随意。

郑泽浩：接下来是用地 B 上“体块穿插几何形态”的住宅方案模型（图 4.94、图 4.95），这个建筑上的体块也是按照网格结构得到的。

王老师：这个方案与用地 A 方案的问题相似，有些空间体块没有按照完形性的要求去操作。比如，这个建筑立面上的雨棚破坏了出挑的空间体块的完形性（图 4.96），与它相邻的立面也存在同样的问题，建议你将上面这个空间体块挑出，这样既保证了每个空间体块的完形性，也使各体块之间的穿插关系更加明确（图 4.97、图 4.98）。同样，这个体块下部的空间体块也可以按照同样的方法出挑，以增加整个空间形态的构成感（图 4.99）。

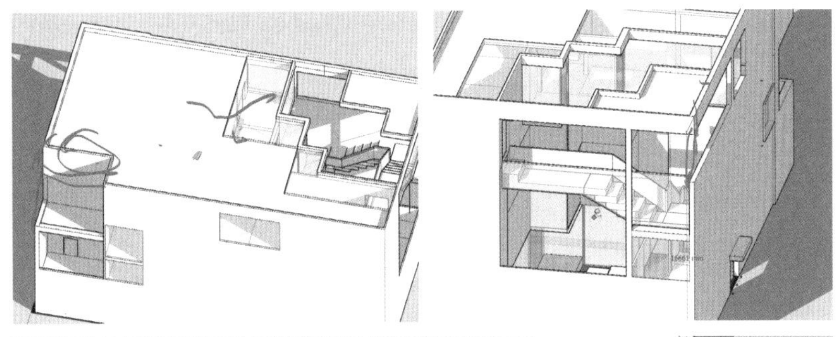

图 4.90、图 4.91

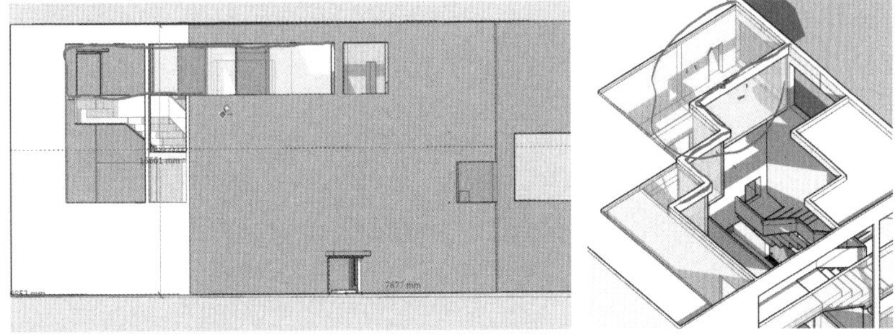

图 4.92、图 4.93

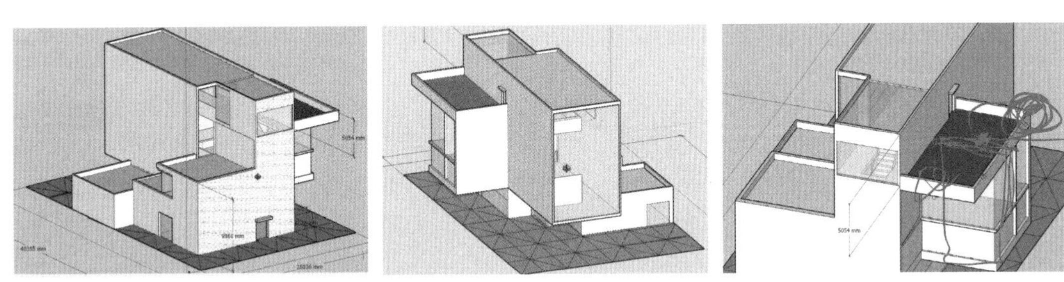

图 4.94 ～图 4.96

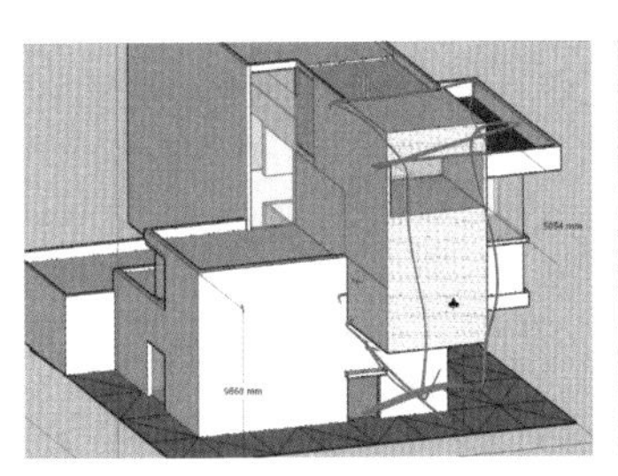

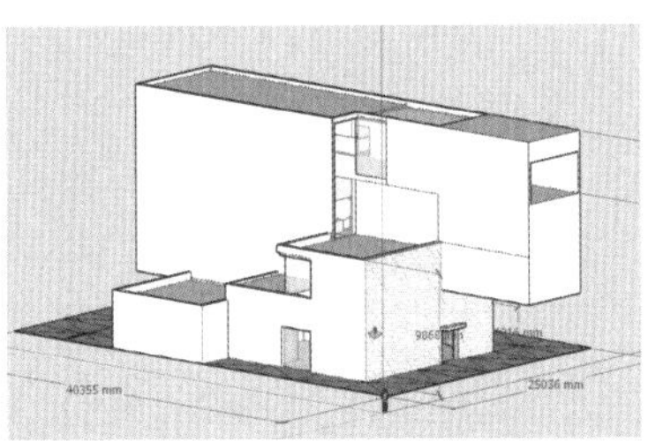

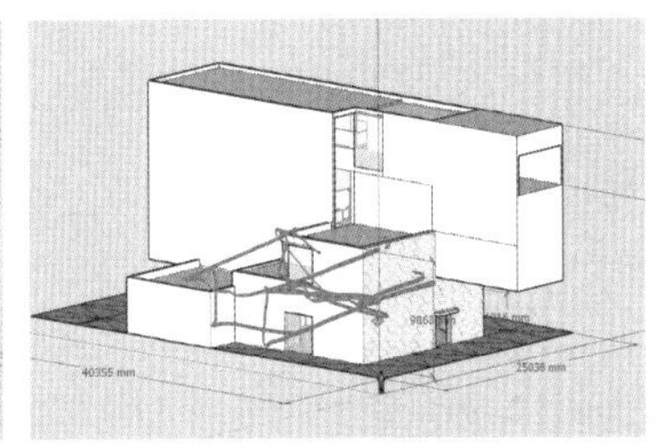

图 4.97 ～图 4.99

金奕天：我在做用地 B 上的“体块穿插几何形态”训练时，可能由于对现实结构、功能等问题考虑过多，最后呈现出的外部空间形态没能达到体块穿插的效果，因此又把它限制到方体形态上了（图 4.100）。另外，由于空间内部每层的高度有限，因此限制了内部空间的表现（图 4.101）。这是用地 A 上的“完形方体几何形态”练习成果（图 4.102）。我在每层平面按照网格结构划分空间，然后将各层空间叠加得到一个整体的空间形态。

王老师：从这个空间模型来看，你在这个训练中对空间的理解不够清晰，还处于按楼层划分的理解状态。这个“体块穿插几何形态”的训练是让同学们理解空间体积的概念，空间体积并不是单一向度的竖向分层叠加的结果，而是不同向度的空间穿插的结果。这个方法在训练之前讲过，希望你接下来按照要求去练习，应该会得出理想的空间形态。至于你刚才提到的现实结构和功能的问题，这只是你现在对建筑的理解，我们的这个训练就是要从空间形态入手，去拓展你们对建筑空间的认知。我在“扁平方体几何形态”的训练中讲过，空间不仅要满足实际功能，更重要的是为人们创造一种饱含艺术精神的氛围。至于结构问题，你更不应该让现有的知识层面限制你对空间的操作，而应该让空间激发你在结构方面的创造力，这样建筑学才能向未来发展，而不是止步于当下，这是作为建筑师应有的一种创作姿态。这个空间外部形态的问题在于没有满足完形性的要求，有些外部空间形态的角部不完整。

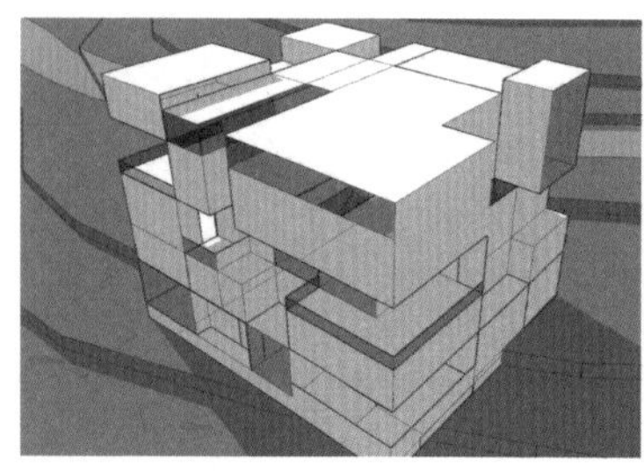

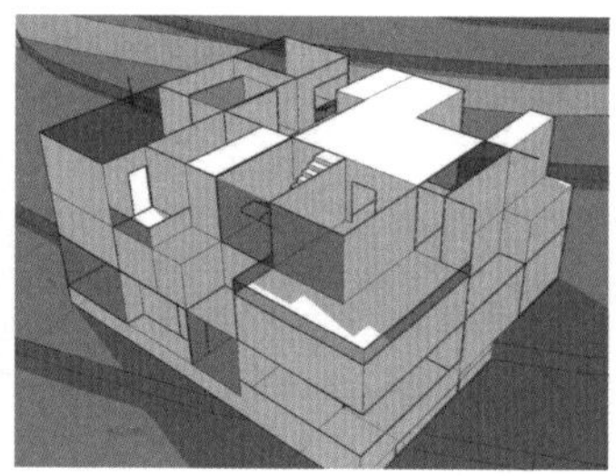

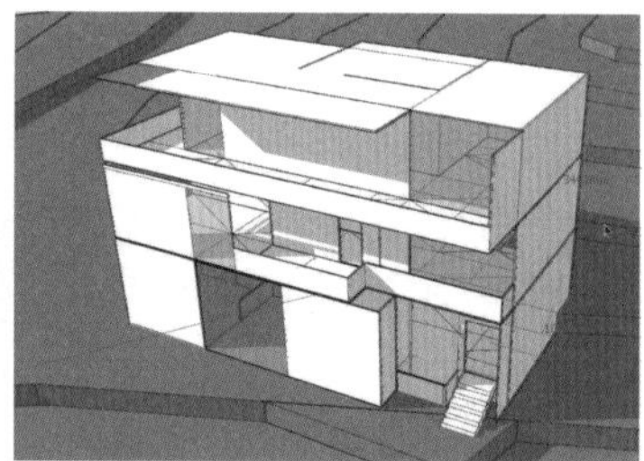

图 4.100～图 4.102

3. 问题的浮现

王老师：看完同学们在两个不同地块上的方案，我个人感觉还不错，大多数同学按照我们的训练要求完成了设计，但还是存在一些问题。第一，我想再次强调，这次设计任务中三个不同地块的住宅设计任务的训练，目的是让同学们练习三种不同的建筑空间形态，属于三种设计类型，而不是工作量的累加。因此，同学们要按照“扁平方体几何形态”“体块穿插几何形态”“完形方体几何形态”的要求去完成三个对应建筑场地的设计方案，三个方案的空间形态必须拉开差距，否则我们这个训练的意义可能会大打折扣。比如，用地 B 上的“体块穿插几何形态”住宅设计方案，在它的整体建筑形态中，空间体块的穿插关系一定要明显，虚实对比关系要强烈。用地 A 与用地 C 都是“完形几何形态”的住宅设计方案，但用地 A 上的住宅建筑形态要突出“完形方体几何形态”，用地 C 上的住宅建筑形态则要体现“扁平方体几何形态”的要求。

第二，所有的建筑空间形态的生成，包括建筑平面、立面和剖面都必须严格按照“宇宙法则”下的网格体系划分空间，一定不能有空间操作上的任意性。

第三，建筑尺度是同学们在这个训练环节反映出来的另一个问题，包括建筑与场地的比例关系、建筑内部空间的尺寸与比例关系、楼梯与空间的比例关系等。同学们在进行空间操作的时候一定要带着人体尺度的观念去做，时常以人的视角去检查一下各个空间的尺度是十分必要的。

第四，功能与空间戏剧性的矛盾。我们整个空间形态的训练是以空间戏剧性为主要的评判依据，因此同学们在训练过程中不要被具体的使用功能限制，可以弱化功能的明确性，强调空间序列营造的戏剧性效果。

第五，光与空间的关系。同学们对光的设计概念还比较模糊，这一点在建筑天窗的设计中暴露得比较明显。空间里的光一定是精心设计的，是经过收集后投射到空间内部的，以此营造一定的戏剧性效果。对空间戏剧性和光的设计训练，需要借助动画中的路径来实现，以人的视角进入空间，然后随着视线的游走观察空间序列与光的问题，再进行修改。因此，下节课同学们需要完成三个方案的动画展示作业。

第六，同学们在进行空间操作的时候要勇于发挥想象力，不要被现实束缚住。我们的训练是为未来设计建筑，现代科技发展得如此迅速，同学们的想象力更不应该被技术困住，而应该以设计师的想象力推动建筑技术的进步。人类社会的进步都是先有对未来的想象，然后才有一系列文明的发展。

下节课，同学们要完成 A、B、C 三个用地上的不同形态的住宅设计方案，同时要用动画把它们完整地展示出来，期待同学们进一步的设计成果。

第五章

三种空间形态的动画呈现

这一训练环节的主要内容是将三种建筑形态通过动画的方式完整地呈现出来。前两个训练环节的重点是对外部空间形态的练习，让同学们理解三种不同的空间形态。这一环节是在前两个训练环节的基础之上，对外部形态与内部空间的完整训练，是从空间形态进阶到完整建筑的过程。在这一环节中，王昀老师对同学们出现的问题逐一进行了有针对性的讲评。

1. 动画呈现

于爽：我首先给大家展示的是用地 B 上“体块穿插几何形态”的住宅方案动画（图 5.1、图 5.2）。

王老师：从动画呈现的结果来看，整个体块穿插的操作比较大胆，体块之间的对比关系比较强烈，效果还不错。但有两个问题：大部分空间体块都是封闭的，建筑空间感没有呈现出来；局部出挑的细长空间体块虽然形式感比较强，但建筑的尺度感比较弱，希望你课下进一步核实它的空间尺寸。我们训练的是空间体块的穿插，不是装饰构件的穿插，概念一定要搞清楚。

于爽：第二个是用地 A 上“完形方体几何形态”的住宅方案动画（图 5.3、图 5.4）。

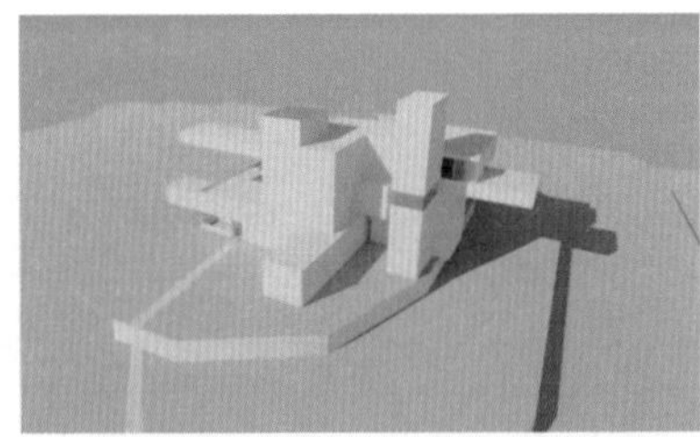

图 5.1 ～图 5.4

王老师： 这个方案相比于用地 B 上的方案要好很多，空间形态的表面有了窗、洞，内部光线把空间的戏剧性凸显了出来（图 5.5、图 5.6）。但是，这个模型的细节做得不够仔细，显得有些粗糙，课后需要修改。

于爽： 最后一个是用地 C 上“扁平方体几何形态”的住宅方案动画（图 5.7~图 5.11）。

王老师： 这个建筑方案从空间形态的完形性来看，没有太大的问题，但是内部空间的光线设计得不好，空间的戏剧性还不够，应该在建筑内部再划分出一些贯通上下层的共享空间。

图 5.5、图 5.6

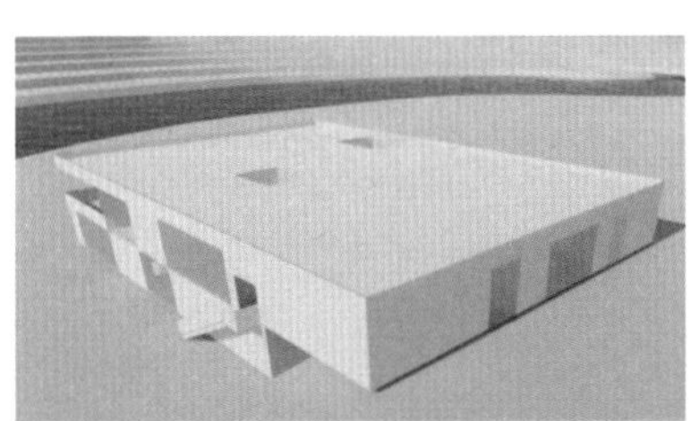

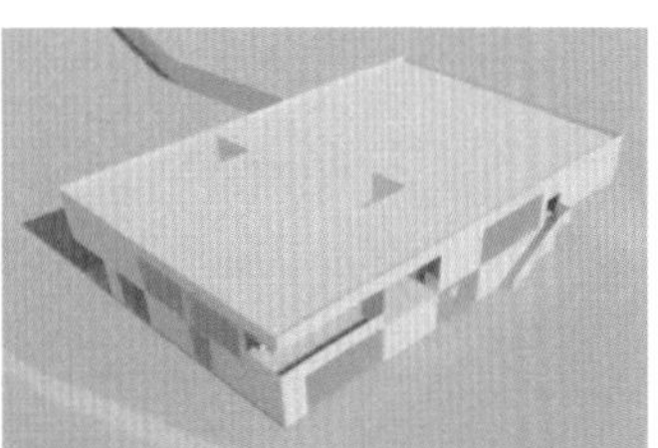

图 5.7 ～图 5.11

张皓月：先请大家看一下用地 B 上“体块穿插几何形态”的住宅方案动画（图 5.12~图 5.15）。

王老师：整个空间形态有体块穿插的关系，内部空间的丰富性也不错。但有个小的细节问题，一层空间入口的室内外地面要有高差，哪怕只有 50mm（图 5.16）。

张皓月：接下来是用地 C 上的住宅方案动画（图 5.17、图 5.18）。

王老师：建筑立面是按照网格结构设计的吗？

张皓月：是的，所有的建筑立面都是按照之前的网格结构划分的。

王老师：从建筑内部来看，空间的丰富性开始展现出来了（图 5.19）。

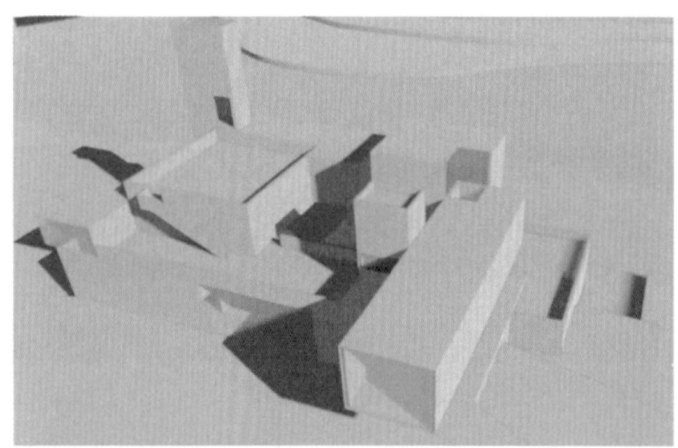

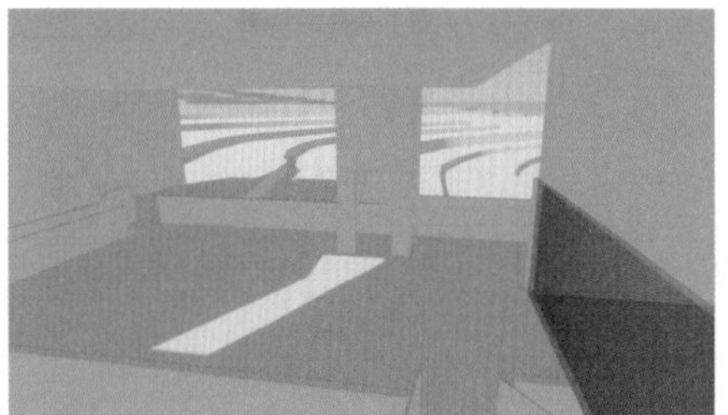

图 5.12 ～图 5.16

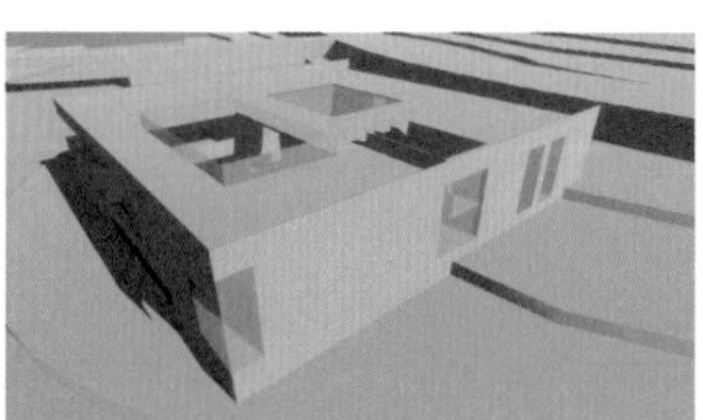
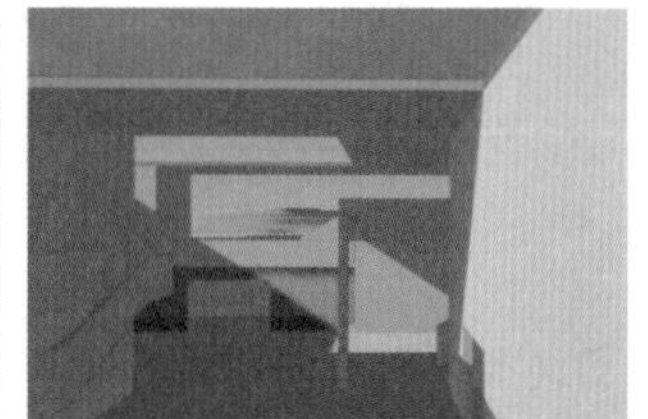

图 5.17 ～图 5.19

张皓月：最后一个是用地 A 上“完形方体几何形态”的建筑动画（图 5.20~图 5.23）。

王老师：整个建筑形态满足了完形性的要求，内部空间也具有丰富性，但是空间序列还是有些混乱。另外，女儿墙的高度比例不太恰当，目前来看有些高了。

张皓月：因为女儿墙想用来做上人屋面，所以我把它设计得比较高，同时也是为了使建筑立面的比例符合一定的宇宙法则。

王老师：设计上人屋面的想法没有问题，但是建筑立面的比例关系可以通过调整建筑的层高来实现。这个比例关系的调整顺序是，先考虑大的比例的协调性，再微调细部比例，否则容易导致细部比例失衡。同学们在这个训练中既要遵守宇宙法则，还要让自己的设计具有一定的合理性，两者之间的平衡是同学们需要注意的。

徐维真：第一个是用地 A 上“完形方体几何形态”的建筑动画（图 5.24~图 5.26）。

王老师：通过动画展示可以看出，这个方案具有了建筑的空间感，内部空间的序列关系也开始有趣了。

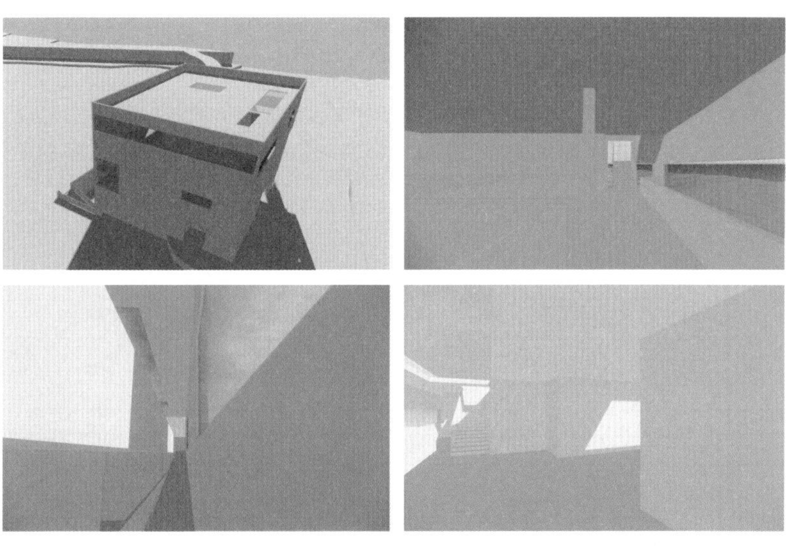

图 5.20 ～图 5.23

徐维真：第二个是用地 B 上的建筑方案动画（图 5.27~ 图 5.29）。

王老师：从内部空间来看，这个方案没有用地 A 上的建筑空间那么丰富，包括上下层空间的连续性、空间戏剧性等 。

徐维真：最后一个是用地 C 上“扁平方体几何形态”的住宅方案动画（图 5.30~ 图 5.32）。

王老师：这个方案内部空间的戏剧性相比于用地 B 上的方案要丰富很多，但是室内外要有高差的区分。另外，模型做得不够仔细，尤其是楼梯部分。

宁思源：这是用地B上“体块穿插几何形态”的住宅方案动画（图5.33~图5.37）。

王老师：体块穿插的形态展现出来了，内部空间的丰富性也不错，但缺少室内空间的楼梯护栏，课后要完善这些细节。楼梯梁板的底部要做平整，不要保留锯齿形状。

图 5.24 ～图 5.26

图 5.27 ～图 5.29

图 5.30 ～图 5.32

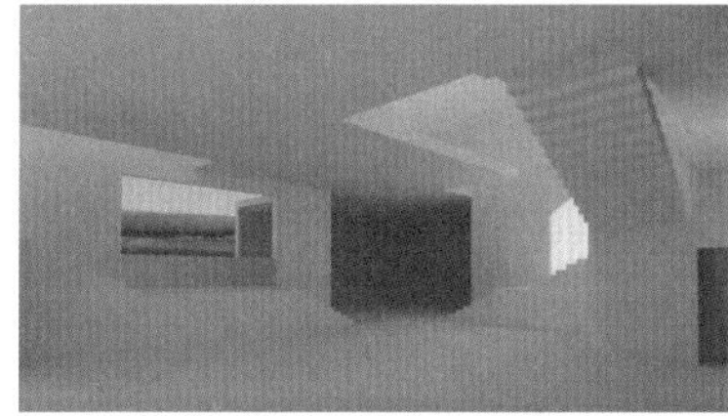

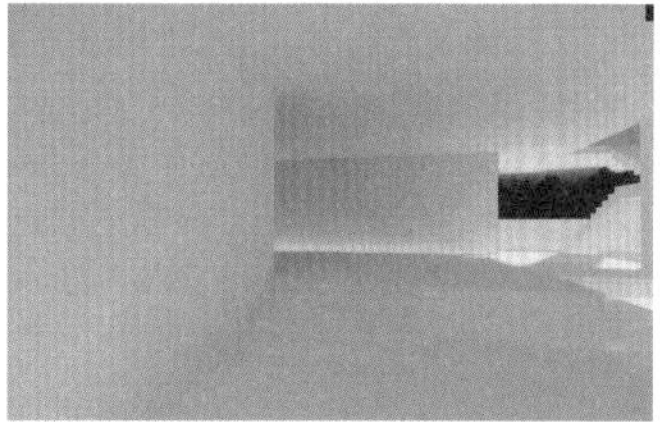

图 5.33 ～图 5.37

宁思源：第二个是用地 A 上“完形方体几何形态”的住宅方案动画（图 5.38~图 5.40）。

王老师：这个建筑形态的角部没有遵守完形性的要求，门、窗的洞口破坏了方形角部的完整形态，但是内部空间较为丰富。

宁思源：最后一个是用地 C 上“扁平方体几何形态”的住宅方案动画（图 5.41~图 5.43）。

王老师：这个方案内部空间的丰富性也不错。但是，建筑角部的完形性问题与用地 A 方案的问题一样（图 5.44）。而且屋顶的构架太过装饰化，这种做法是不对的（图 5.45），我们的空间形态训练虽然是对形式的训练，但不是让同学们去装饰，这是不同的概念。我们在上节课讲过装饰化的问题，同学们需要注意。另外一个问题是，屋顶局部凸出的部分体块关系不够清晰，关于这个问题的处理，我在上节课也讲过，形体与形态之间的区分一定要明晰，这个凸出的部分与底部形体可以用不同材质或者体块的虚实关系来区分（图 5.46）。

图 5.38 ～图 5.40

图 5.41 ～图 5.43

图 5.44 ～图 5.46

刘昱廷： 这是用地A上“完形方体几何形态”的住宅方案动画（图5.47~图5.50）。

王老师： 建筑内部空间的丰富性很好，但建筑角部的转角玻璃幕墙破坏了整体建筑形态的完形性，这个地方需要课后修改。另外一个比较明显的问题是建筑尺度过大，与山顶相比，这个问题尤为明显（图 5.51）。

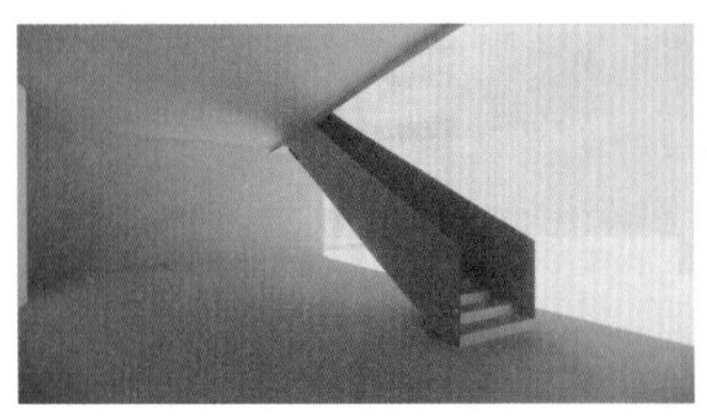
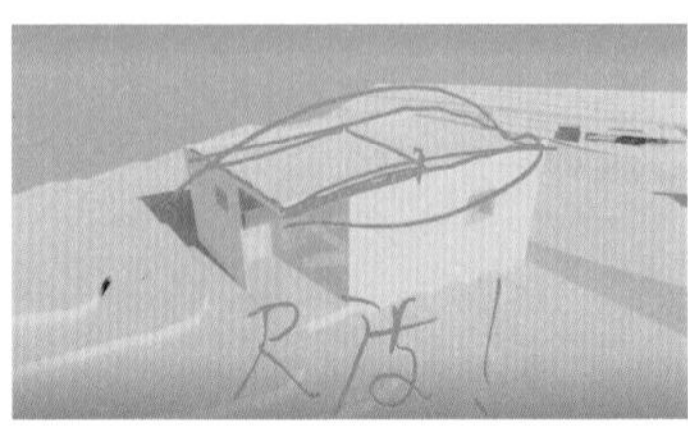

图 5.47 ～图 5.51

刘昱廷：第二个是用地 B 上“体块穿插几何形态”的住宅方案动画（图 5.52~图 5.55）。

王老师：从内部空间来看，这个方案没有太大的问题。但是，建筑角部的转角玻璃窗的问题与用地 A 方案的问题一样。

刘昱廷：最后一个是用地 C 上“扁平方体几何形态”的住宅方案动画（图 5.56~图 5.59）。

王老师：这个建筑的内部空间也没有太大的问题，但是建筑檐口部位从外边缘向内任意退去，破坏了建筑形态的完形性。

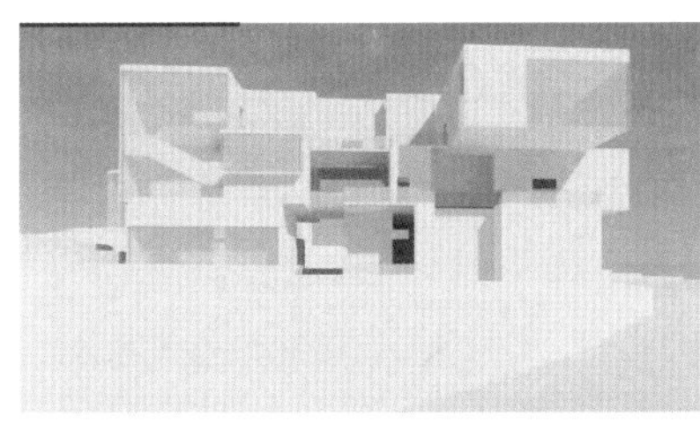

图 5.52 ～图 5.55

图 5.56 ～图 5.59

梁润轩：第一个是用地 C 上的住宅方案动画（图 5.60~ 图 5.63）。

王老师：这个方案中，整体建筑形态的完形性相比于你之前的方案有了很大的改进，内部空间也比较丰富。从动画来看，主要有三个问题：屋顶的锯齿形轮廓过于琐碎，没有按照完形性要求处理（图 5.60）；建筑模型做得不够仔细，尤其是楼梯栏板与梯段位置的处理较为粗糙（图 5.62）；室内走廊过于狭窄，不满足走廊的尺度要求（图 5.63）。

梁润轩：走廊的宽度是按照平面网格划分的。

王老师：这种空间操作的方法没有问题，但是，空间尺度要满足人体尺度的基本使用要求，否则你的建筑就变成了一种空间装置。因此，我建议你在网格划分的时候，将网格进一步细分，并在细分的网格内增加走廊空间的宽度。

梁润轩：第二个是“完形方体几何形态”的住宅建筑方案动画（图 5.64~图 5.67）。

王老师：建筑的内部空间很丰富。但从外部的形态看，建筑角部没有按照完形性的要求处理（图 5.64），这个问题讲过很多次，还出现这样的问题是不应该的。

梁润轩：最后一个是“体块穿插几何形态”的住宅建筑方案动画（图 5.68~图 5.71）。

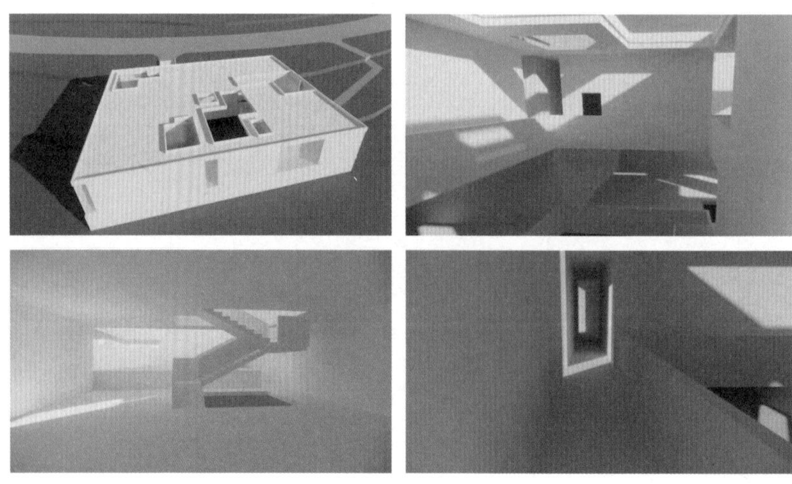

图 5.60 ～图 5.63

图 5.64 ～图 5.67

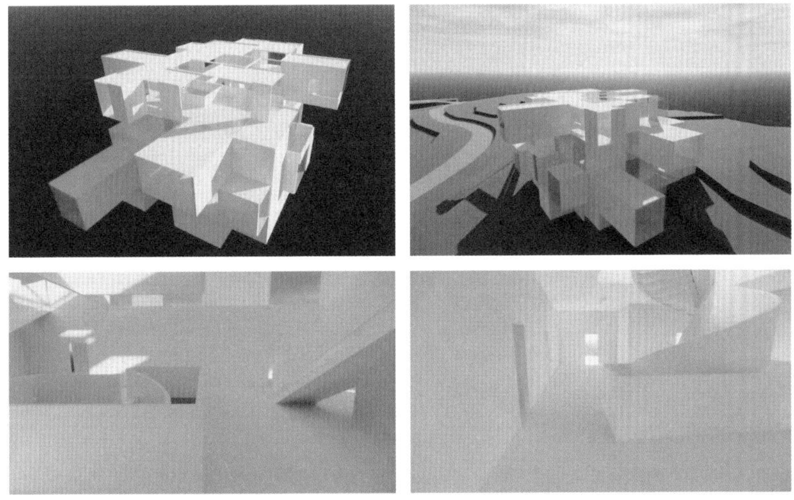

图 5.68 ～图 5.71

王老师：这个方案是三个方案里做得最好的一个，无论内部空间的丰富性，还是整体外部形态的体块穿插关系都不错。但有一个小问题，你需要把屋顶的一些细小的装饰构架优化一下，这个问题与宁思源同学的用地 C 方案有些类似，在我们的空间形态训练中不能有这种装饰构件的做法（图 5.72）。

图 5.72

李凡：第一个是用地 C 上的住宅方案动画（图 5.73、图 5.74）。

王老师：住宅内部空间还不错，但是建筑立面上的板片加得不好，它破坏了整个建筑形态的完形性（图 5.75）。

图 5.73 ～图 5.75

李凡：第二个是用地 B 上的住宅方案动画（图 5.76~ 图 5.78）。

王老师：这个方案从外部形态的体块穿插关系以及内部空间的丰富性来看都不错，但有一个小问题，旋转楼梯的装饰性太强，建议将楼梯的栏杆换成栏板（图 5.79）。

李凡：最后一个是用地 A 上的住宅方案动画（图 5.80~ 图 5.84）。

王老师：从建筑外部的形式比例以及内部空间的序列和丰富性来看，这个方案没有太大的问题。但建筑旁边的三棵树的装饰意味太明显，这需要你在课后修改一下。

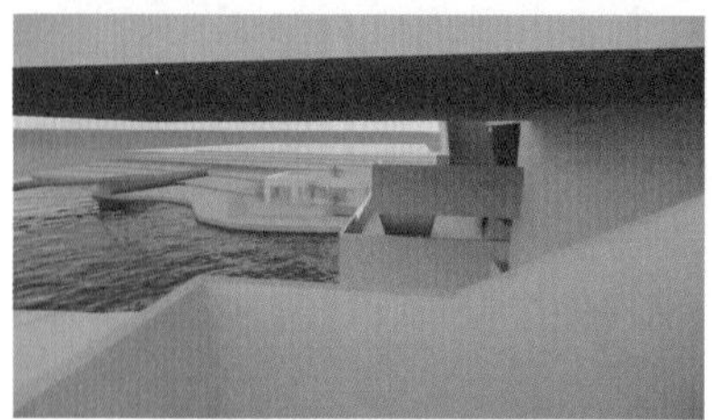

图 5.76 ～图 5.79

图 5.80 ～图 5.84

董嘉琪：第一个是用地 B 上的住宅方案动画（图 5.85~ 图 5.87）。

王老师：从动画展示来看，住宅内部空间的丰富性有些欠缺，戏剧性不够。在建筑外部形态方面，底部的这个体块不符合完形性的要求，建议将上部体块向外悬挑（图 5.88）。整体建筑中间体块的完形性同样不清晰，需要课后进一步修改（图 5.89）。建筑底部的围墙有些多余，破坏了体块间的清晰关系（图 5.90）。

图 5.85 ～图 5.87

图 5.88 ～图 5.90

董嘉琪：第二个是用地 A 上的住宅方案动画（图 5.91、图 5.92）。

王老师：方案内部空间的问题与用地B上的方案是一样的,空间丰富性还不足。比较明显的问题是建筑立面上窗的划分方式。目前，这个建筑立面上，角部窗洞的边界不够明晰，可以在这个位置将内墙和楼板向外凸出，使它们与外墙齐平，在角部划分出四个窗洞（图 5.93）。另外一种设计方式是将楼板去掉，让上下层空间合并为一个贯通的共享空间（图 5.94）。

董嘉琪：我目前只完成了这两个用地上的住宅方案动画，用地 C 上的方案动画还没有完成，课后会补上，下节课再请老师讲评。

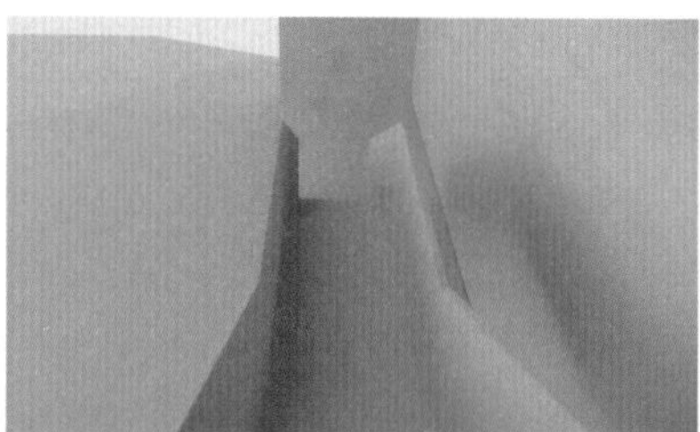
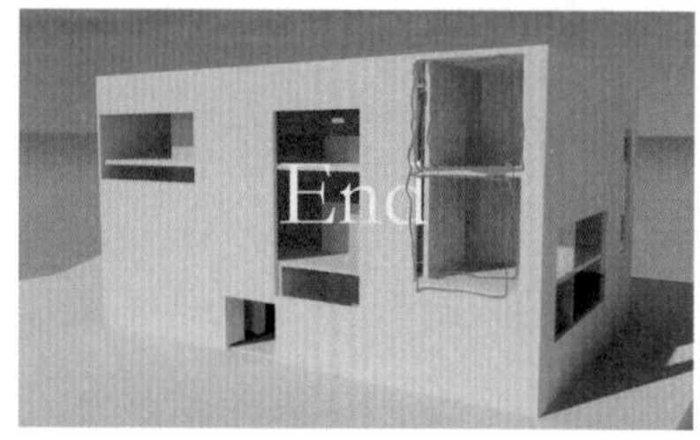

图 5.91 ～图 5.94

金奕天：第一个是用地 C 上“扁平方体几何形态”的住宅方案动画（图 5.95）。

王老师：从外部形态来看，建筑的一个角部被设计成了开敞的露天空间，这破坏了整个形态的完形性（图 5.96）。第二个问题是，内部空间过于庞杂（图 5.97、图 5.98），不像之前模型状态下的内部空间那么纯净，我希望同学们在这个学习阶段先不要过多地运用设计手法，呈现出你感受到的空间的丰富状态就可以了。

金奕天：第二个是用地 B 上“体块穿插几何形态”的住宅方案动画（图 5.99~图 5.103）。

王老师：从外部形态来看，这里悬挑体块下吊挂的体块组合在视觉上没有平衡感。我们在这个训练中鼓励同学们大胆地进行形态穿插的尝试，但是它一定要具有视觉平衡感，否则这种形态容易趋向于装置（图 5.104）。

金奕天：最后一个是用地 A 上“完形方体几何形态”的住宅方案动画（图 5.105~图 5.109）。

王老师：从外部形态和内部空间来看，这个方案是三个方案中最好的，但有一个问题是，建筑立面的窗洞与内部空间的联系不够紧密，透过这些窗洞的光对空间氛围的塑造不够。

图 5.95 ～图 5.98

图 5.99 ～图 5.104

图 5.105 ～图 5.109

杨琀珺： 第一个是用地 C 上的住宅方案动画（图 5.110~ 图 5.112）。

王老师： 从动画来看，建筑内部的空间很明朗，外部形态也没有太大的问题。

杨琀珺： 第二个是用地 B 上的住宅方案动画（图 5.113~ 图 5.116）。

王老师： 从外部形态来看，体块关系很明确，内部空间的丰富性也不错。

杨琀珺： 第三个是用地 A 上的住宅方案动画（图 5.117~ 图 5.120）。

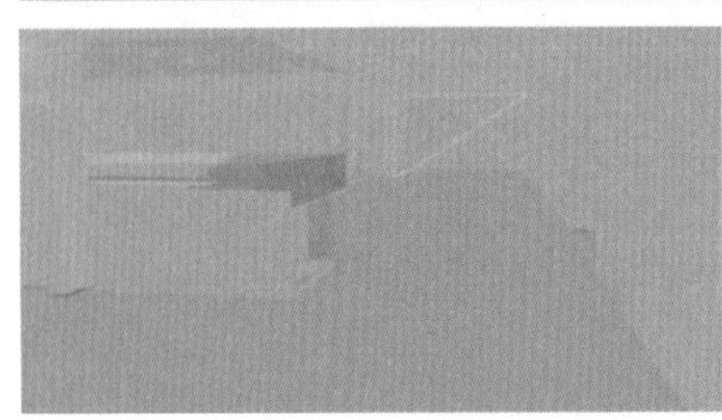

图 5.110 ～图 5.112

图 5.113 ～图 5.116

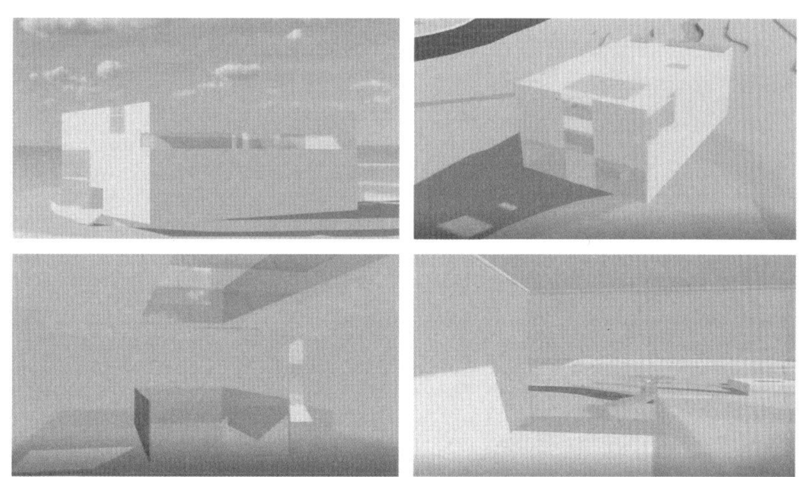

图 5.117 ～图 5.120

王老师：从外部形态和内部空间来看，这个方案也不错，但是局部细节有一点问题。这个建筑立面顶部窗口的玻璃直通女儿墙，这种做法略显粗糙，可以将屋顶的女儿墙去掉，将屋顶做成平顶，窗的玻璃顶部做到楼板下边缘，这样会更加精致（图 5.121）。

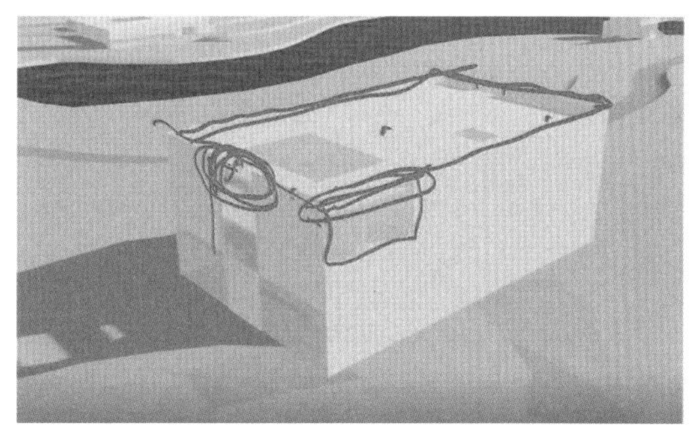

图 5.121

初馨蓓：第一个是用地 A 上的住宅方案动画（图 5.122~ 图 5.126）。

王老师：这个住宅的内部空间设计得很丰富，建筑立面的开窗形式也不错。但是建筑的入口位置没有按照完形性的要求去操作，建议把角部的柱子去掉，再将这个部位的墙面设计完整（图 5.127）。还有一个细节问题，建筑底部镂空的部位也需要填实，因为它也破坏了整个建筑的完形性（图 5.128）。

图 5.122 ～图 5.126

图 5.127、图 5.128

初馨蓓：第二个是用地 B 上的住宅方案动画（图 5.129~ 图 5.131）。

王老师：整个建筑的外部形态没有问题，但是有些外立面的开窗与内部空间的关系不够紧密，导致内部空间像是一个装置的内部，缺失了人体尺度感（图 5.132）。

初馨蓓：最后一个是用地 C 上的住宅方案动画（图 5.133、图 5.134）。

王老师：从外部来看，建筑尺度不对，层高太高了，这是最明显的问题。另外，建筑外立面没有按照网格结构进行窗洞的划分，因此缺少设计感。

图 5.129 ～图 5.132

图 5.133、图 5.134

郑泽皓：第一个是用地 A 上的住宅方案动画（图 5.135、图 5.136）。

王老师：建筑的内部空间还是很丰富的，建筑立面的开窗是按照网格划分的，但是建筑角部的转角洞口破坏了方体建筑形态的完形性（图 5.135）。另外，你在建筑局部设计的板片没有实际功能，而且装饰性太强了（图 5.157）。还有一个问题是，建筑顶部洞口的锯齿形边界没有按照完形矩形的边界要求去做，显得有些累赘（图 5.138）。

图 5.135 ～图 5.138

郑泽皓：第二个是用地 B 上的住宅方案动画（图 5.139、图 5.140）。

王老师：从体块组合的穿插关系来看，建筑形态比较舒展，内部空间也比较丰富。但这个建筑立面的边缘部位被楼板分割了，这破坏了它的完形性（图 5.141）。

郑泽皓：第三个是用地 C 上的住宅方案动画（图 5.142~ 图 5.144）。

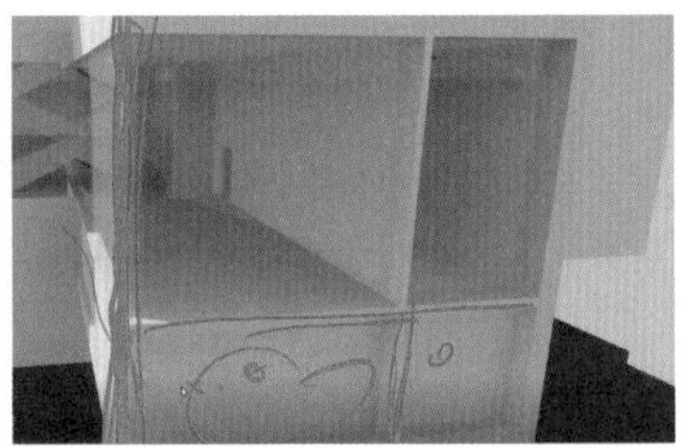

图 5.139 ～图 5.141

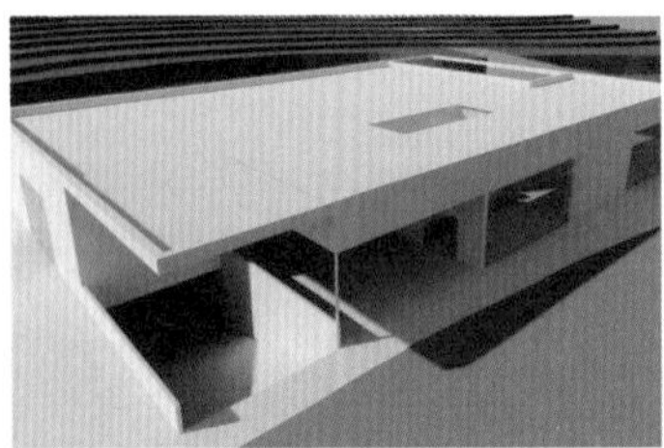

图 5.142 ～图 5.144

王老师：这个方案最大的问题也是形态不符合完形性的要求。比如，如果这个庭院是露天庭院的话，那么庭院四周的墙面要保证完形性。而如果庭院顶部有实体围护结构的话，那么庭院外墙的角部也应当有实体结构，以保证两侧外墙的完形性（图 5.145）。

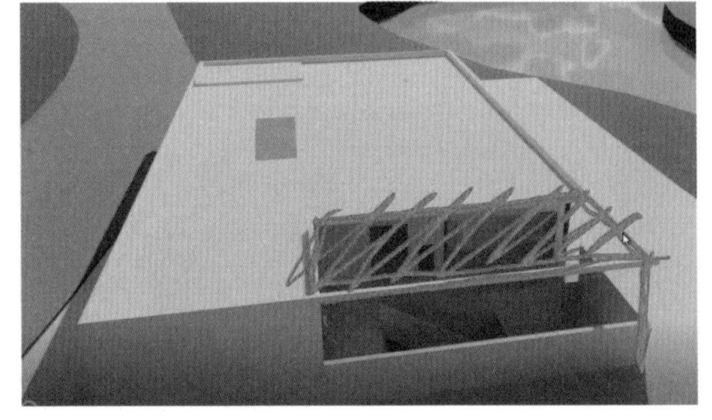

图 5.145

2. 问题的浮现

通过动画演示的方式，同学们将三种形体的建筑方案较为完整地呈现出来，同时也暴露出了一些问题，这些问题主要集中在两个方面：形态的完形性与内部空间的戏剧性。关于形态的完形性问题，王老师在这一训练环节中已经做了详细的讲解，而内部空间的戏剧性问题涉及空间序列的核心问题，王老师将在下一个训练环节中集中讲解，并作为单独的环节对同学们进行训练。

第六章

6

空间序列与蒙太奇

1. 空间序列

王老师：从上学期的“空间与观念赋予”训练开始，我就反复跟同学们提到空间序列，强调空间应该如何排布，还曾经用戏剧来进行比喻。但是，我一直没有把空间序列作为一项专题进行训练，因为想让同学们在空间形态的操作中先自己感受这个问题。只有同学们事先感受过了，我再来讲“空间序列”这个概念，同学们才会有更深的领会。

目前，同学们设计的方案中有了丰富的建筑空间，但大家在空间序列的组织方面还存在概念不清晰、组织不够合理、缺少戏剧性等问题。**虽然我们一直在说空间序列，但是一个经过用心思考、创作、安排的空间序列和一个任意的空间组织关系的区别在哪里呢？**这是我们要在今天的专题课交流的主要内容。

我认为空间序列的组织方式主要分为“**根据使用方式的组织**”与“**根据情境方式的组织**”（图 6.1）。第一种组织方式是在建筑的内部空间按照人的实际行为需求展开空间的安排，如厨房、餐厅、卫生间、客厅、卧室等，这种空间的安排往往是由人的使用经验决定的，在本质上是以纯粹的功能性为主。之前，我在讲评同学们的方案的时候，经常讲到某个建筑的内部空间缺少戏剧性，这种戏剧性的空间本质是根据情境方式组织空间，也就是第二种组织

关于空间序列的组织方式问题

根据使用方式的组织	根据情境方式的组织
纯粹功能性的	纯粹戏剧性的（精神性）
房子 （实用性）	装置 （精神性）

建筑

图 6.1

方式，它在本质上是以纯粹的精神性为主。**从严格意义上讲，按照第一种方式排布的建筑空间应该称为“房子”，偏向于实用性，按照第二种方式排布的建筑空间则应称为“装置”，偏向于精神性（或称艺术性）。而建筑学意义上的建筑就是要使空间的组织同时满足实用性与精神性的要求**（图 6.2）。

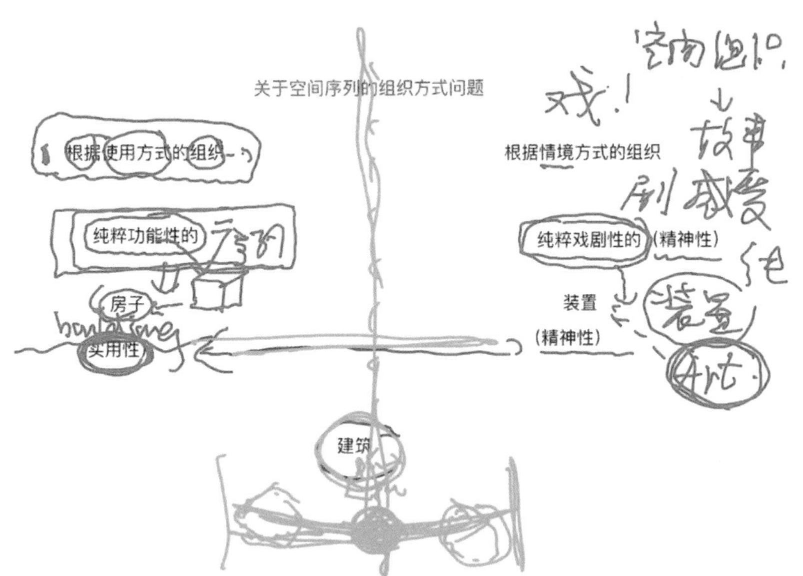

图 6.2

在我们以往的空间形态训练中，虽然空间内部也有功能，但它是用来强调建筑的空间属性的，我们并没有严格要求同学们必须按照功能组织空间序列，而是以强调空间形态的训练为主要目标，突出空间的趣味性，因此，训练中的空间组织更偏向于精神性的空间序列。

我认为建筑的空间序列是在将情景、情境戏剧化的过程中对使用功能的排列与展开。

对于这个概念，我要强调的是，首先这里的空间序列属于建筑，而不是房子。其次，情景与情境是有区别的，前者是指空间所表达出的一种场景，这种场景具有一定的戏剧效果。后者是指这种场景能带给人某种感受，进而达到的一种意境。在这种空间效果戏剧化的过程中，逐步将使用功能有序地排列、展开，进而完成建筑的空间序列。因此，在建筑的空间序列中，艺术性的空间与功能性的空间是不可分离的，但功能性的空间一定是在以组织、安排艺术性空间为目标的前提下有序展开的。同学们需要厘清这种辩证关系，这也是我们这个专题课主要讲授的内容。

那么，在建筑学范畴内，哪类建筑最具精神性呢？答案是陵墓和教堂。无论古埃及金字塔，还是西方基督教的教堂，它们都不是为了满足人的使用要求而建的，纯粹是为了服务于神或上帝。当建筑的内部连人的基本使用属性都没有的时候，它们就是一种纯粹的精神性的表达，属于一种空间艺术装置。与之相对的建筑空间类别则是纯功能性的表达，比如，仅满足人的居住需求的房子。这也引申出了建筑观的问题，平衡好功能性和精神性这两种建筑空间属性，是建筑师一生都需要去努力的一个方向。

在“几何形态与观念赋予”设计法的训练下，同学们设计的住宅虽然也有功能性，但要在满足功能性的基础上，使建筑内部空间具有精神性，否则同学们设计的住宅就仅仅是房子而已。

从以上建筑空间的属性可以看出，空间序列分为两类：一类是按照建筑功能对空间的组织和组合，包括空间的顺序、流线和方向等；另一类则是按照建筑的艺术性表现对空间的组织，包含建筑内部空间的开端、过渡、高潮、结束等重要的空间节点，旨在营造出具有艺术表现力的空间。我们在这一专题中讲的具有艺术表现力的空间序列是建立在第一类的基础之上的，否则同学们设计的建筑会更偏向于空间装置。

建筑空间序列是在功能流线布置的基础上，结合色彩、材料、陈设与照明等方面来实现的，包含空间导向性、视线聚焦、空间的多样与统一。空间导向性是指通过空间限定、光线指引等手段引导人在空间内的行动，使人以某种节奏在各空间之间穿梭。视线聚焦是指通过一定的设计手段，如大小、明暗的变化，突出空间内某些具有吸引力的主题。所谓空间的主题，其实就是我们前面所讲的空间戏剧性。目前，同学们设计的住宅空间最大的问题就是主题不明确。空间的多样与统一是指通过材料、家具布置、色彩等手段，使建筑内的各个空间既具有自己的特点，同时又保持一致的整体风格。

2. 蒙太奇

王老师：我们将建筑中对戏剧化空间的组织、排布称为空间序列，而这种有意图的人为组织和构建时空关系的方法，在电影领域又称“蒙太奇”手法。它是电影剪辑中的一种常用手段，可是这一手段最早来自建筑学，是空间场景构成的一种方法，我们将其引申为一种时空人为拼贴剪辑的手法。时至今日，在电影艺术中，蒙太奇仍然是一种构成情景与情境的戏剧化空间最主要的处理手法。

如何理解这种时空人为拼贴的手法？首先，我用同学们熟悉的汉字做比喻，这种处理手法跟汉字类似。中国汉字属于象形文字，但是这些文字并非每一个都有新的结构字形，相当一部分汉字是由基本结构组合形成的具有新字义的字形。例如，“鸣”是由左边的“口”和右边的“鸟”组合而成的，联想现实世界，鸟张嘴表示鸣叫，由此，“鸣”这个字就具有了新的情境。还有很多这样的汉字，例如，“采”是由上边的“爪”和下边的“木”组合而成的，爪子抓住木头就形成了采集这一新的情景（图 6.3）。这种由原有的字形组合形成新的字义的方法其实跟蒙太奇十分相似。蒙太奇也是将两种或几种情景、情境拼贴在一起，形成新的戏剧性的效果，两者的共同之处便是，同样的要素根据不同的组合方式，可以产生不同的意境。这种手法在建筑空间的组织中具有极大的优势，例如，同样是开窗、楼梯、坡道等，只要它们的组合方式不一样，在序列构成的时候，便会产生不同的空间戏剧效果。

讲到蒙太奇就不得不提谢尔盖·爱森斯坦，他是在戏剧和电影艺术中应用蒙太奇艺术处理手法的第一人。他是建筑学专业毕业的，虽然毕业后没有去设

“汉字”与“蒙太奇”

鸣 = 口+鸟

采 = 爪+木

图 6.3

计建筑，但是他将建筑学中的蒙太奇手法运用到了电影剪辑上。爱森斯坦执导的电影《战舰波将金号》第一次确立了蒙太奇手法在电影艺术中的地位。电影与建筑有一个共同的特征，那就是它们都具有功能性，建筑需要具备人的使用功能，电影则需要具备叙事功能。除此之外，人们对两者的空间序列都有精神性（艺术性）的需求。有时候，建筑里面的功能可能表达得并不是很好，但是它具有艺术性，如同有的电影是拍给导演、艺术家看的，而有的电影是拍给大众看的，电影按照艺术性的要求同样是分层次的。

爱森斯坦在电影艺术中开辟了用多台摄像机在不同的角度拍摄，然后将拍摄结果重新拼贴、剪辑的艺术手法，打破了此前按事件发生的先后顺序进行拍摄的叙事手法。就如同我们做建筑设计的时候，在哪个地方开门，往里走是什么地方，哪些地方能使人在空间氛围中感受到某种意境，通过塑造人们内心的变化和现实图景之间的对比性和协调性，形成一种艺术性的序列关系。实际上，我们这个课题就是要求同学们在空间序列的制作过程中，能够有效地利用蒙太奇的方式进行空间的切换和排布，组织出具有艺术性的空间情景，进而达到一定的意境。

《战舰波将金号》是一位伟大的"建筑师"用电影的方式构成的另外一种"建筑"，这是一个以蒙太奇的方式来展示的"空间序列"——从不同的角度去描绘这个场景，再将不同的场景加以拼贴，重新构建出不同的戏剧化的情节。

这一套"空间序列"的呈现方式是从哪儿来的呢？我们就以雅典卫城为起点进行概括分析，从中可以看到许多现代艺术理念的雏形。

虽然外国建筑史上有关雅典卫城的内容较多，但大都是讲述建筑的造型、立面、平面等内容。需要同学们注意的是，雅典卫城里面有一套重要的具有仪式感的空间序列值得同学们重点学习和研究。这个序列贯穿古代的雅典城市，我们在此只讲述卫城内空间序列的片段。

当祭祀队伍从山门进来之后，绕过雅典女神像，会看到帕提农神庙在逆光下的西端山墙的立面，沿着行进路线，会逐渐看到神庙北侧和西侧的完整立面，然后顺着帕提农神庙北侧山墙的立面环绕神庙一周。这不是一个简单的平面功能性的空间序列，而是一场祭祀队伍与空间的戏剧表演。这场表演是通过时空的交叠完成的——祭祀队伍通过脚步在卫城的空间中丈量，随着时间的推进和空间的转换，人的眼睛获取的画面也在变化，这些画面交叠在一起，就构成了空间的戏剧性表演（图 6.4）。与建筑不同的是，电影的观众是静止的，但是拍摄电影的摄影机是移动的，由摄影机获取的一帧帧画面通过拼贴呈现给观众，两者都是通过时间来展现空间的过程。

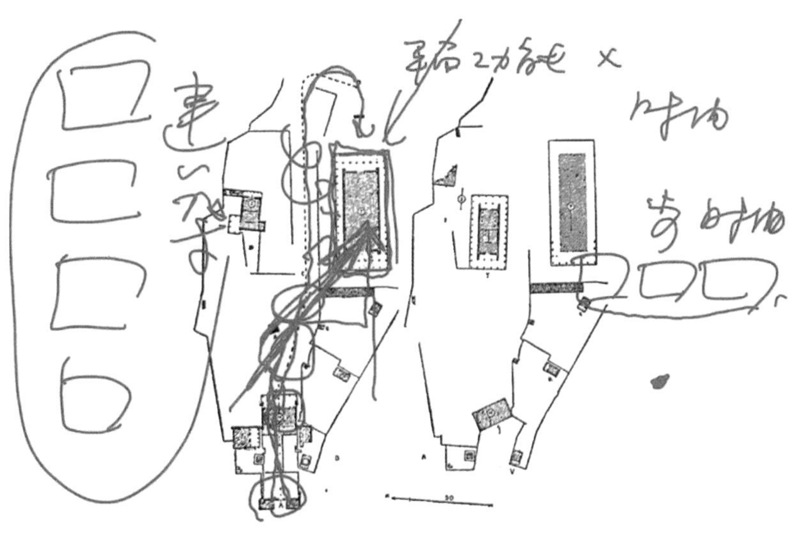

图 6.4　雅典卫城平面图

爱森斯坦通过对雅典卫城空间序列的分析，总结出了其组织手法，并将其应用于电影艺术中。他将卫城空间序列中的一个个场景转化为电影拍摄中的一帧帧画面，然后将这些画面剪辑、拼贴，进而获得具有艺术性的戏剧效果，这就是蒙太奇的由来（图 6.5）。反之，我们也可以将一部电影还原成一座建筑，因为蒙太奇与空间序列的本质是一样的，只是所属艺术形式不同而已。

随着蒙太奇在电影艺术中的传播，这一艺术手法逐渐开始在视觉传达领域得到应用，如绘画、平面设计等。图 6.6 的这张海报展现的是德国包豪斯学校被德国纳粹军队关闭的场景，画面中将包豪斯校舍、纳粹军人、惊恐的学生等拼贴在一起，反映了一场历史事件，同时更表达出了对纳粹分子的控诉。

我们再以柯布西耶设计的拉图雷特修道院为例，对空间序列手法的应用进行回顾和总结。在这座建筑中，柯布西耶对空间序列的运用可谓登峰造极。人们从建筑入口开始，沿着内部狭长、曲折且具有高差的走廊行进，然后从首层空间顺着楼梯下到底层空间，再经过幽暗的线性空间，最后沿着坡道到达整个空间序列的高潮部分——礼拜堂。经过了一系列狭长、幽暗的空间后，人们会在此刻变得豁然开朗，人的情感也在此得以升华（图 6.7、图 6.8）。

图 6.5、图 6.6

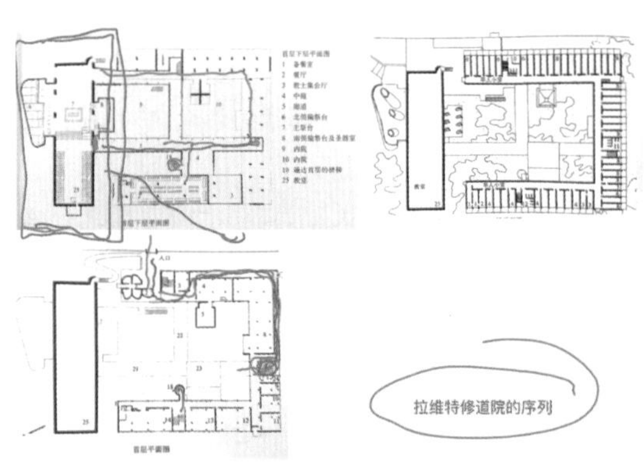

图 6.7、图 6.8

3. 空间序列与光

王老师： 我们还是以拉图雷特修道院为例，分析一下光在其中的运用。礼拜堂两侧的细窄长条窗和屋顶的方窗都是光的收集器，为整个空间营造出了戏剧性的效果，可见光在空间序列中扮演着重要的角色（图 6.9）。而礼拜堂两侧低矮的偏向祭台空间的屋顶光筒，在室内色彩的烘托下，强调了其神秘的空间氛围（图 6.10、图 6.11）。这种神秘的空间氛围与宽敞、宏大的礼拜堂形成了鲜明的对比。人们从礼拜堂去往左侧的祭台空间，需要沿着楼梯走到礼拜堂的地下空间，再通过狭长的走廊才能到达。这个空间按照“宽敞—幽暗—神秘”的顺序组织而成，人们在其间穿行，经过这一序列的心理情境的变化，最终满足了特定的心理需求，这就是空间的戏剧性（图 6.12~图 6.14）。因此，同学们在设计光的时候，一定要设想如何将它收集起来，并有目的地投射到空间中，营造出应有的空间氛围（图 6.15）。除了拉图雷特修道院外，同学们还可以去研究一下柯布西耶在朗香教堂中对光的运用（图 6.16、图 6.17）。

我们这个专题的目的就是让同学们初步认识空间序列，这是建筑与房子的本质区别。建筑中的空间序列是在艺术性序列的引导下对使用性的安排，而房子中的空间序列是纯功能性的。另外，光在空间序列中能起到视线引导、烘

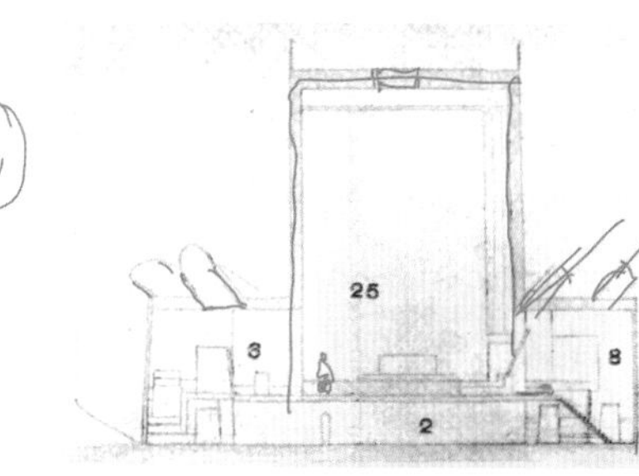

图 6.9 ～图 6.11

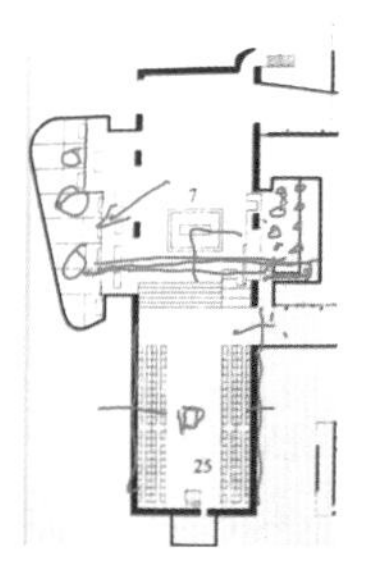

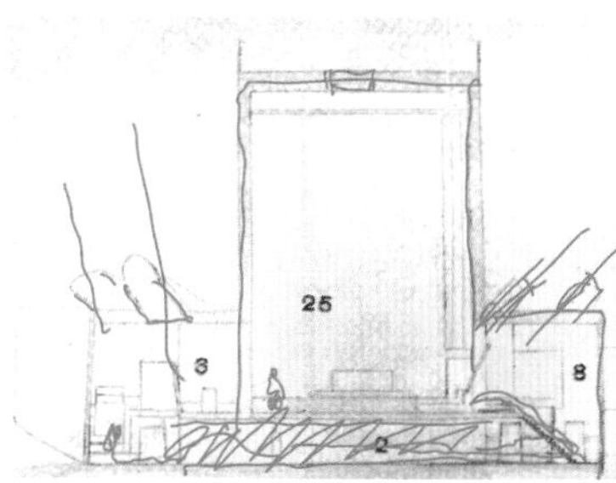

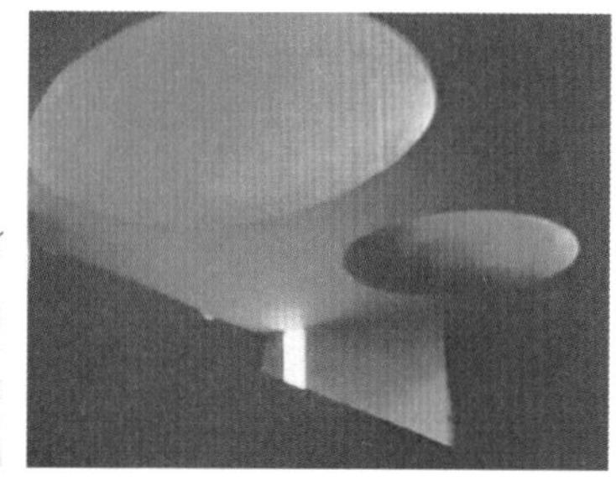

图 6.12 ～图 6.14

图 6.15 ～图 6.17

托情境的戏剧性作用，因此，同学们以后在设计开窗的时候，不仅要考虑内外空间形态，还应当考虑如何运用光去制造戏剧效果。

课后，同学们需要把 A、B、C 三个用地上的住宅建筑设计方案中的空间要素，按照这节课讲的空间序列的要点重新排布，包括门和墙的位置、开窗、墙与柱的关系、楼梯和坡道的应用、台地的变化等，利用这些要素去制造具有戏剧性的空间序列，再以动画展示的形式将三个建筑方案的空间序列呈现出来。

4. 专题训练

同学们在上节课听完王老师关于“空间序列与蒙太奇”的专题讲解后，这节课将按照这一专题要求，用建筑动画的方式展示自己对三个住宅建筑内的空间序列的设计成果。以下内容是王老师对同学们的作业成果的现场讲评。

初馨蓓：先请大家看一下用地 C 上的住宅建筑动画（图 6.18~ 图 6.22）。

图 6.18 ～图 6.22

王老师：相比前一次的动画，这次有了很大的进步。尽管里面的有些镜头还需要再稍微讲究一点儿，但整个空间序列的戏剧性还不错。从方案设计的角度来讲，这个建筑立面上的门窗呈对称布置的形式，这种形式是静态的，缺乏之前讲的符合“宇宙法则”的动态美感（图 6.23）。而且这座建筑的内部空间没有对称的形式要素，这里突然出现这样的形式，会与整个建筑的空间形态不协调，因此，这里的门窗需要修改。另外，这个立面上的两个开窗设计缺少符合“宇宙法则”的形式韵律感（图 6.24）。

图 6.23、图 6.24

初馨蓓：这个是用地 B 上的住宅设计方案动画（图 6.25~ 图 6.32）。

王老师：从镜头的转换和空间节奏来看，这个空间序列设计得很不错。音乐与空间的行进节奏和冷暖光影的转换配合得很好，场景最后还以一个人从室内望向窗外的视角结束，也非常有意境（图 6.33）。

初馨蓓：最后一个是用地 A 上的住宅设计方案动画（图 6.34~ 图 6.40）。

王老师：最后这个是三个建筑方案动画里最精彩的一个。通过几个小的手法，能够看出你对这个空间序列的设计，包括片头的设计、镜头的转折、人从屋里向窗外望去的画面，以及场景和音乐的节奏关系等，都呈现得不错。按照这个思路，你回去把前两个动画再稍微修改一下。

图 6.25 ～图 6.33

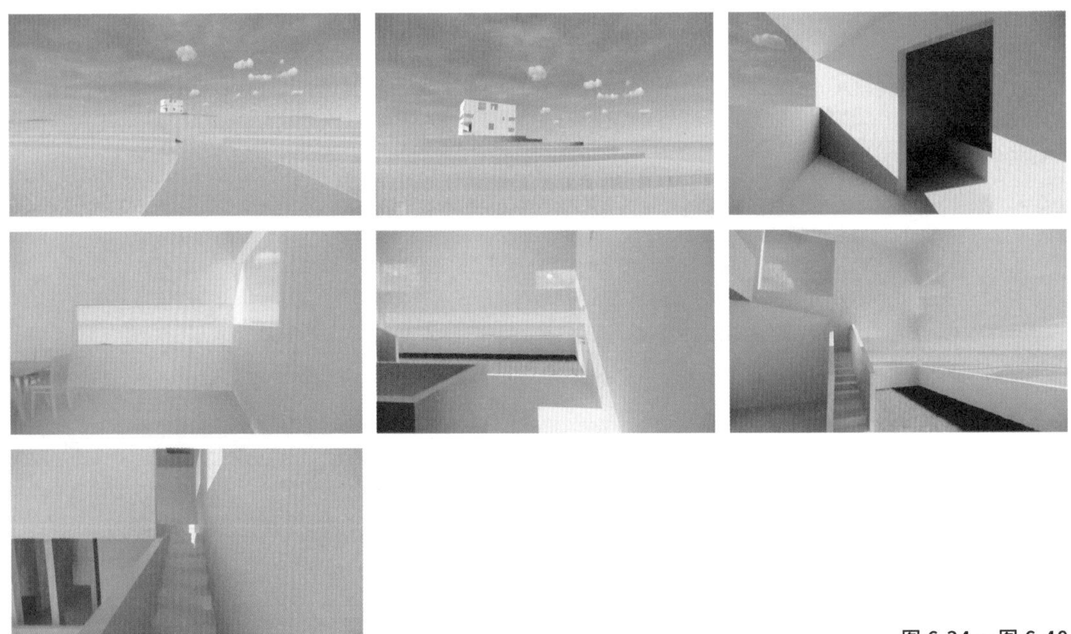

图 6.34 ～图 6.40

董嘉琪：先看一下用地 C 上的建筑空间序列的动画展示（图 6.41~ 图 6.49）。

王老师：看完整个动画，我感觉很不错。你把上节课讲到的蒙太奇的剪辑手法，运用到了这座建筑的空间序列的表达中，尤其是对白昼、夜晚情景的展示，很有戏剧性，而且每个场景都使用了文字标注，使空间序列的展示变得更加清晰。

董嘉琪：第二个是用地 B 上的建筑空间序列动画（图 6.50~ 图 6.56）。

王老师：这个也不错。虽然建筑情景的拼贴没有第一个动画精彩，但也有亮点，比如，楼梯旁树的布置（图 6.52）、卧室中床在光影中的效果等（图 6.55）。

董嘉琪：最后一个是用地 C 上的建筑空间序列动画（图 6.57~ 图 6.62 ）。

王老师：这个建筑一侧的开窗把整个建筑立面分成了左右两个体块，这种立面形式与其他立面的形式放在一起不够协调。我建议这个洞口的上下边不要撑到建筑立面的顶端和底端（图 6.63、图 6.64）。但从动画展示来看，空间序列还不错。

图 6.41 ～图 6.49

图 6.50 ～图 6.56

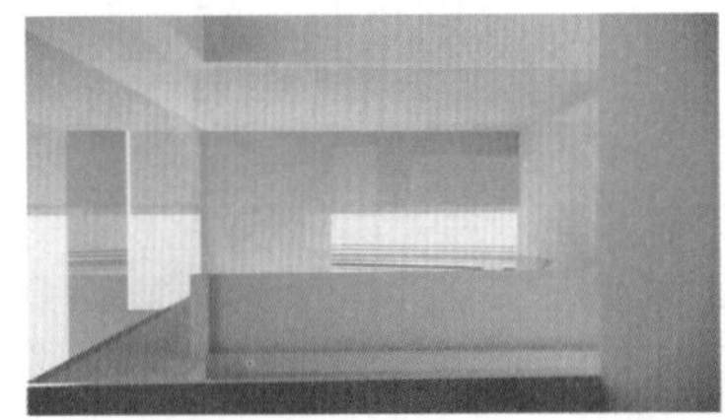

图 6.57 ～图 6.64

金奕天：先看一下用地 A 上的建筑空间序列动画（图 6.65~ 图 6.71）。

王老师：首先，楼梯的踏步太高了，不符合人体尺度；其次，墙太薄了，建筑感不够强，有种空间装置的感觉。空间序列的节奏感不够，还得用心修改。

金奕天：因为用地 B 上的建筑方案修改了多次，内部空间序列还没有整理完，所以我想在课后完善一下这个方案的动画，再请老师讲评。请先看一下用地 C 上的建筑空间序列动画（图 6.72~ 图 6.77）。

王老师：这个建筑的空间序列要比用地 A 上的建筑好很多，虽然空间节奏感不是太强，但是每一帧的空间情景都不错，而且更为简洁。

李凡：第一个是用地 B 上的建筑空间序列的动画展示（图 6.78~ 图 6.86）。

王老师：这个蛮有意思的，尤其片头是建筑在夜景中的情景。但你在动画中对色彩运用得较多，如蓝天、红花、绿树。因为整个动画里面的主色调是蓝色和绿色，所以如果出现对比较强的红色，一定要用到最关键的地方。也就是说，色彩的运用必须要表达空间主题，只有这样，空间序列才不会让人觉

图 6.65 ～图 6.71

图 6.72 ～图 6.77

得混乱。同样，从建筑学角度来说，建筑材料也是为空间序列服务的。只有它们都围绕着空间序列的主题时，才会具有表达空间戏剧性的意义。因此，我建议你把动画里的红花去掉（图 6.81、图 6.82）。

李凡：第二个是用地 C 上的建筑空间序列动画（图 6.87~ 图 6.92）。

图 6.78 ～图 6.86

王老师：这个动画的节奏展示得有些快，空间序列组织的主题不够明确，比如，在某些突出的戏剧性空间可以让镜头停顿一下，现在整个行进节奏都很平均，缺少变化。还有建筑环境中红花的问题，与你在上一个动画展示中出现的问题一样。

李凡：第三个是用地 A 上的建筑空间序列动画（图 6.93~ 图 6.98）。

王老师：这个相比于第二个要更好一些。首先，音乐与镜头转换的节奏比较匹配；其次，光影在空间中的展现更加充分。但也有不足之处——节奏的快慢对比不明显，比如，在展现光影的时候，视线镜头最好不要动，这样才能让它充分地展现魅力。

图 6.87 ～图 6.92

图 6.93 ～图 6.98

梁润轩：先看一下用地 B 上的建筑空间序列动画（图 6.99~ 图 6.104）。

王老师：这个动画里的音乐和镜头的节奏不太匹配，有些镜头停顿了，音乐的节奏却转换得很快，两者之间缺少对位。上一节课在讲爱森斯坦的时候，没来得及给同学们讲他的声画对位理论。**声画对位就是让影像画面与声音的高昂、低沉等节奏产生对比、象征、比喻等对位效果，进而产生影像以外的寓意。我们之前一直讲建筑与音乐、建筑与艺术，其实这些艺术形式之间是异质同构的，不同艺术形式的交叠能够让人产生新的情感共鸣。**但是你在动画中没有将音乐和空间镜头对应起来。从方案设计本身来看，其实感觉还不错，设计有种未来感，像一个飞行器回落到大地上。

梁润轩：第二个是用地 A 上的建筑空间序列动画（图 6.105~ 图 6.111）。

王老师：这个动画的问题在于音乐还没结束，空间的镜头已经结束了，让观众觉得“意犹未尽”。但是，从设计本身来看，内部空间还是蛮丰富的。还有一个问题，这个建筑形态接近于“扁平方体几何形态”，这与用地 C 上的训练要求有些雷同（图 6.112），因此你需要按照“完形方体几何形态”去修改。

图 6.99 ～图 6.104

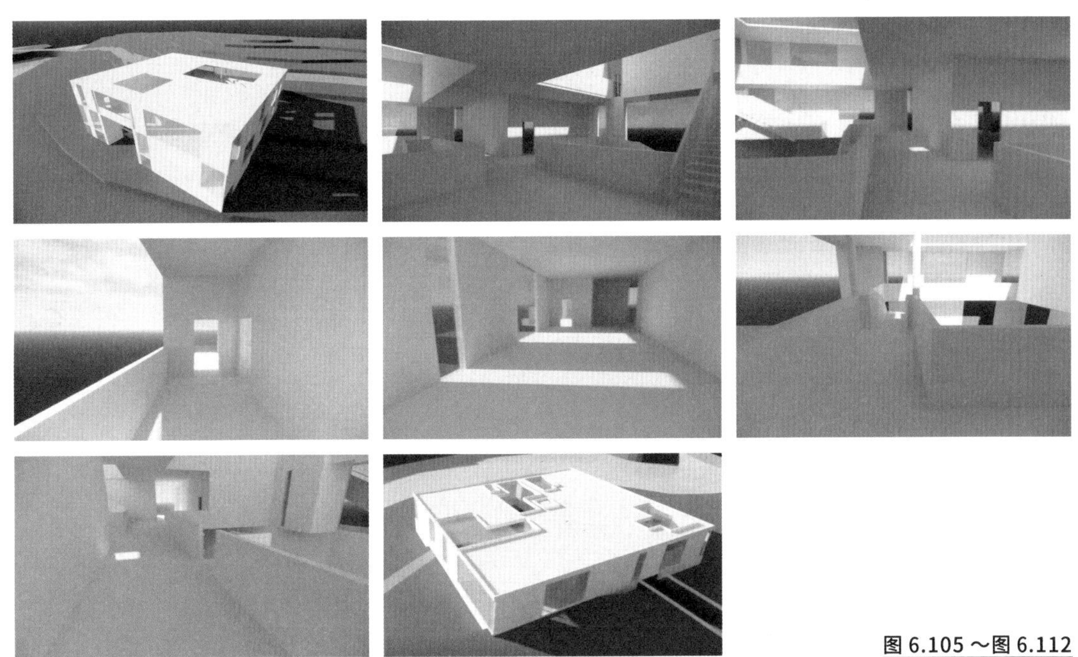

图 6.105 ～图 6.112

刘昱廷：第一个是用地 A 上的建筑空间序列动画（图 6.113~ 图 6.124）。

王老师：整个空间序列的组织还不错，带有一种情境感，尤其是从走廊看过去，穿过门洞有一个沙发，这个沙发激发出了它所在空间的情境感（图 6.122）。但从画面来看，沙发边上的茶几有些多余，而且如果把沙发转个角度，让它正对门洞，产生的情境感可能会别有趣味。你在这里放置的沙发的设计风格与整个空间的格调有些混搭，可以尝试一些其他风格的座椅，如麦金托什椅、密斯椅等。**以这个沙发为例，我想强调的是，家具对建筑空间而言是具有雕塑意义的，不仅要满足使用功能，还要满足审美的要求，它的作用是作为空间序列的节点，使空间的情境更为生动。**

图 6.113 ～图 6.124

刘昱廷：第二个是用地 B 上的建筑空间序列动画（图 6.125~ 图 6.130）。

王老师：你在动画展示的开头做了夜景效果，每个房间都用灯光照亮，但是这些房间的亮度太平均了，建议你在设计灯光的时候注意光线的节奏感，要烘托出空间序列的主题。沙发的布置还是不错的，在偌大的空间中放置一个沙发，空间的意境别有趣味。但是，有的房间里的沙发可以朝向窗外，有的沙发则可以是一种孤独、内省的状态。让它们在空间中的故事性各有不同，整个空间序列的戏剧性会更为丰富。

刘昱廷：最后一个是用地 C 上的建筑空间序列动画（图 6.131~ 图 6.140）。

王老师：虽然这个动画较短，但是整个空间序列的戏剧性很丰富，尤其是最后镜头到达屋顶后，视线望向远方的另外两座建筑的情景，使整个空间序列的气氛达到了高潮。

图 6.125 ～图 6.130

图 6.131 ～图 6.140

刘源：首先展示的是用地 B 上的建筑空间序列动画（图 6.141~ 图 6.145）。

王老师：这个建筑的空间序列有自己的特点，有一种曲径通幽的幽深感，尤其是入口空间序列的层次很丰富。但是从建筑外部形态来看，有些空间没有开窗，需要你课后结合室内空间进行修改。

刘源：第二个是用地 A 上的建筑空间序列动画（图 6.146~ 图 6.153）。

王老师：这个建筑的空间氛围相比于上一个建筑要更有力量感，而且内部空间中有些局部场景具有一定的趣味性，比如，刚才画面中的一段楼梯与房间中那把椅子的对位关系（图 6.149）。

刘源：最后一个是用地 C 上的建筑空间序列动画（图 6.154~ 图 6.159）。

王老师：整个建筑的空间感很丰富，空间序列中空间的大小及光线氛围的对比较为强烈，尤其是大台阶位置的空间仪式感比较强（图 6.156）。但是，从建筑外部形态来看，它与用地 B 上的建筑形态有些相似，建议你把它的外部形态设计得更加扁平，拉开它与用地 A 上的建筑在形态上的差距。

图 6.141 ～图 6.145

图 6.146 ～图 6.153

图 6.154 ～图 6.159

5. 问题的浮现

笔者： 看完同学们的建筑空间序列动画之后，我觉得有些同学对空间序列的理解和展示还是不错的，但仍存在一些问题。

有两个很好的例子，其中一个是董嘉琪同学在用地 C 上的建筑空间序列的动画。她在展示建筑场景的时候，将白天与夜晚两个情景的镜头并置，从叙事手法上讲，这就好比是作文中的并叙手法。这种将两种情景拼贴并置的蒙太奇手法，同学们应当学会应用。但是有些同学在组织、展示空间序列的时候，却以人在空间中的移动位置作为组织空间序列的依据，总想把建筑空间展示得面面俱到，这种做法不是以布景的方式去组织空间序列，因此缺少了空间的戏剧性。同学们在组织空间序列的时候，需要把空间的光影、对比、韵律等节奏感展现出来，而不是把所有的空间场景堆积起来，否则只能弱化空间序列感。

另一个很好的例子是刘昱廷同学的建筑动画。他在空间中对家具的布置，使空间的情境变得生动起来，具有了故事性，空间布景感很好。他在一个空荡荡的大厅或者房间里，只放一把椅子或者一张床，却不会让人觉得它所在的空间很空旷，而是有一种孤独感，或者一种温馨感，这就是空间意境。在表达空间意境的时候，同学们不仅要布置家具，还要调整相应的门、窗、楼梯的形式或位置，这都是空间的布景范畴。我们在上课之前要求同学们完成建筑的平面图、剖面图，甚至轴测图，实际上就是要比照动画和图纸，看大家有没有做相应的调整。

另外，同学们要格外注意空间节奏感的问题。所谓的节奏感，不仅要通过给动画加音乐来表现，更重要的是体现大家对自己设计的建筑空间的理解，这种理解包含了前面提到的空间的光影、对比、韵律等方面的表现手法，以及由这些空间表现手法所表达的情境，然后围绕这一情境去理性地设计一种节奏感。这是需要同学们通过实践去实现的，而不是依靠冥思苦想。这是一种认知观念上的误区。

第七章

图纸演绎

在借助模型和动画技术手段进行了建筑空间的功能序列和艺术性序列的训练后，同学们对建筑空间在虚拟三维视觉空间下的建构训练已经完成。该阶段的主要内容是在之前训练的基础之上，在图纸上对建筑空间进行二维演绎与表现。同学们通过图纸的演绎，实现了对建筑空间从整体到细节的深入表达，并通过建筑图的绘制，逆向检验虚拟三维建筑空间模型的合理性与艺术性，进而使同学们对建筑空间有更为完整的理解。同时，图纸演绎也是训练同学们对建筑空间的图面表达和版面设计基本功的重要过程。

1. 图上讲评

郑泽皓：这是用地 B 上的住宅建筑方案设计图纸。

王老师：首先，这个剖透视图在水平方向上是歪的(图 7.1)。之前跟大家讲过，剖透视图一定是横平竖直的，因为我们绘制的设计图不是一幅画，而是要表达建筑，所以它要符合建筑图的表达规范。其次，地下一层空间的表达不对，剖到的底板和墙体都没有在图上表达出来（图 7.2）。第三个比较明显的问题是，剖透视图中的楼梯表达得不准确，这说明你的模型建得不仔细（图 7.3）。最后是排版的问题，下面这两个部分应当分别单独排在一张 A1 图纸上，目前这些图都太小了，建筑应有的细节、空间都没能得到展现（图 7.4）。

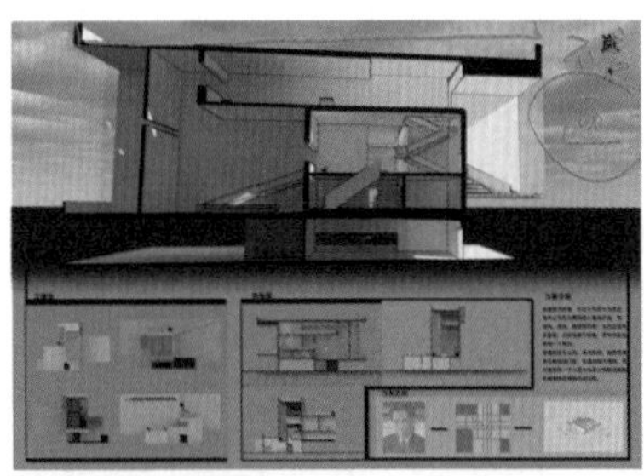

图 7.1、图 7.2

图 7.3、图 7.4

郑泽皓：下面是这个方案的第二张图纸。

王老师：这张图上的平面图在表达建筑空间时非常重要，但目前来看，它们都太小了，应当把它们每两层布满一张 A1 图纸（图 7.5）。再者，左上角的室内透视图歪了，它的细节不足以支撑这么大的版面（图 7.6）。右上角的轴测图虽然很精致，但细节没能展现出来，应当把它们放大到整张竖版的 A1 图面上（图 7.7）。最后，这些小的透视图的镜头歪了，而且没有很好地构图。我们这个课题的设计方法就是让同学们在遵循“宇宙法则”的网格内进行空间设计，那么同学们在构图的时候同样应当按照这套法则去取景，因此，这些室内透视图需要重新取景、构图（图 7.8）。

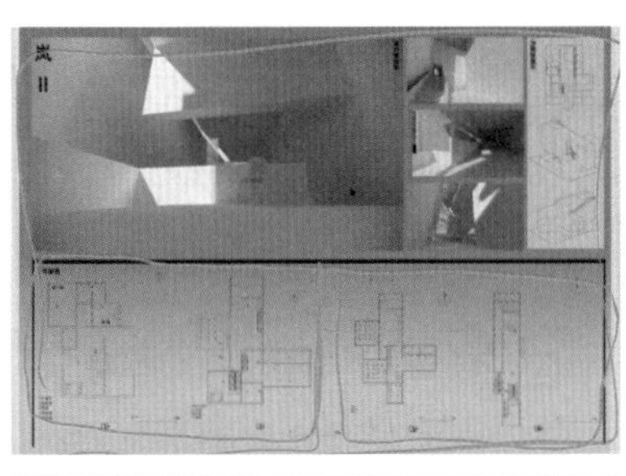

图 7.5、图 7.6

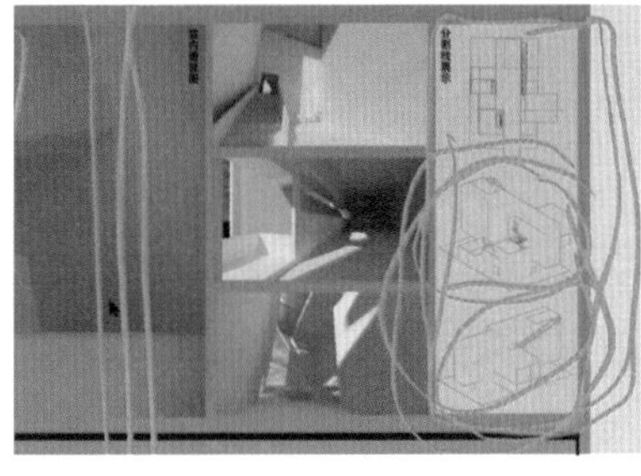

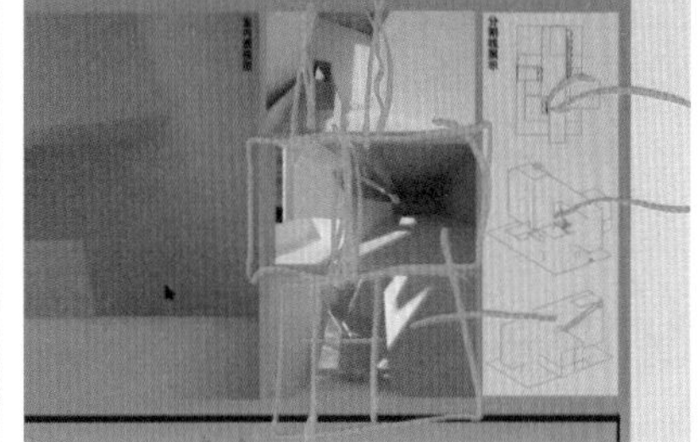

图 7.7、图 7.8

郑泽皓：接下来是用地 A 上的住宅建筑设计图纸。

王老师：这张图的问题与前面的建筑方案图有些像，在剖透视图中，只有进深方向才有透视效果，其他方向都应该与图面保持横平竖直的关系，但你的图纸上的这两个剖透视图都歪了（图 7.9）。图面上这种在背景里衬一个建筑图做底图的方法不可取（图 7.10），它会造成图面视觉效果混乱。图纸左下角的四个剖面图表达的空间似乎很精彩，可以把它们分别布置在一张 A1 图纸上（图 7.11）。右下角的建筑立面图也是太小了。这些图很生动，但是图幅太小，可以把它们单独放大到一张 A1 图纸上表达（图 7.12）。再者，将这些用来划分、丰富图面效果的黑线删掉，用排版来划分版面就可以了（图 7.13）。最后，这些建筑图的绘制一定要仔细，比如，这些线的表达一定要讲究（图 7.14）。

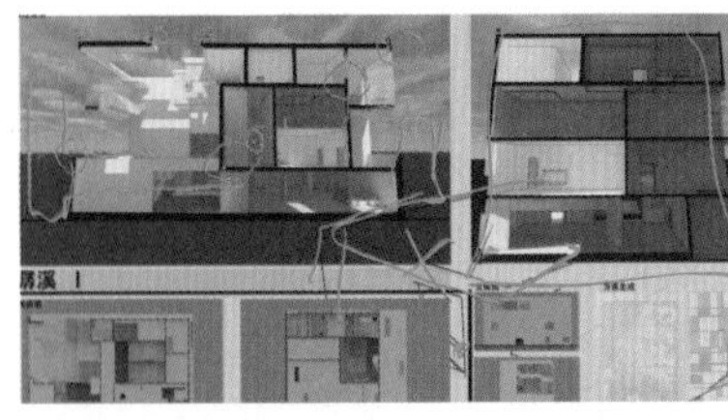
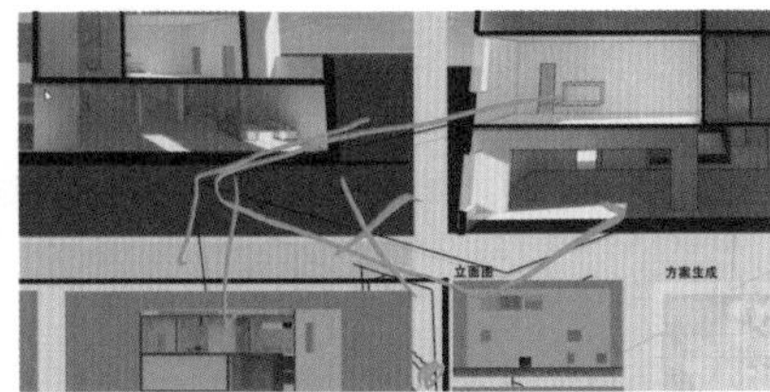

图 7.9、图 7.10

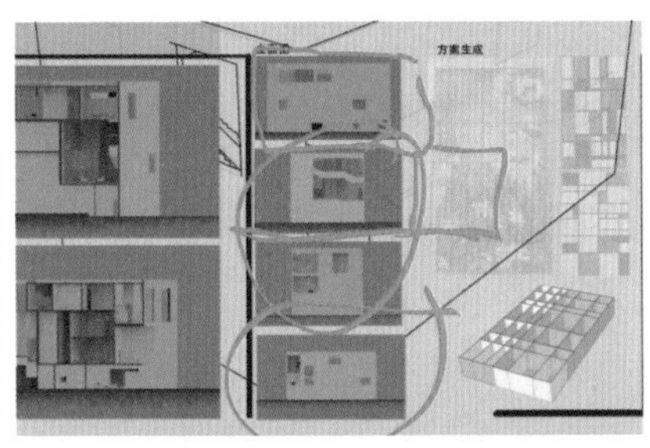

图 7.11、图 7.12

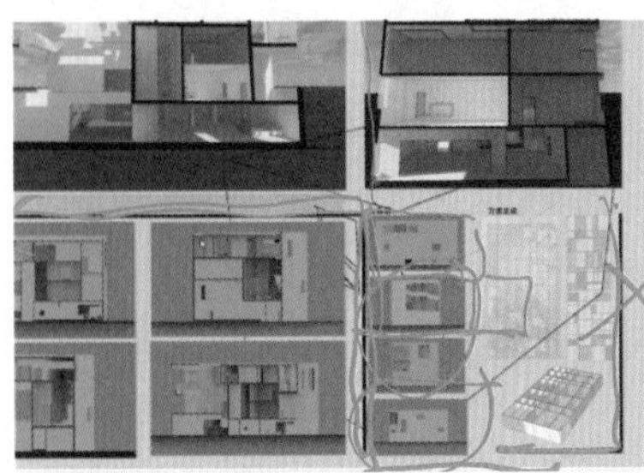

图 7.13、图 7.14

郑泽皓：最后一个是用地 C 上的住宅方案设计图纸。

王老师：这张图上的剖透视图与前两个方案图的问题一样，但是图上的细节问题比较多，如门、窗洞口的高度（图 7.15）。图纸左下角的地面线没有表达出来，同时，应当对地下一层周边的土层进行示意性表达（图 7.16）。第二张图的图面效果比较好，但是还存在一些小问题。图纸左边的分层轴测图在垂直方向上不能有透视角度，一旦有透视角度，就比较难判断每一层的尺度（图 7.17）。另外，它的外边缘的白框线要删掉，我们讲过，在图面构图的时候，利用建筑图形成的板块来划分版面就可以，这种多余的白框线是没有必要的

（图 7.18）。图纸上的室内效果图没能展现出精彩的空间效果，需要重新去做（图 7.19）。图纸右侧的平面图太小，要单独在 A1 图纸上表现（图 7.20），平面图里的家具、卫生洁具要自己画，不能直接用 CAD 里的插图。最后，图纸右上角的透视图的构图关系要符合“宇宙法则”的比例关系（图 7.21）。

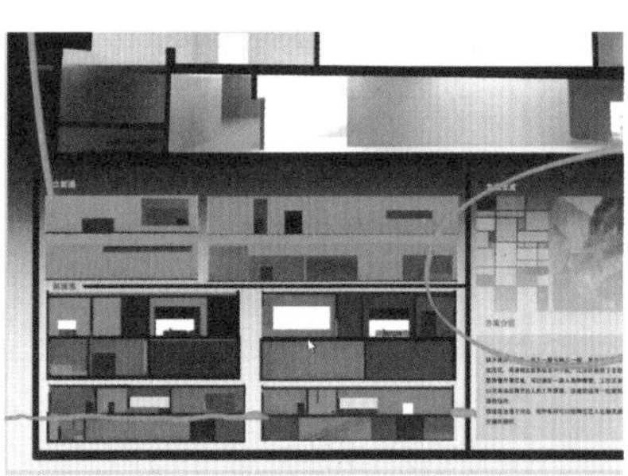

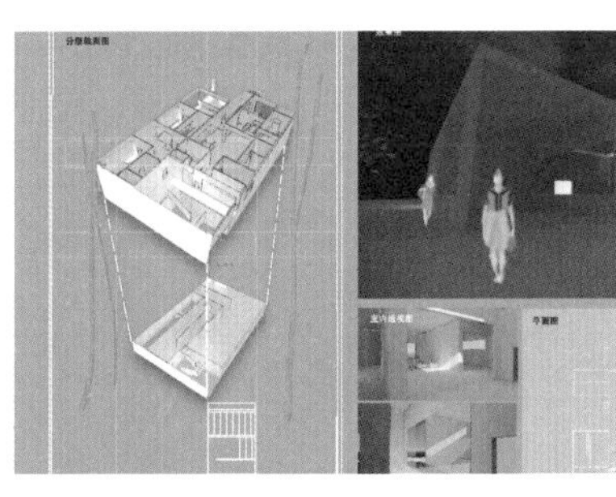

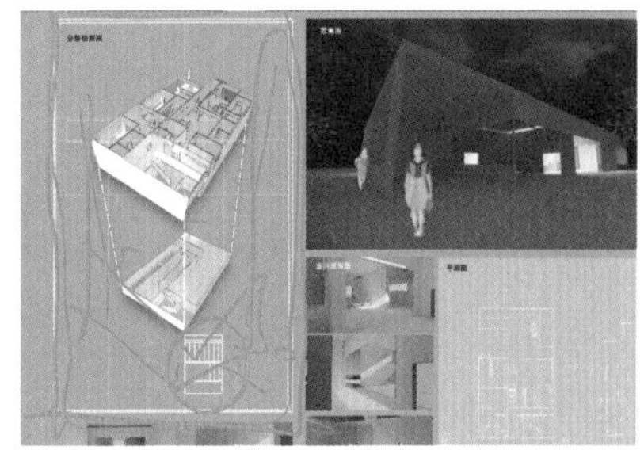

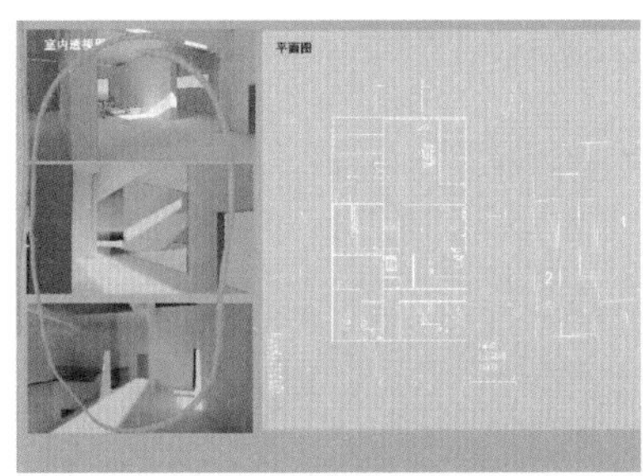

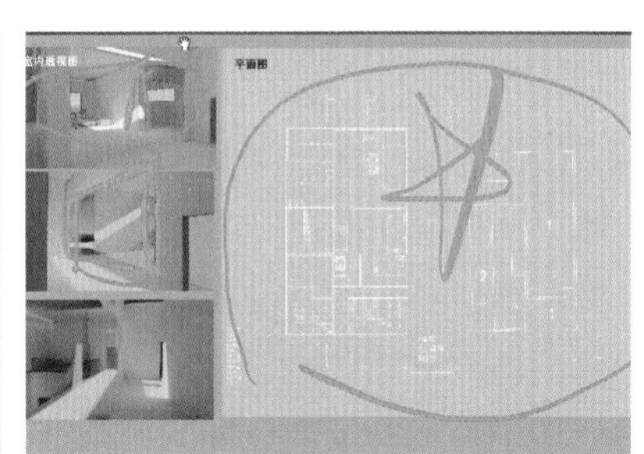

图 7.15~ 图 7.21

张皓月：这是用地 A 上的住宅方案设计图纸。

王老师：这张图的构图和建筑图的表达都不错，尤其是图纸右边的四个剖面图，把建筑内部空间的丰富性展现了出来（图 7.22）。但是，图纸左下角的建筑模型的光影效果较弱，在渲染的时候再调整一下（图 7.23）。第二张图纸的表现也不错，但是图纸背景里的地形线太明显了，有点干扰图纸上的建筑平面图（图 7.24）。平面图里标注的字体和线型有些粗，都超过了墙体线型的粗度，这里需要修改（图 7.25）。 第三张图画得也不错（图 7.26），只是从图面色调来看，图面的冷暖色调有些不够协调（图 7.27）。再者，图纸下边的建筑立面图有些拥挤，建议你把它们单独放在一张图纸上表达（图 7.28）。

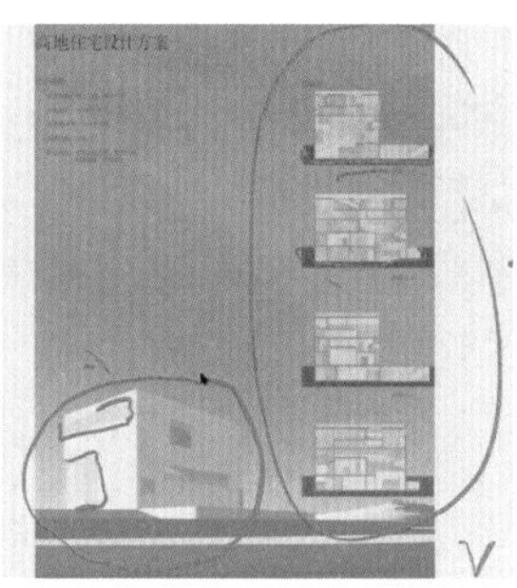

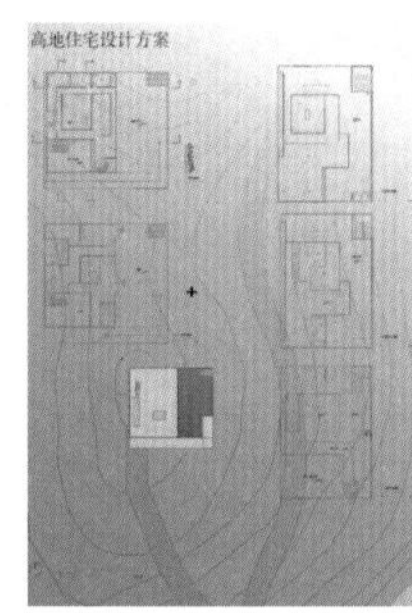

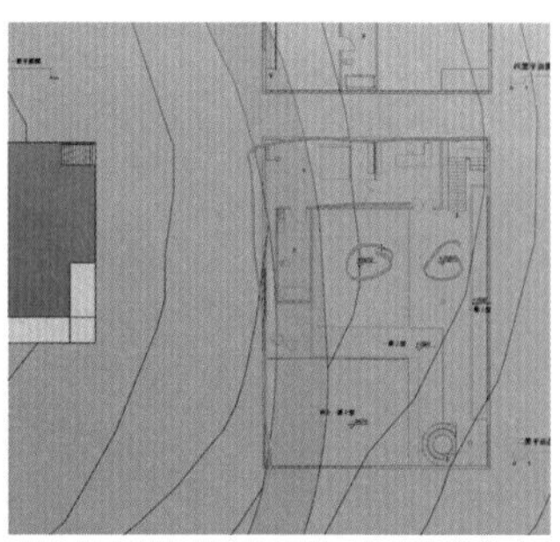

图 7.22~ 图 7.25

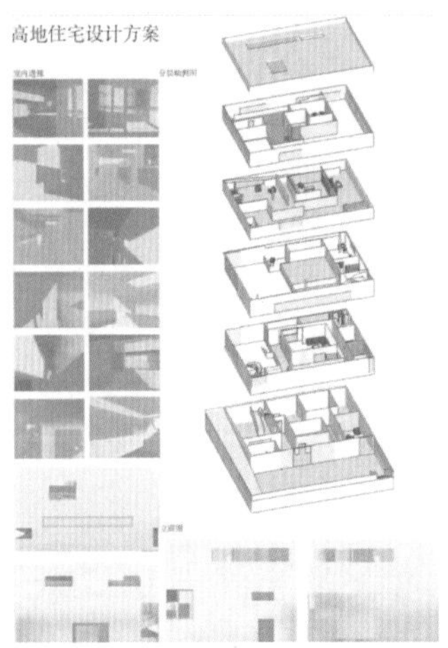

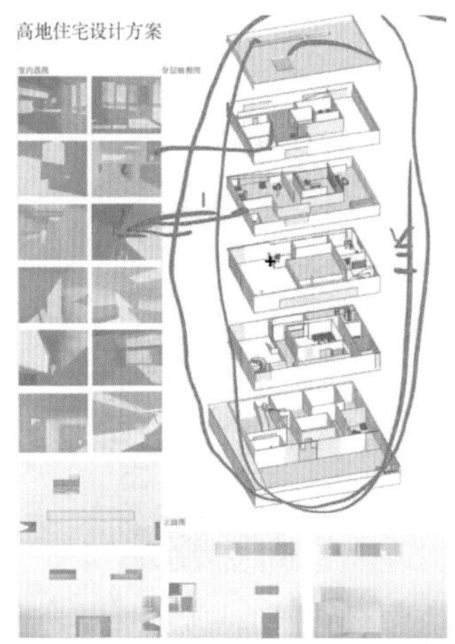

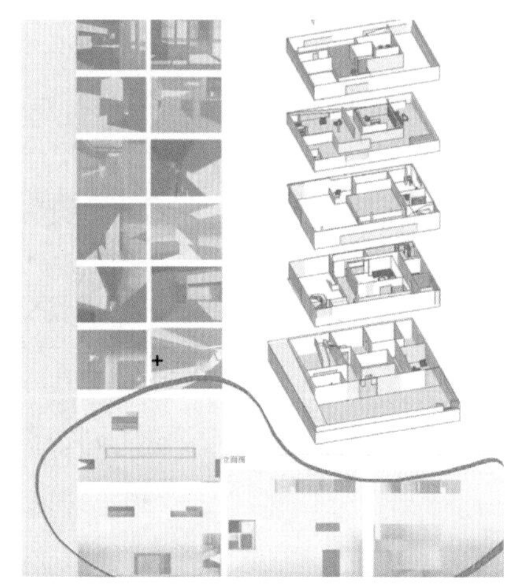

图 7.26~ 图 7.28

张皓月：第二个是用地 B 上的住宅方案设计图纸。

王老师：第一张图的构图还不错（图 7.29），但是透视图里的建筑光影效果较弱，需要重新渲染（图 7.30）。第二张图的图面效果也不错（图 7.31），但需要在图纸右侧的分层轴测图中把每一层的图名在对应的位置标注出来（图 7.32）。第三张图的图面效果与前两张一样，都是比较清秀的感觉（图 7.33），但有些小问题，比如，图纸左上角的立面图和底部的平面图都没有标注图名（图 7.34）。

图 7.29、图 7.30

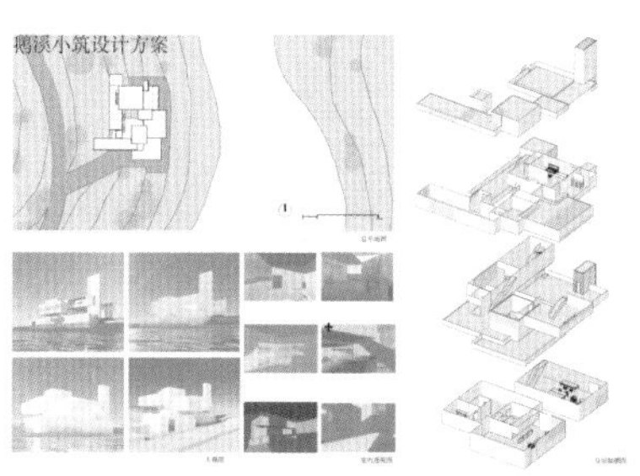

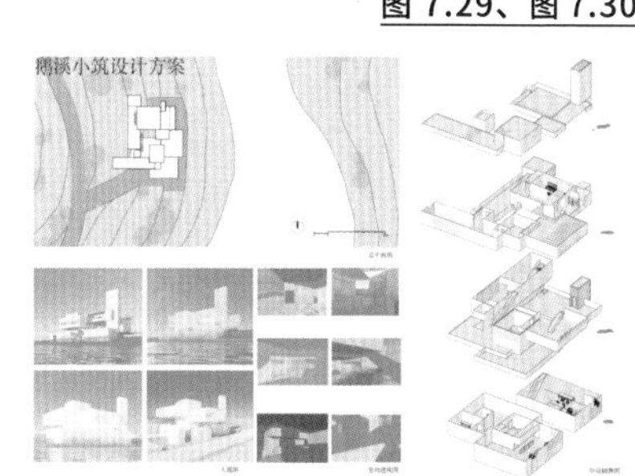

图 7.31、图 7.32

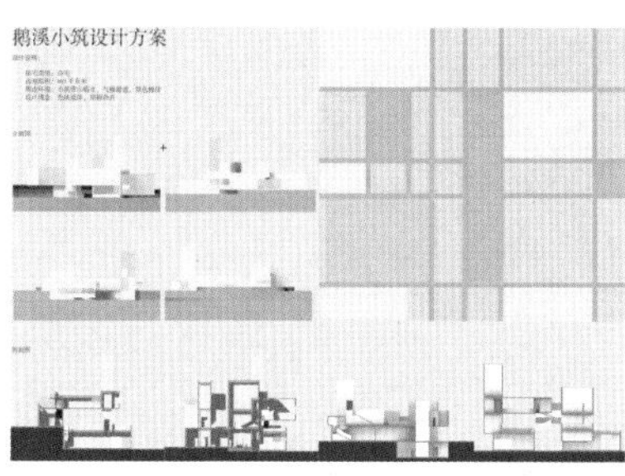

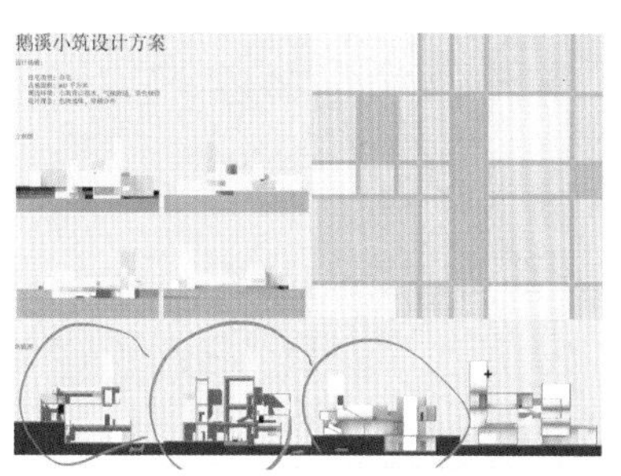

图 7.33、图 7.34

张皓月： 第三个是用地 C 上的建筑方案设计图纸。

王老师： 第一张图上的建筑透视图不理想，从设计角度来看，这座建筑缺少魅力。建筑立面的开窗需要按照原有的网格体系重新划分，目前来看，这些窗、洞缺少在建筑立面上的节奏感和韵律感（图 7.35）。第二张图上的简化立面图与上一张透视图的问题一样，这个建筑外立面的开窗也需要重新按照网格体系去划分（图 7.36）。但是，总平面图中，屋顶立面天窗及庭院洞口的布置还是具有变化和韵律感的（图 7.37）。第三张图的图面效果还不错，但也有些小问题，图纸左侧的分层轴测图里，楼梯的线型有点粗，需要调整（图 7.38、图 7.39），图上这些构成的图案装饰性太强，建议去掉（图 7.40），平面图上标注的文字不清晰，太小了（图 7.41）。

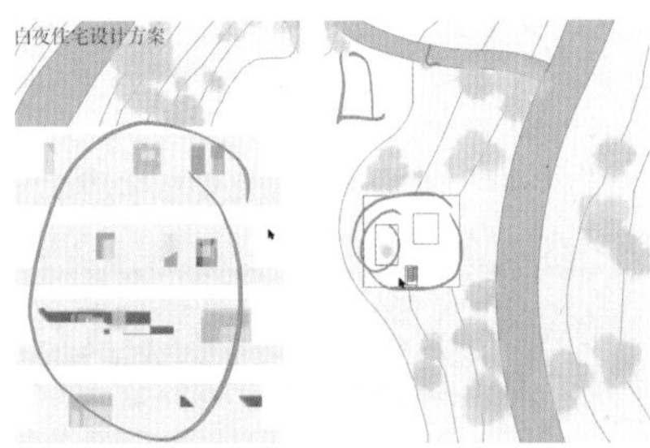

图 7.35~ 图 7.37

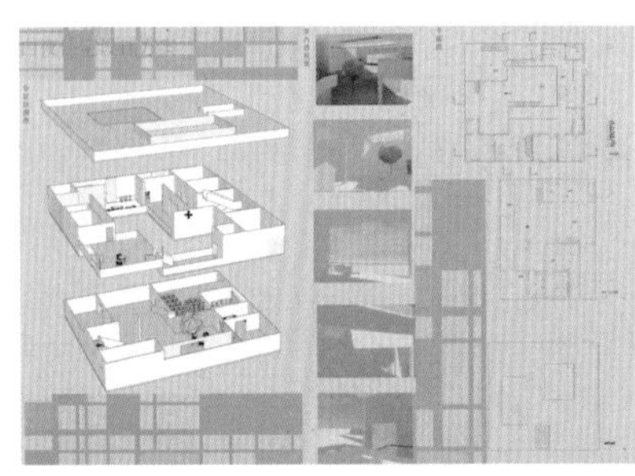

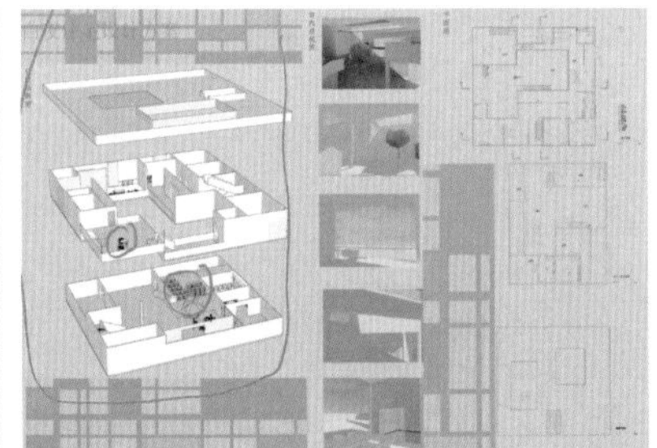

图 7.38、图 7.39

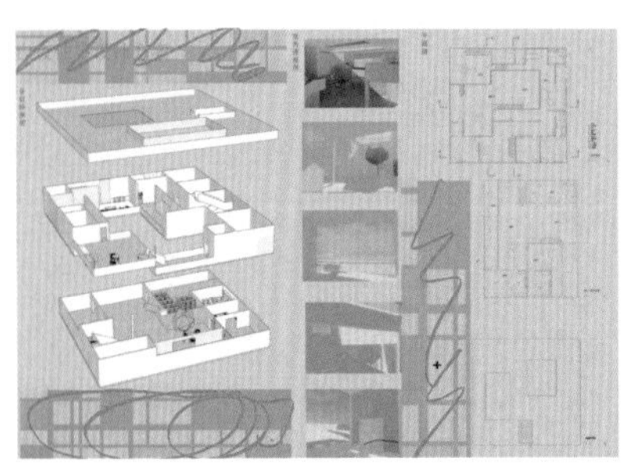

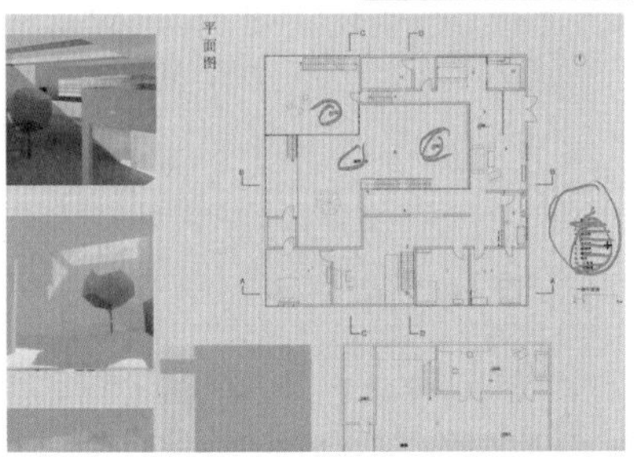

图 7.40、图 7.41

于爽：第一个是用地 B 上的建筑方案设计图纸。

王老师：把第一张图纸上与建筑表达无关的装饰都去掉，它们对建筑图的表达产生了干扰（图 7.42）。图纸上的这些平面图都要放大，否则建筑空间无法得到充分表达（图 7.43），可以将每张平面图都放在一张 A1 图纸上表达。图纸左上角的室内效果图的版面排布有些随意，整张图纸需要打上网格，再按照网格划分进行排版（图 7.44）。中间部分的建筑效果图的背景太具象，与建筑模型的图面效果冲突太大（图 7.45）。第二张图纸的图面背景装饰线也要去掉（图 7.46）。另外，图纸上的立面图和剖面图太小了，应该在单独的图纸上表现（图 7.47）。这张图的排版设计较差，需要按照网格体系进行排布。

于爽：第二个是用地 A 上的建筑方案设计图纸。

王老师：第一张图纸的问题跟上一个方案的图纸问题相似，图面背景多余，应该去掉（图 7.48）。这张图纸上的鸟瞰图在垂直方向上不要有透视，图上

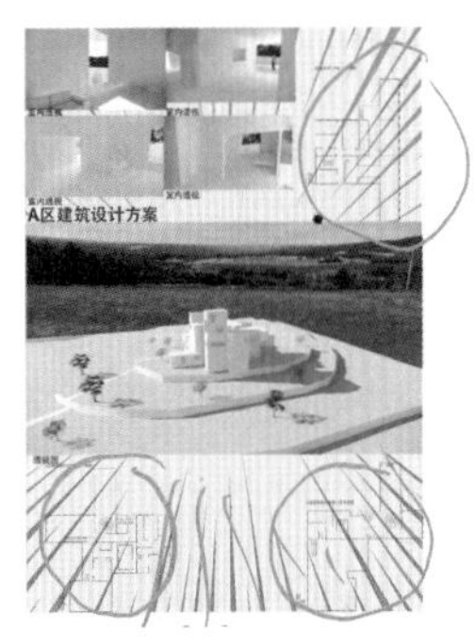

图 7.42~ 图 7.44

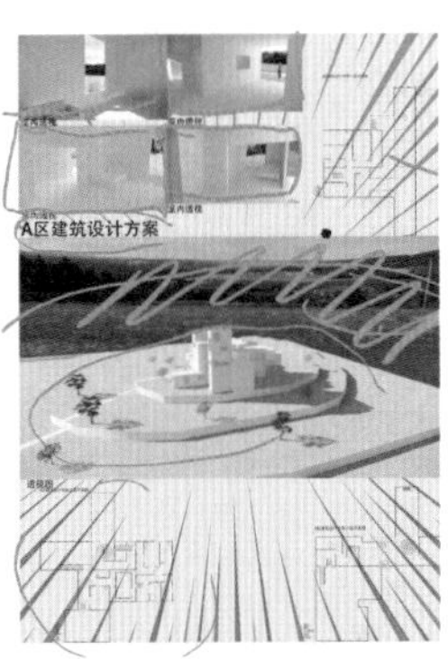

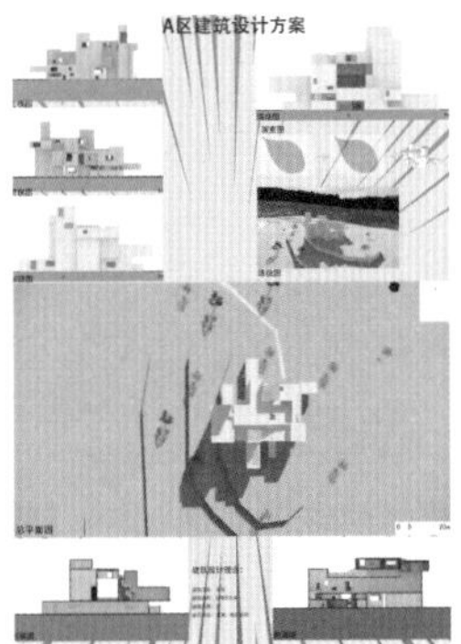

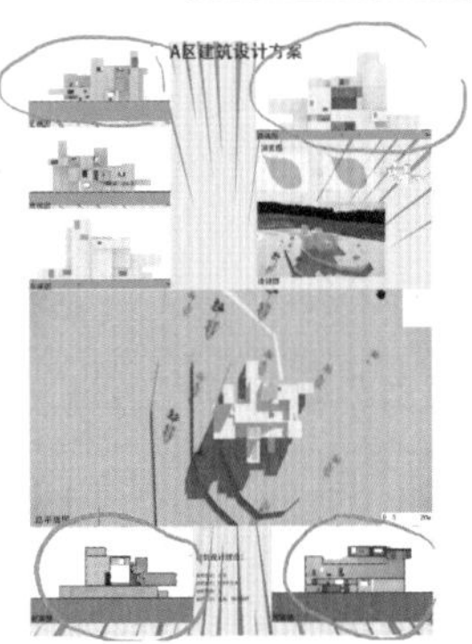

图 7.45~ 图 7.47

的建筑模型有些歪了（图 7.49）。第三张图纸的图面效果相较于前两张要稍微好一点儿，但图纸上的立面图、剖面图在方案设计阶段不需要标注尺寸线，在图下画比例尺做参照就可以了（图 7.50）。另外，这些立面图和剖面图都太小了，每张建筑图可以单独放在一张 A1 图纸上表现（图 7.51）。只有把图纸放大，建筑细节才能表达清楚。

于爽：第三个是用地 C 上的建筑方案设计图纸。

王老师：这个方案的图纸比前两个方案的图纸要好很多，图面的版式构图主次分明，比较清晰（图 7.52）。但也有一些小问题，比如，图纸左上角的鸟

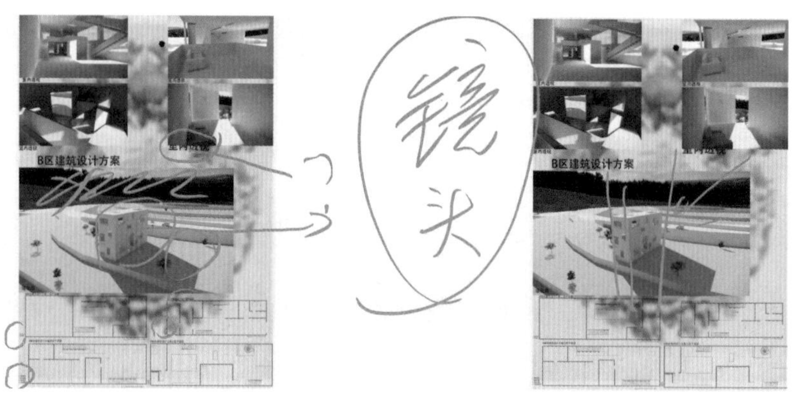

图 7.48、图 7.49

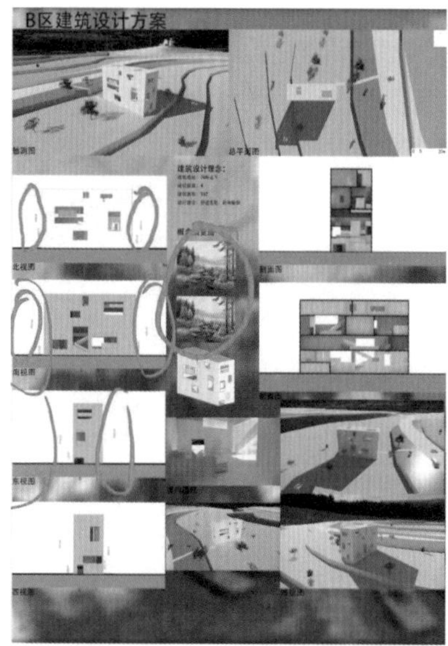

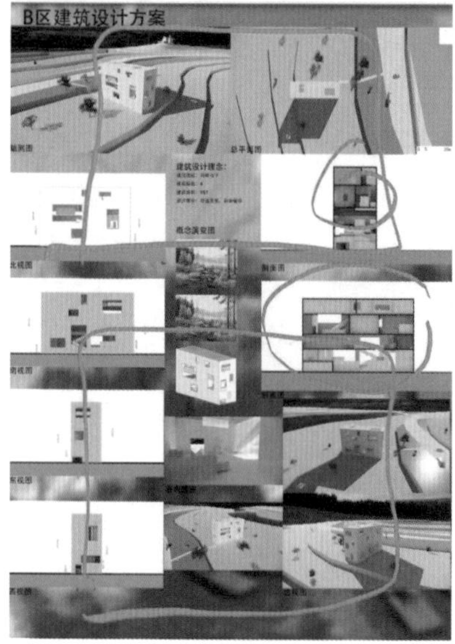

图 7.50、图 7.51

瞰图选取的建筑视角不好，没能表达出它应有的设计魅力，而且鸟瞰图上的配景与主体建筑的表现风格不协调（图 7.53）。第二张图纸右侧立面图中地面以下的部分太宽，这种表达方式不对（图 7.54）。左侧剖面图中地下一层的墙壁应当用粗线表示被剖到的部分（图 7.55）。图纸上这些鸟瞰图的建筑视角应当统一，否则整个图面呈现出来的效果会比较凌乱（图 7.56）。你的三个方案图纸的图面表现效果太接近了，我们要求的是三个方案要用三种不同的表现方式来呈现。

杨琀珺：这是第一个住宅方案的设计图纸。

王老师：第一张图纸顶部的建筑透视图里，人物配景不够美观，需要替换。图纸左下角室内透视图的墙角线应该是垂直的，不应有透视倾斜（图 7.57），空间效果也不够理想，建议换掉。图纸右侧的建筑立面图太小了，建筑立面的细节没有表达出来，建议你把它们单独放在一张 A1 图纸上表现（图 7.58）。右下角的建筑总平面图里的河流和路面纹理的表现方式适用于建筑工程图，但不适合用于我们的建筑方案图（图 7.59）。第二张图纸上的建筑剖面图、

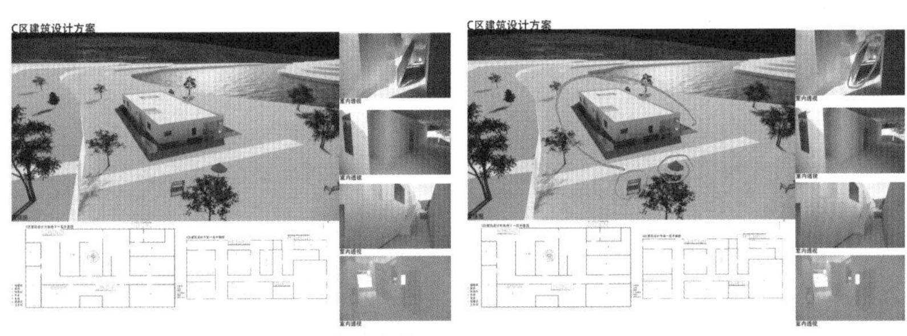

图 7.52、图 7.53

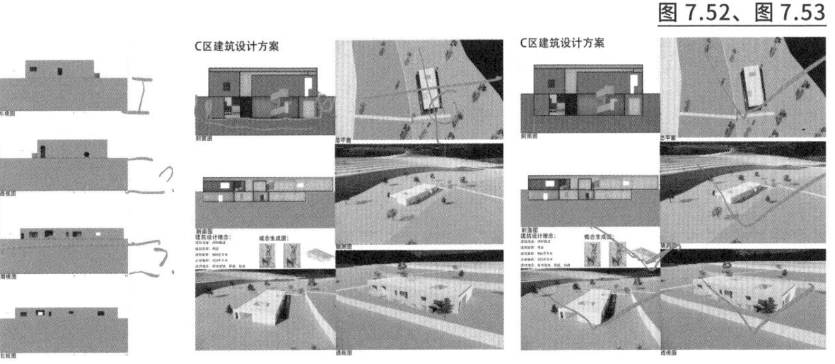

图 7.54~ 图 7.56

平面图的线型区分度不够，导致建筑空间没有得到很好的表现（图 7.60）。和第一张图一样，右上角透视图的建筑空间效果也不好，建议重新做（图 7.61）。图纸底部的建筑鸟瞰图缺少光影表现，需要重新渲染。

杨玲珺：第二个是用地 A 上的住宅方案设计图纸。

王老师：第一张图的排版比较好，版面效果主次分明（图 7.62）。但是，在图纸左上角、左下角的建筑鸟瞰图中，建筑墙面在竖向上都出现了透视倾斜，没有垂直，这是不可以的（图 7.63）。图纸右侧的建筑立面图都太小了，需

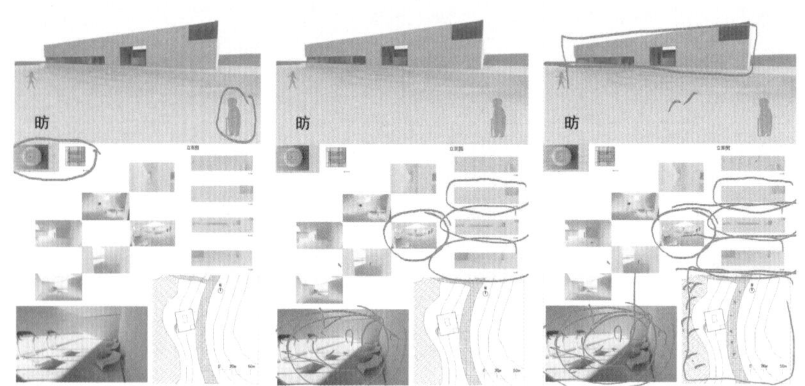

图 7.57~ 图 7.59

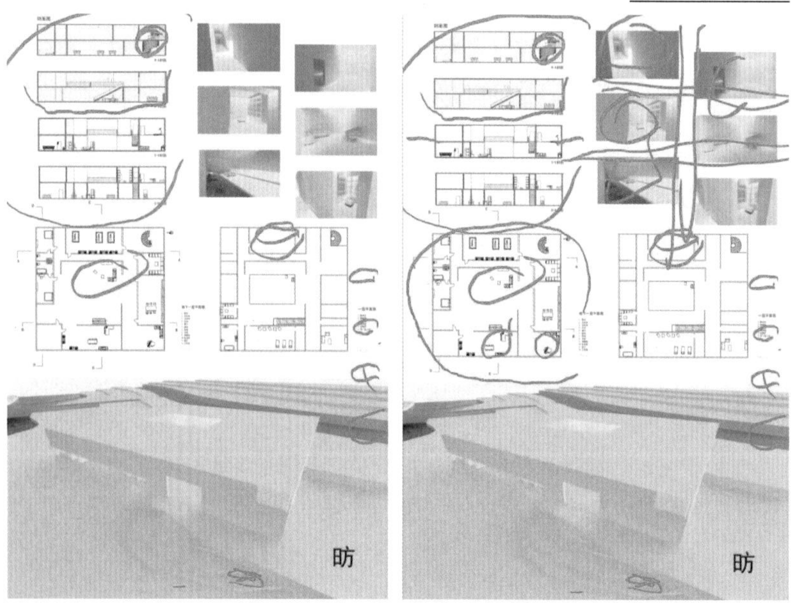

图 7.60、图 7.61

要单独放在一张 A1 图纸上表现。第二张图左上角的透视图没能把建筑形态的魅力展现出来，建筑视角选取得不够恰当（图 7.64）。图纸下面的平面图、剖面图也太小了，建筑空间没能表达出来，建议将每张图都单独放在一张 A1 图纸上表达（图 7.65）。最后，建筑图的图面色彩不要用这种粉色，目前的图面效果显得建筑感不强。

杨琀珺：第三个是用地 B 上的住宅方案设计图纸。

王老师：第一张图的版面效果还不错，但图纸左上角的建筑透视图的墙体又出现了透视变形，这是不合理的（图 7.66）。这张透视图左右两个透视方向在图面上的比例关系需要去调整，目前来看，建筑形态的魅力没能表现出来（图 7.67）。另外，透视图里的人物与建筑的比例关系不协调，两者的尺度关系需要一致，否则建筑尺度就会模糊。这张图纸右侧的建筑立面图太小了，建筑细节没有表达出来，需要单独在一张图纸上表达（图 7.68）。图纸左下角的总平面图的问题与前面两个方案的问题一样，这里不再多说，课后需要修改。第二张图纸上，左上角轴测图的色块表现方式与右侧剖面图及下方平面图的表现方式不够协调（图 7.69）。另外，这些建筑剖面图和平面图也太小了，需要单独在一张 A1 图纸上表现（图 7.70）。

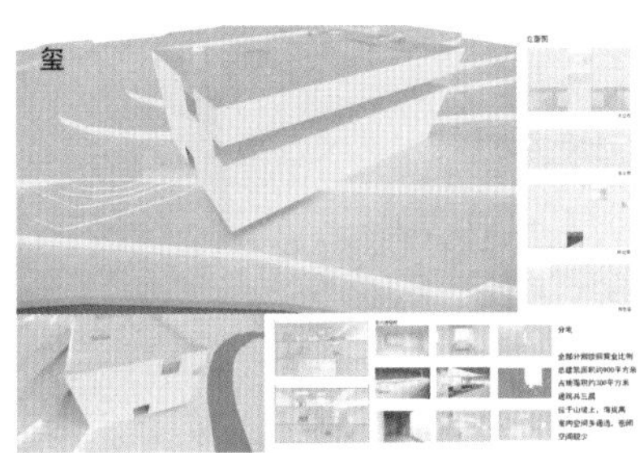

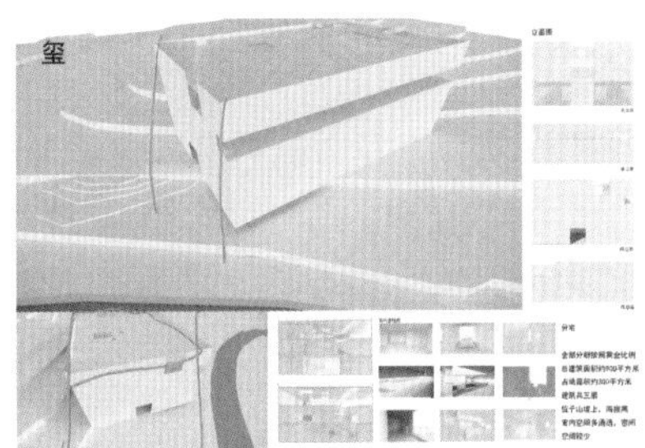

图 7.62、图 7.63

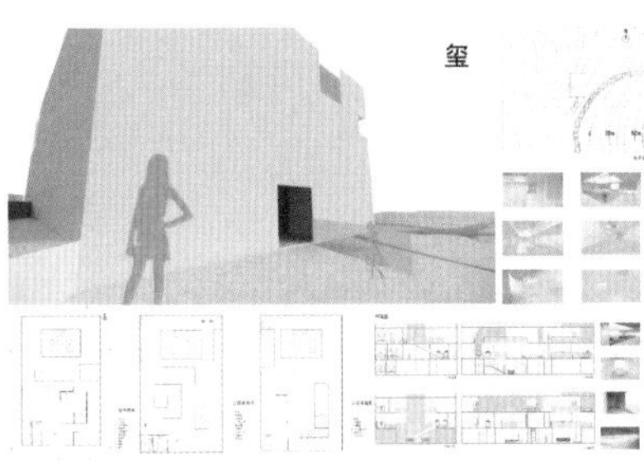

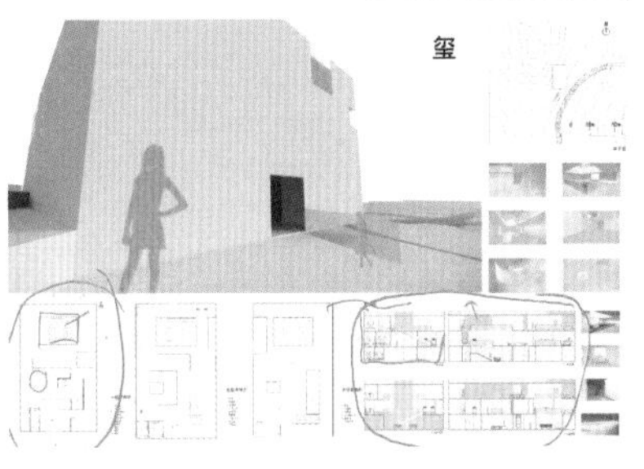

图 7.64、图 7.65

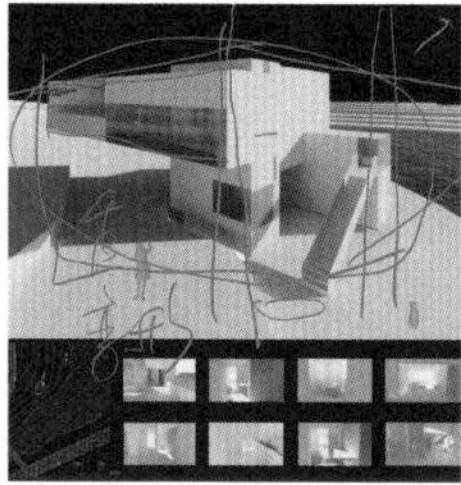
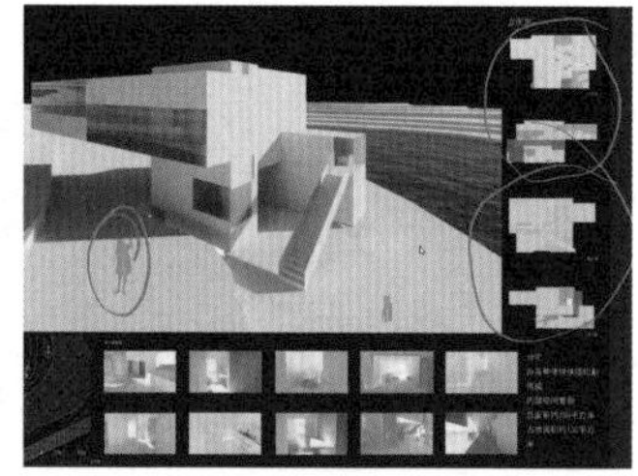

图 7.66~ 图 7.68

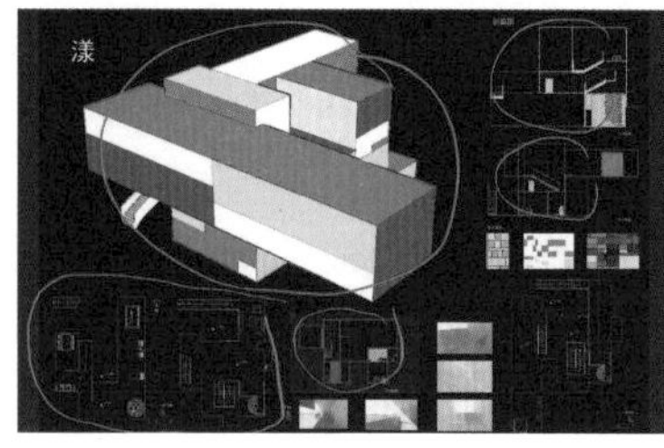
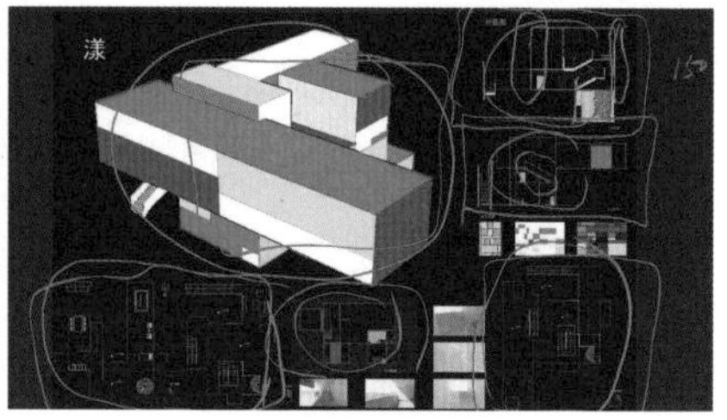

图 7.69、图 7.70

崔晓涵：第一个是用地 C 上的建筑方案设计图纸。

王老师：这张图纸中间部分的建筑平面图画得还不错，表达得比较清晰，但是从地下一层车库通往地面的坡道没有表达出来（图 7.71）。建筑剖面图、平面图和分层轴测图都太小了，建议把它们分别放在三张 A1 图纸上进行表现（图 7.72）。图面冷暖色调不协调，分层轴测图的冷色调与室内透视图的暖色调有些冲突。另外，从建筑形态的层面来讲，这个建筑角部空间的形态不完整，不符合我们这个训练专题对完形性的要求，需要修改（图 7.73）。

崔晓涵：第二个是用地 B 上的建筑方案设计图纸。

王老师：第一张图纸的版面效果不错（图 7.74），但是要把右下角分层轴测图边缘位置的退晕效果去掉，用黑色平铺做背景即可，而且这个图太小了，

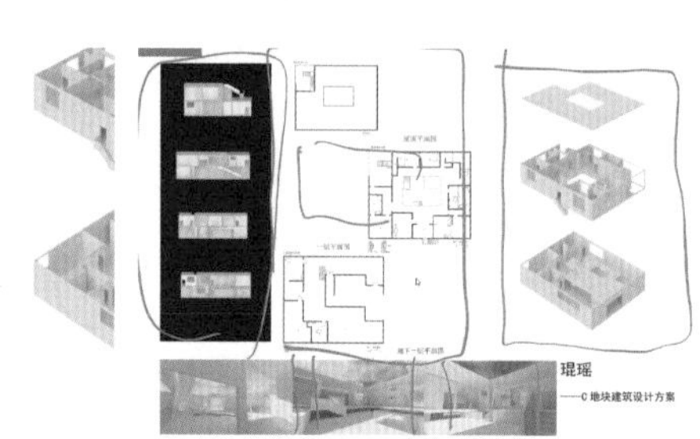

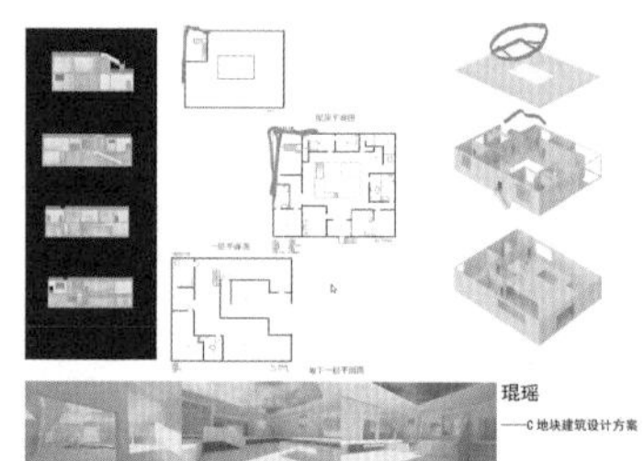

图 7.71~ 图 7.73

应该单独放在一张 A1 图纸上表现（图 7.75）。再者，这张图纸上的建筑平面图太拥挤了，应当把每一张建筑平面图分别放在一张 A1 图纸上表现，这样建筑细节才能够表达清楚。第二张图给人的第一印象是图面色彩有些繁杂，比如，图纸左下角的这三张图的蓝、绿、米黄三种颜色冲突较大（图 7.76）。图纸右下角的建筑模型的视角不够统一，图面效果不够一致（图 7.77）。另外，建筑立面图、剖面图都不够大（图 7.78）。

崔晓涵： 第三个是用地 A 上的建筑方案设计图纸。

王老师： 第一张图纸的版面效果还不错，但是右下角的鸟瞰图没能把建筑的设计魅力表现出来，建筑的体量感、光影效果都表现得不够精彩（图 7.79）。

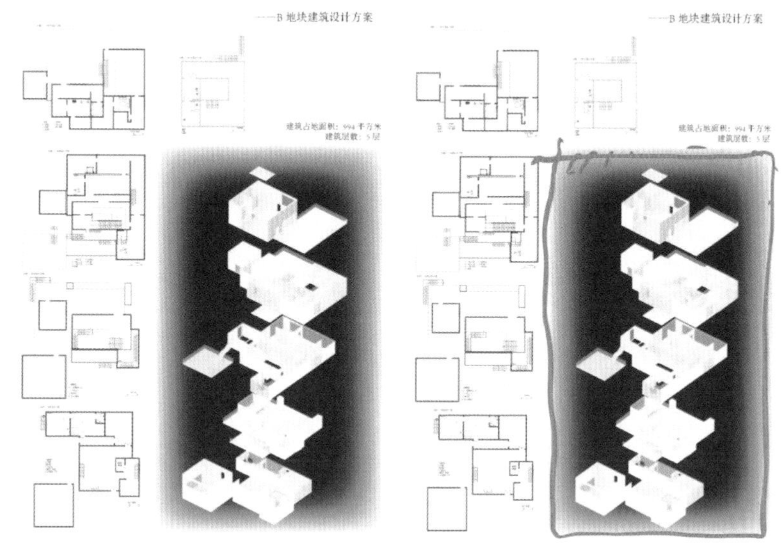

图 7.74、图 7.75

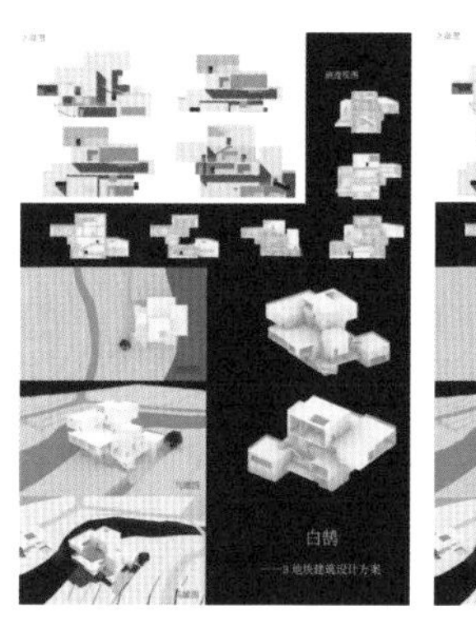

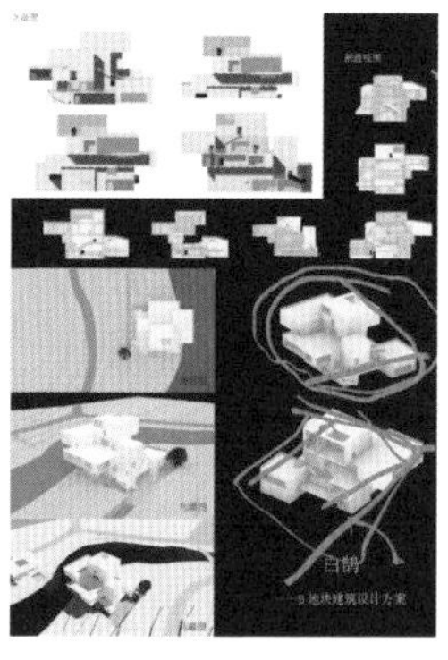

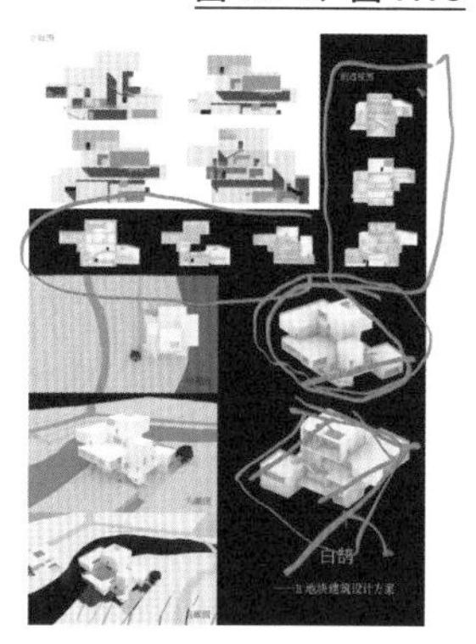

图 7.76~ 图 7.78

图纸右上角的这些建筑立面图的排布过于零散，需要重新排版（图 7.80）。第二张图的版面效果也不错，但是图面的色调过于繁杂，需要保持色调的一致性（图 7.81）。图纸下方的室内空间效果很丰富，但是这些图太小了，展现不出这些空间的魅力（图 7.82）。图纸左上角的建筑剖面图也太小了，应该将每张剖面图分别放在一张 A1 图纸上（图 7.83）。

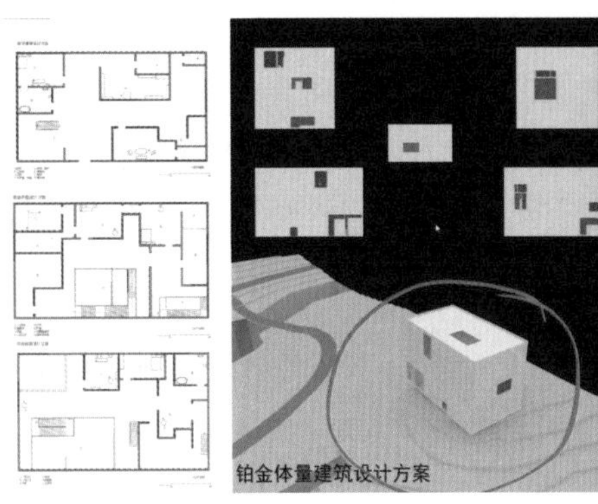

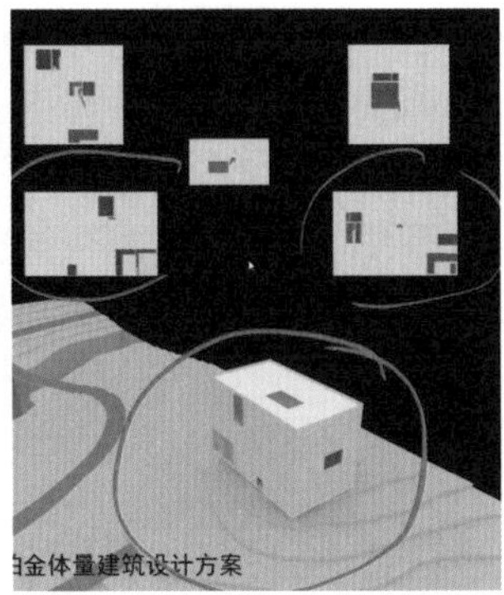

图 7.79、图 7.80

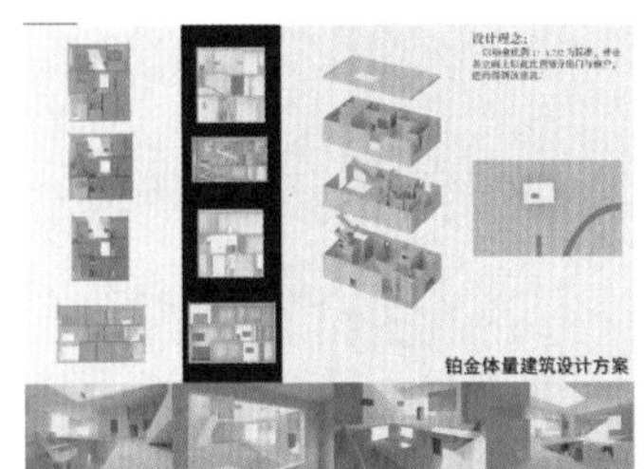

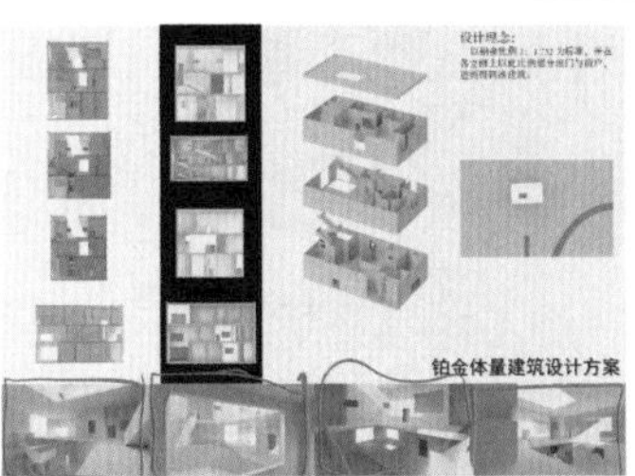

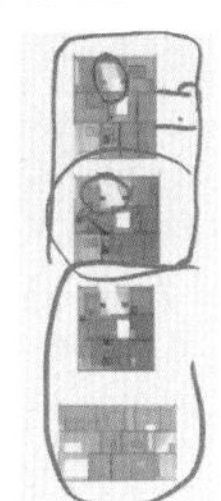

图 7.81~ 图 7.83

徐维真：第一个是用地 A 上的建筑设计方案图纸。

王老师：第一张图的图面效果还可以，但是左上角的建筑透视图处理得不够细致，与前面几位同学的图纸一样，建筑墙体出现了透视倾斜，没有垂直，这是不可以的（图 7.84）。图纸右侧的室内效果图的墙体同样出现了透视倾斜的问题，需要修改（图 7.85）。图纸底部的三张图表达得比较好，建筑的空间形态表现得比较丰富。第二张图的图面效果也不错，比较干净、规整，尤其是平面图和剖面图的空间感一目了然，线型也比较清晰（图 7.86）。图纸左侧的分层轴测图在竖直方向上同样出现了透视倾斜，这影响到了每层建筑的空间形态（图 7.87）。图纸左下角的鸟瞰图也出现了透视倾斜的问题。

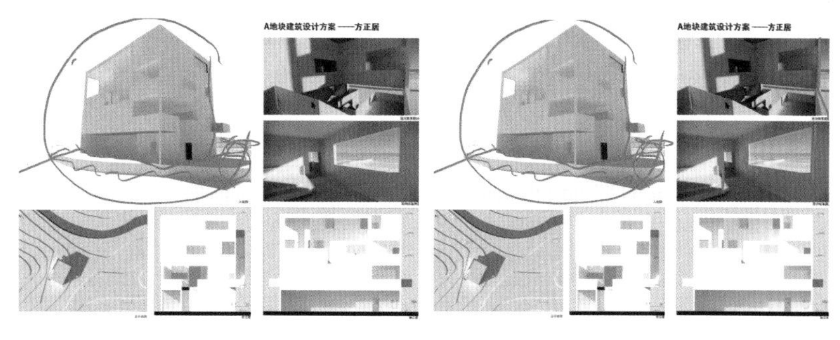

图 7.84、图 7.85

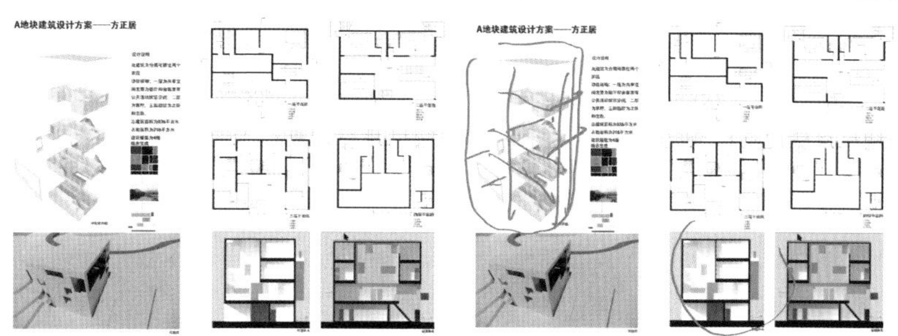

图 7.86、图 7.87

徐维真：第二个是用地 B 上的建筑方案设计图纸。

王老师：第一张图纸右上角的分层轴测图太小了，建议单独放在一张 A1 图纸上表达（图 7.88）。图纸左上角的透视图中，建筑形态的表现力不够，比如，建筑的体块关系、光影效果都没能很好地表现出来（图 7.89）。第二张图没有太大的问题，但是平面图上空间的使用缺少丰富性，目前你在几个房间里都摆了床，功能太单一了（图 7.90）。图纸顶部的建筑效果图表现的深度不够，你目前只是把渲染后的建筑模型摆在这里，这是远远不够的（图 7.91）。

徐维真：最后一个是用地 C 上的建筑方案设计图纸。

王老师：这张图的图面效果不够好，各个建筑图在图面上太平均了（图 7.92）。图纸左上角的建筑鸟瞰图，一方面过于平淡，没能把这个建筑的魅力表现出来，另一方面，建筑在图面上的表达不完整（图 7.93）。图纸底部的建筑立面设计得比较精彩，但是缺少光影变化，表现的深度不够，课后需要进一步完善。第二张图纸右侧的分层轴测图同样在竖向上出现了透视变形，需要修改（图 7.94）。图纸底部的平面图绘制得比较仔细，但是这两张图过于拥挤，完全可以单独放在一张 A1 图纸上表达（图 7.95）。另外，图面的色彩过于繁杂，冷暖色调不够统一。

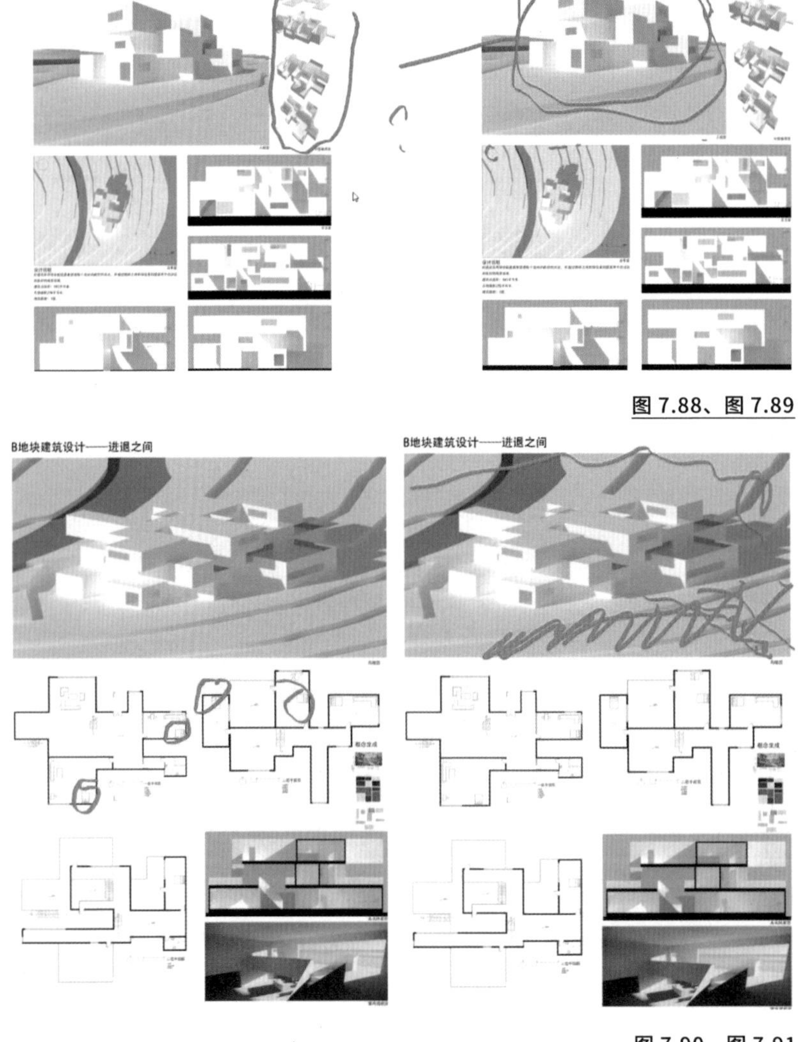

图 7.88、图 7.89

图 7.90、图 7.91

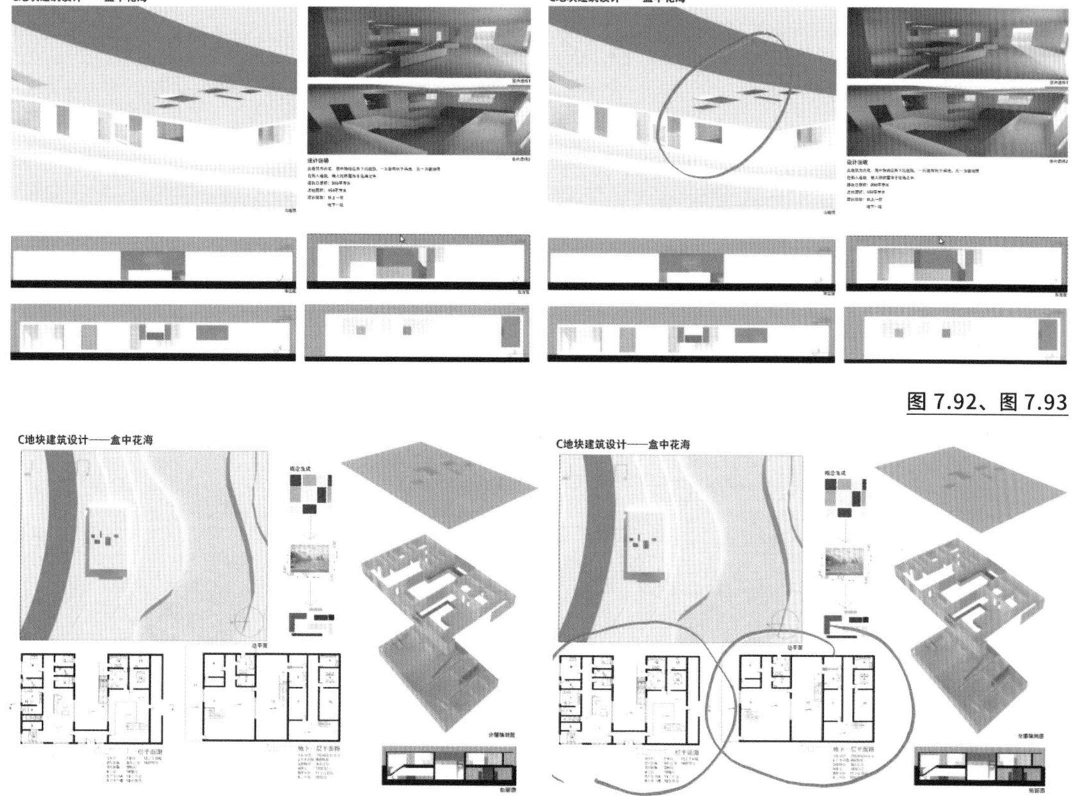

图 7.92、图 7.93

图 7.94、图 7.95

石丰硕：第一个是用地 A 上的建筑方案设计图纸。

王老师：第一张图纸的版面效果还不错，尤其是图纸上部的剖透视图（图 7.96），但是，剖透视图中的建筑细节没有表达完整，比如，其中楼板的厚度没有表达出来。这种线描图的表达方式是值得肯定的，如果把它画仔细了，相信这会是一张很精彩的图（图 7.97）。再者，图纸底部的立面图、室内透视图、总平面图挤在一起，每张图都太小了，可以把它们分别放在一张 A1 图纸上表达（图 7.98）。第二张图的图面效果比较清晰（图 7.99），但是整张图纸的构图过于拥挤，左侧的两个建筑剖透视图可以分别放在一张 A1 图纸上表现（图 7.100）。

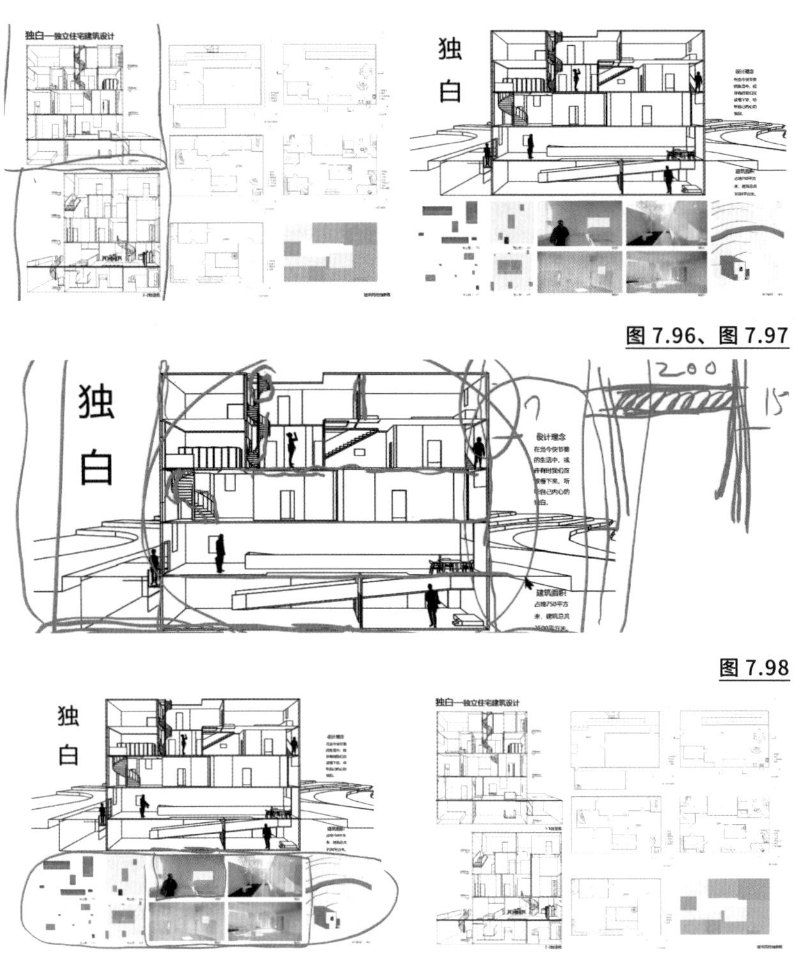

图 7.96、图 7.97

图 7.98

图 7.99、图 7.100

石丰硕：第二个是用地 B 上的建筑方案设计图纸。

王老师：这个方案的第一张图纸有些细节问题，比如，建筑透视图中的人物配景与建筑的比例关系失衡，图纸右下角的建筑立面图需要放大，否则无法将丰富的建筑形态表现出来（图 7.101）。第二张图纸的图面效果比第一张要好，但这些图排在一张图纸上太拥挤了，分层轴测图、平面图和剖面图可以分别在三张 A1 图纸上深入表现，目前这些图上的精彩之处表现得不够细致（图 7.102）。

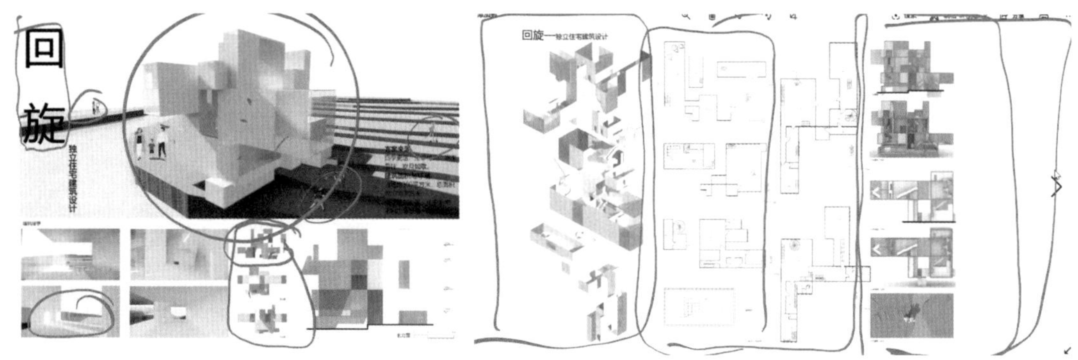

图 7.101、图 7.102

石丰硕：第三个是用地 C 上的建筑方案设计图纸。

王老师：第一张图纸的构图比较严谨（图 7.103），第二张图纸中的分层轴测图与平面图的图面版块距离太近，图纸底部的剖图面和平面图太过密集，建筑的空间形态没能表现出来（图 7.104）。其他同学可以参考一下石丰硕同学的这套图纸，虽然它们都是黑白线图，没有过多的装饰，但从图面效果来看很不错，这说明了版式构图的重要性。大家在图纸排版的时候，一定要遵循符合“宇宙法则”的网格体系，从一定层面上来讲，建筑设计和平面设计的形式法则是相互适用的。

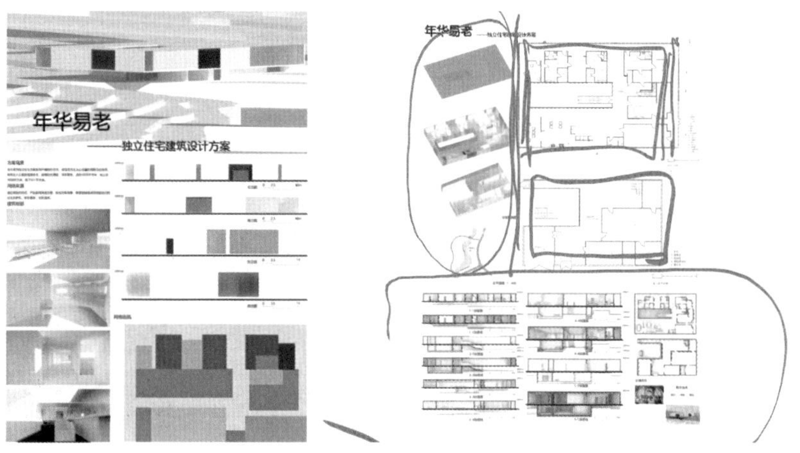

图 7.103、图 7.104

宁思源： 第一个是用地 C 上的住宅建筑方案设计图纸。

王老师： 第一张图纸上部的剖透视图效果还可以，把建筑内部空间的丰富性表现了出来，整个图面的色彩也比较统一（图 7.105）。图纸下部的建筑立面图和剖面图太小，不能充分表现建筑的内部空间和外部空间形态，建议单独在一张图纸上表现。第二张图纸中，右侧的平面图里的家具细节太多，家具一定要自己画，不能直接用 CAD 里的图块。图纸右下角的分层轴测图太小，需要单独在 A1 图纸上表现（图 7.106）。

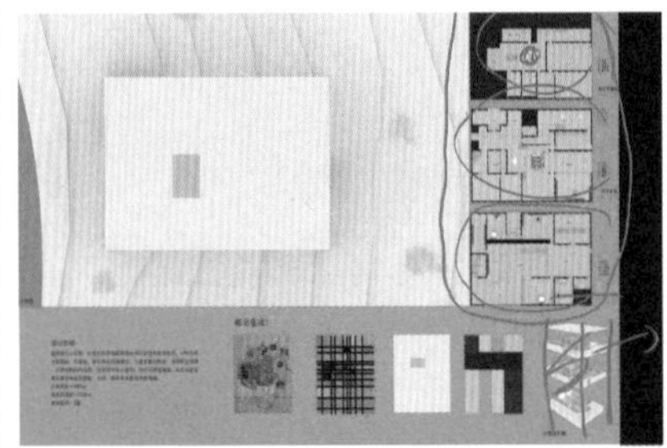

图 7.105、图 7.106

宁思源： 第二个是用地 B 上的住宅建筑方案设计图纸。

王老师： 第一张图纸的排版效果与第一个方案相比要差一些，图纸上部的建筑也出现了透视变形，需要重新调整，建议把图纸下部的分层轴测图单独放在一张 A1 图纸上表现（图 7.107）。第二张图纸的图面效果要好很多（图 7.108），但是，图纸右侧的建筑立面图、平面图和剖面图太小了，建筑设计的精彩之处没能表现出来，建议将它们分别放在一张 A1 图纸上表现。

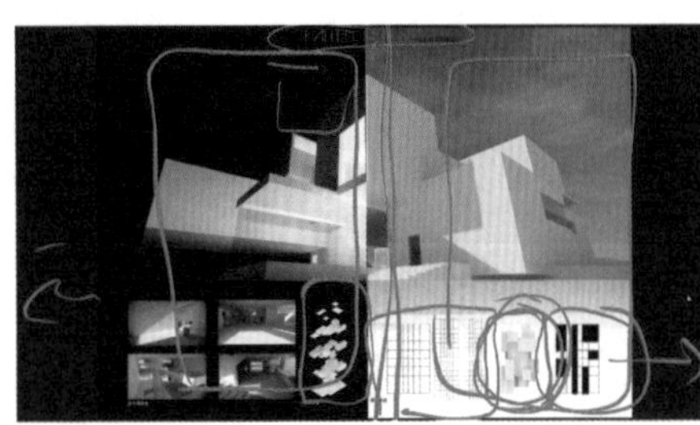
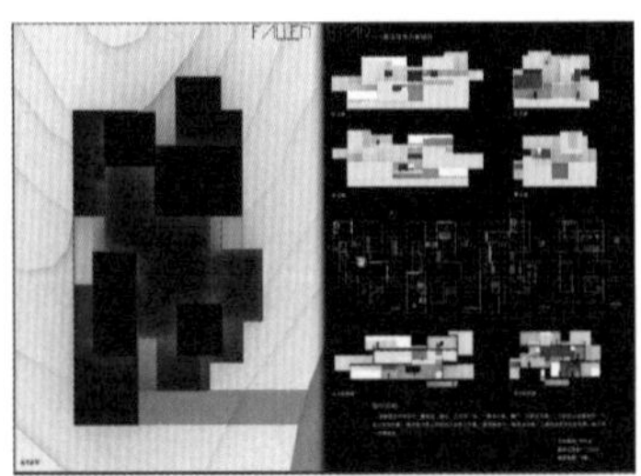

图 7.107、图 7.108

宁思源：第三个是用地 C 上的住宅建筑方案设计图纸。

王老师：第一张图纸的图面效果要相对弱一些，图纸上这几个建筑图的排版有些随意（图 7.109）。第二张图纸上部的建筑效果图中，建筑的光影、体块感没能表现出来，图中人物剪影的颜色与整个画面的色彩冲突较大。图纸下部的平面图、立面图等排版较为随意，问题较大（图 7.110）。

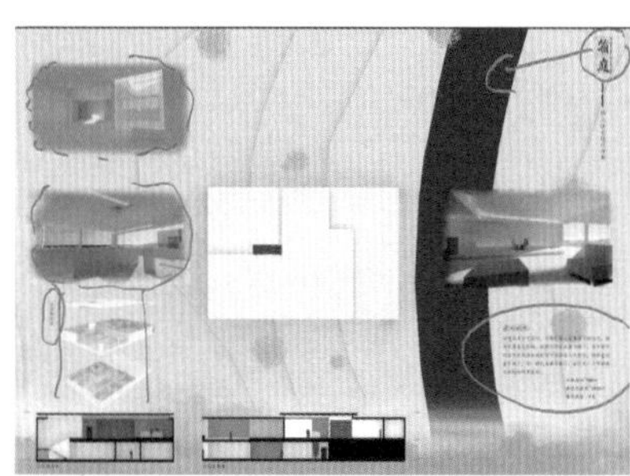

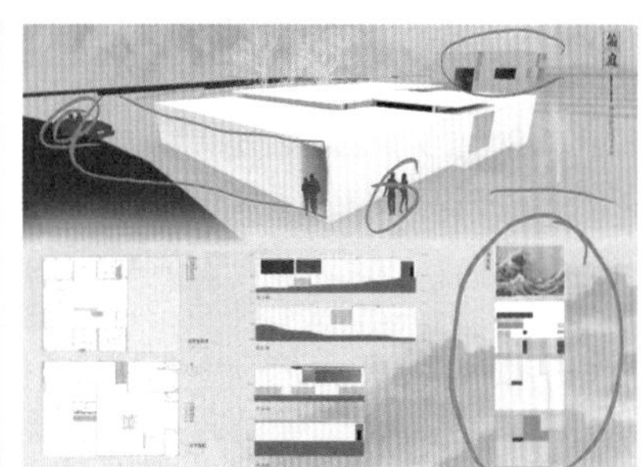

图 7.109、图 7.110

刘源：第一个是用地 A 上的住宅建筑方案设计图纸。

王老师：第一张图纸的排版比较严谨，但是图纸顶部的建筑效果图没有处理好，缺少光影效果（图 7.111）。第二个问题是图纸底部的室内透视图与其他图的表现风格不一致（图 7.112）。第二张图纸的排版同样比较严谨，但建筑剖面图太小，应当分别放在一张 A1 图纸上表现（图 7.113）。

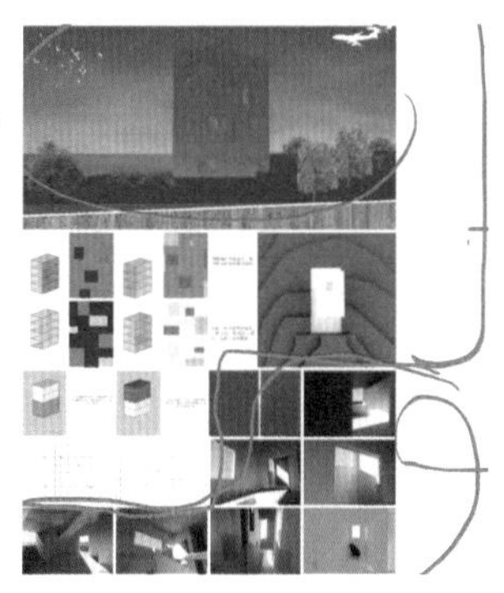

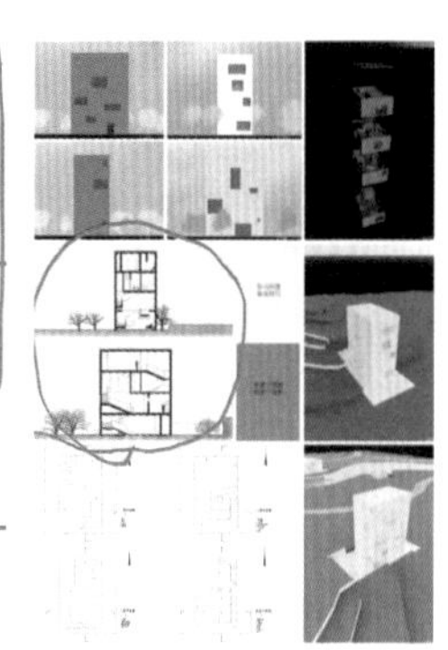

图 7.111~ 图 7.113

刘源：第二个是用地 B 上的住宅建筑方案设计图纸。

王老师：第一张图纸上的建筑总平面图色调太灰了，与其他图的表现方式不协调，右下角的四个建筑透视图的构图有些随意（图 7.114）。第二张图纸的版面效果虽然比较平均，但是这些图都遵循着同一种韵律。建筑剖面图、平面图应当分别放大在一张 A1 图纸上表现，目前这些图上的建筑细节没有表达清楚（图 7.115）。

刘源：最后一个是用地 C 上的住宅建筑方案设计图纸。

王老师：第一张图纸左上角的建筑效果图处理得比较好，建筑的体量感和光影效果都表现出来了。但是建筑鸟瞰图与前面几位同学的问题一样，建筑在竖向上出现了透视变形（图 7.116）。第二张图纸上的建筑剖面图里，配景中人的尺度与建筑尺度不协调，建筑立面图和平面图太小了（图 7.117）。

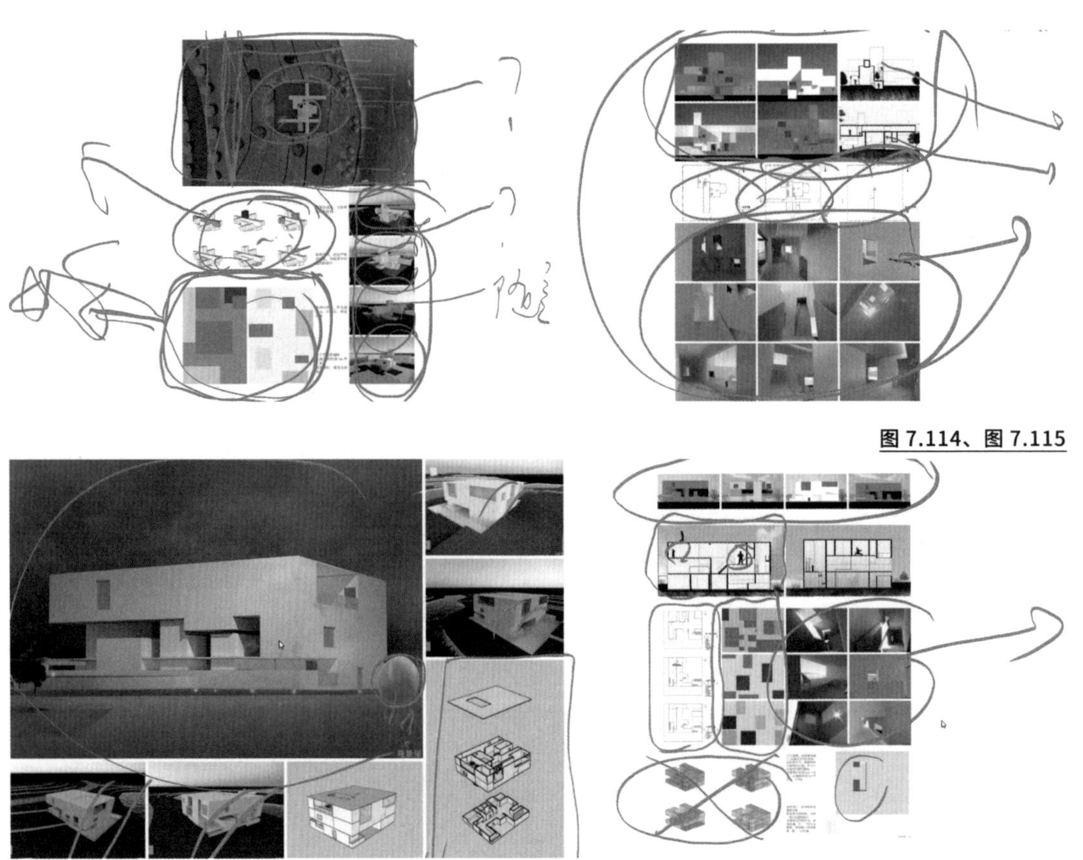

图 7.114、图 7.115

图 7.116、图 7.117

刘昱廷：第一个是用地 B 上的住宅建筑方案设计图纸。

王老师：这个方案用了线描图的表现方式，整体效果还不错。但是，第一张图纸中部的概念生成图和光影变化示意图都太小了（图 7.118）。图纸上部的建筑剖透视图和底部的建筑剖面图表现得都不错，能够把空间的丰富性展现出来。第二张图纸左上角的“业主介绍”部分与旁边的建筑总平面图放在一起有些冲突，这部分的文字有些抢镜（图 7.119）。右侧平面图里的家具需要自己画，不能直接用 CAD 里的图块。第三张图纸左侧的分层轴测图的轮廓线有些粗，细一些会更协调（图 7.120）。

刘昱廷：第二个是用地 A 上的住宅建筑方案设计图纸。

王老师：这套图纸的风格采用了蓝色插画风，与前一个方案图纸的区别比较明显。但是第一张图纸左上角的字体偏大，这部分内容看起来有些抢镜。图纸底部的建筑剖面图表现得比较好，能够展出建筑内部空间的丰富性（图 7.121）。第二张图纸的整体效果比较好，但是室内空间效果图的表现风格与其他建筑图的线描风格不协调（图 7.122）。第三张图纸的图面效果相比于前两张要弱一些，图纸上部的建筑剖透视图与底部的建筑立面图的表现风格不统一（图 7.123）。

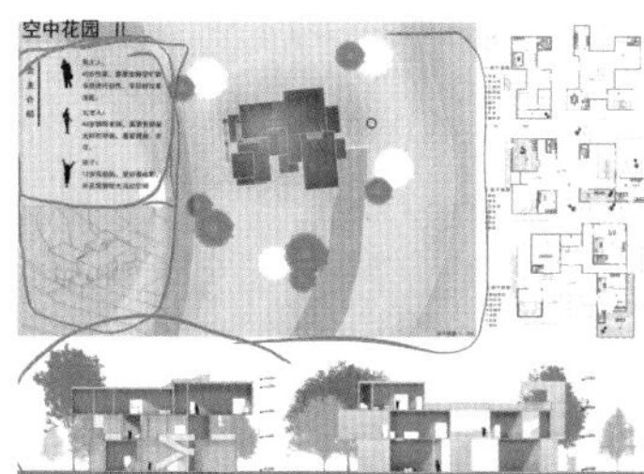

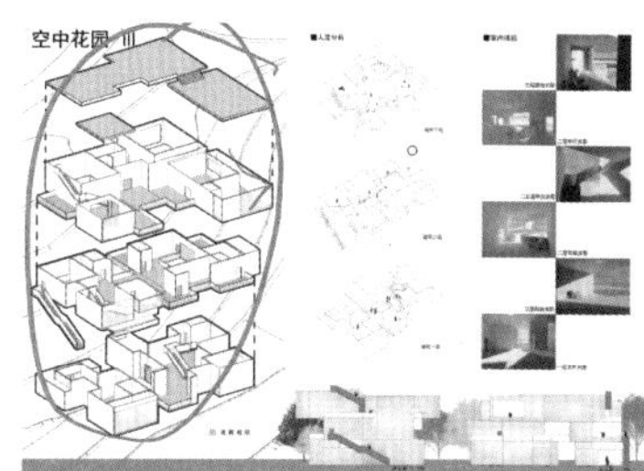

图 7.118~ 图 7.120

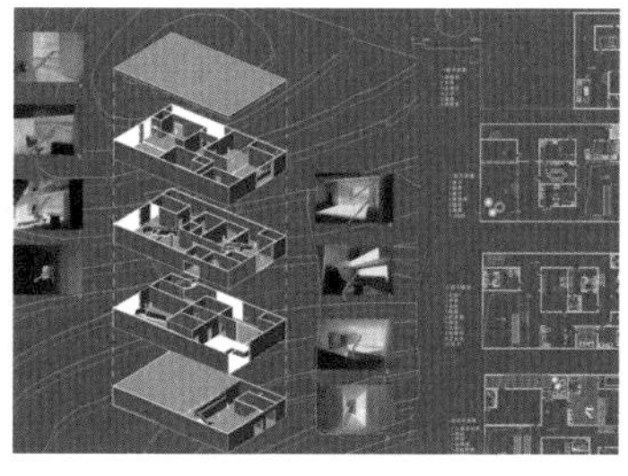

图 7.121~ 图 7.123

刘昱廷：最后一个是用地 C 上的住宅建筑方案设计图纸。

王老师：第一张图纸左侧的“业主介绍”与前两个方案图纸中的内容采用的是同一种表现方式，区分度不够（图 7.124）。右侧平面图中，对应庭院上部楼板的投影线应该用虚线表现出来。第二张图纸上的室内空间效果图与其他建筑图的表现风格不够统一（图 7.125）。再者，你用了建筑地形的环境做图面背景，装饰性太强，这在我们这个训练中是不允许的。

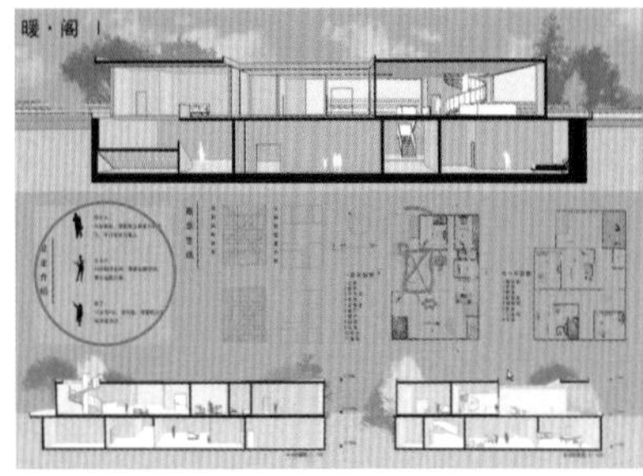

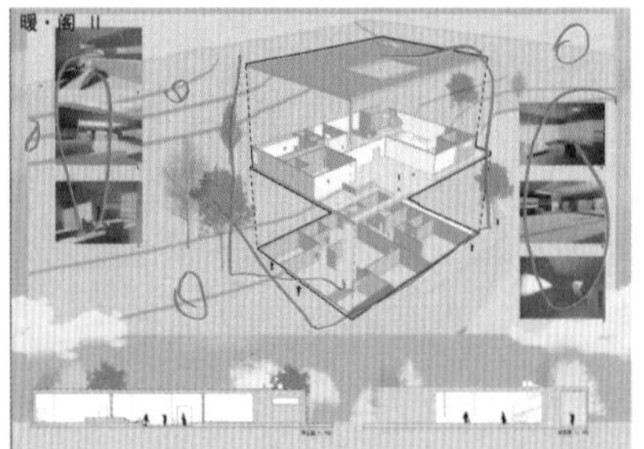

图 7.124、图 7.125

梁润轩：用地 A 上的建筑形式让我修改得不符合“完形方体几何形态”的要求了，所以那个方案还在修改中，这节课我先展示用地 B、C 上的两个建筑方案的图纸绘制情况。第一个是用地 B 上的住宅建筑方案设计图纸。

王老师：第一张图纸的版面效果还可以，尤其是建筑总平面图把建筑空间形态穿插的体块关系表达得比较清晰，但是，建筑平面图的排版有些拥挤，这些图可以分别在两张竖版 A1 图纸上表现，这样可以把建筑的细节表达得更加细致（图 7.126）。第二张图纸的问题与第一张有些像，建议将分层轴测图、立面图和剖面图分别在三张图纸上表现（图 7.127）。

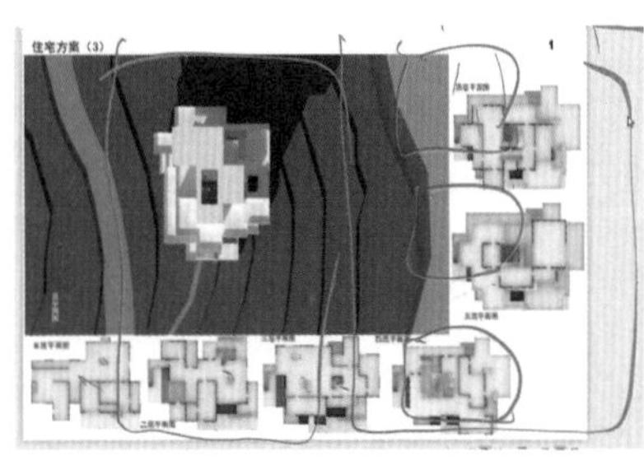

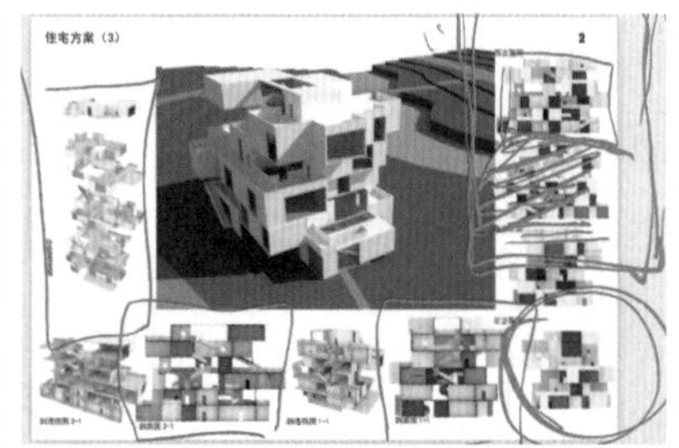

图 7.126、图 7.127

梁润轩：第二个是用地 C 上的住宅方案设计图纸。

王老师：这个方案的版面构图不理想。第一张图纸上部的建筑总平面图如果单独放在一张图纸上，表现会更出彩，图纸下部的建筑平面图同样分别放在一张 A1 图纸上表达（图 7.128）。第二张图纸的问题比较多，图纸底部的剖透视轴测图最好是正向剖透视图，目前的这种表现方式无法将建筑的空间魅力展现出来。右侧建筑立面图的地面部分比例太大，一定要缩小（图 7.129）。

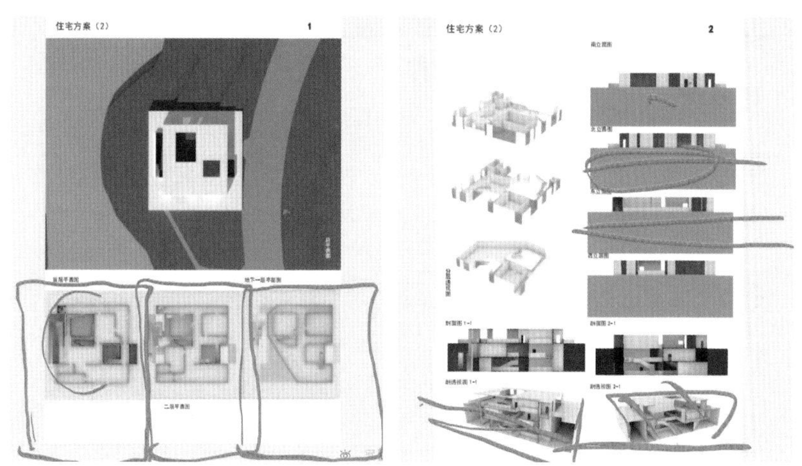

图 7.128、图 7.129

李凡：第一个是用地 C 上的住宅方案设计图纸。

王老师：首先，第一张图纸上的建筑效果图在竖向上出现了透视倾斜，从设计角度来看，这个效果图上建筑洞口边缘的宽度都一样，缺少韵律感（图 7.130）。其次，这个建筑立面上的洞口的高宽比也不符合美的数学比例关系（图 7.131），需要重新在之前的网格体系内进行推敲。第二张图纸上的红色标注符号及文字与绿色配景的色调冲突较大，而玻璃又都用了蓝色，整张图纸的色彩太杂，需要调整成统一的色调。再者，这张图纸上的内容太多，每个建筑图都太小了，这些图需要在几张图纸上分别表现才能把建筑信息表达得更清晰（图 7.132）。

图 7.130、图 7.131

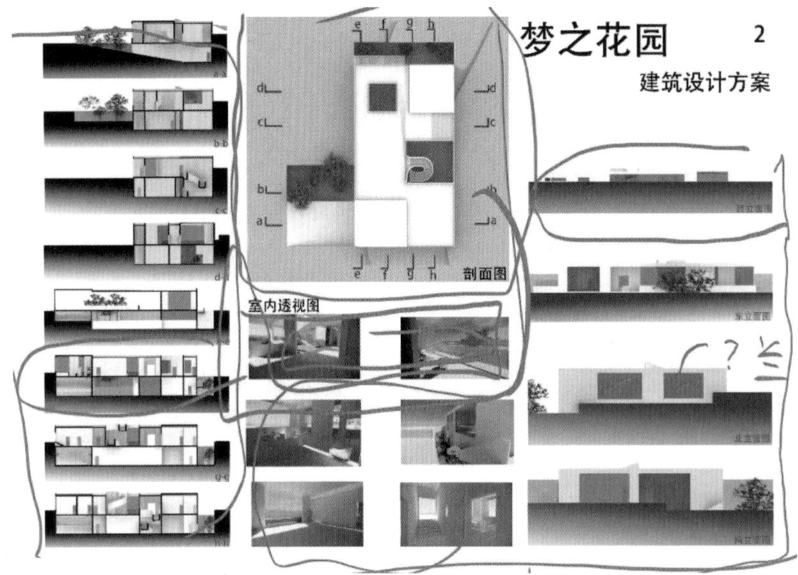

图 7.132

李凡：第二个是用地 B 上的住宅方案设计图纸。

王老师：第一张图纸的标题字体太过花哨，这样复杂的字体对建筑的视觉表现力产生了影响（图 7.133），建议将这些字体改为简洁风格。另外，这张图的色调太暗，主体建筑的轮廓无法展示清楚。第二张图纸上的标题字体存在同样的问题。图纸右上角的剖透视图需要正视角度，目前这种视角导致内部空间出现了变形，无法充分展现空间的魅力（图 7.134）。立面图、剖面图太小了，没有把建筑丰富的形态表现出来，建议单独在 A1 图纸上表现。第三张图纸上的建筑平面图的线型区分得不够清晰，图也太小了（图 7.135）。

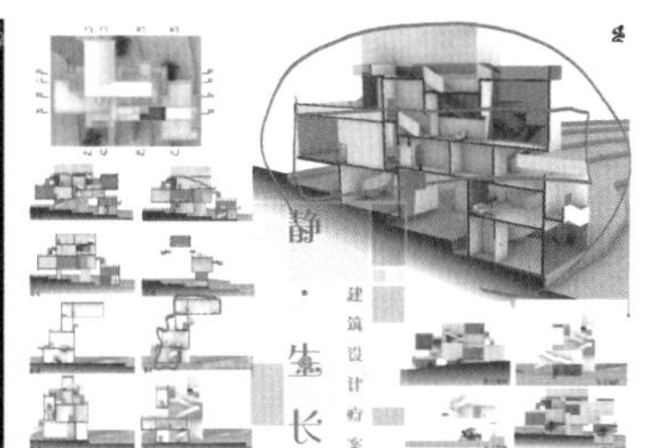

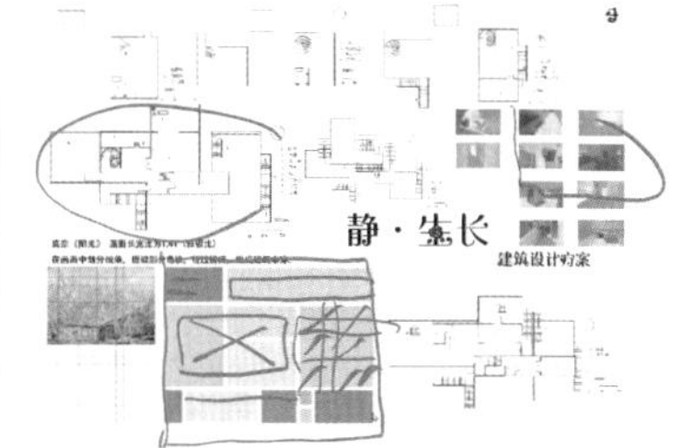

图 7.133~ 图 7.135

李凡：第三个是用地 A 上的住宅方案设计图纸。

王老师：第一张图纸上的建筑效果图也出现了透视倾斜的问题，需要调整过来（图 7.136），而且效果图上的配景树遮挡了建筑，这也是需要调整的。第二张图纸左侧的分层轴测图在竖向上也出现了透视变形。事实上，这张图纸上的建筑图都很精彩，但是这些图太小了，建筑的精彩之处没有展现出来（图 7.137）。另外，建筑图上的配景树太多，整个图纸的表现缺少艺术性。

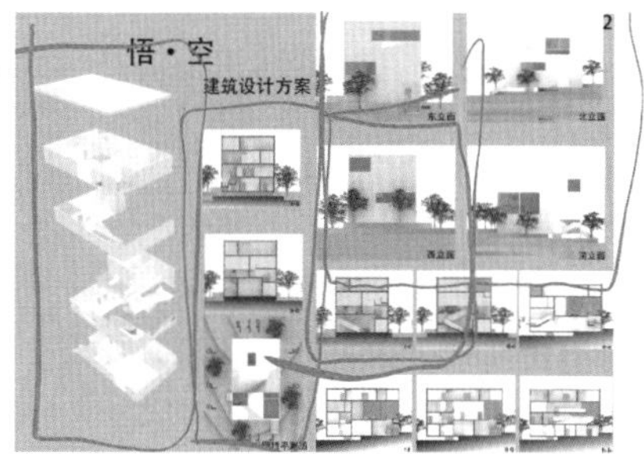

图 7.136、图 7.137

金奕天：第一个是用地 A 上的住宅建筑设计图纸。

王老师：这张图纸与李凡同学的建筑效果图一样，都出现了建筑透视倾斜的问题，而且这个效果图缺少表现力，没有把建筑应有的设计魅力表现出来（图 7.138）。图纸右下角的建筑剖透视图是这些图中最好的，能够把建筑内部空间的丰富形态表现出来，但是图的细节表达不够深入，比如，墙体、楼板的厚度都没有表达准确。第二张图纸的问题较多，左上角和右下角的室内效果图太大，有些喧宾夺主。图纸右上角的建筑立面图展示出了建筑的设计魅力，但建筑的周围环境有些烦琐，削弱了建筑的立面效果。左下角平面图的线型没有区分好，图上家具的线宽都超过了墙体的线宽（图 7.139）。另外，同学们需要注意，在图纸排版构图的时候，不仅要保证每张图的排版都在网格结构中，还要注意每张图中的图形要素的边线，也要与这套网格结构的比例相协调。第三张图纸的版面效果不好，左上角和右下角的建筑平面图里的楼梯、门、家具的比例关系也不协调，这些细节需要进一步去调整（图 7.140）。

金奕天：第二个是用地 C 上的住宅建筑设计图纸。

王老师：第一张图纸的排版效果比第一个方案要好，尤其是右上角的两个建筑效果图比较有视觉张力（图 7.141）。但有一个问题，图纸上的所有图都是横长形，右下角的文字版式却是竖向构图，整体构图缺少一致性。第二张图纸上室内效果图的构图中，左右图形要素过于平均，没有形成视觉张力，建议你尝试调整这个室内效果图的左右比例关系（图 7.142）。图纸左下角的建筑平面图表达的深度不够，没有布置室内家具。

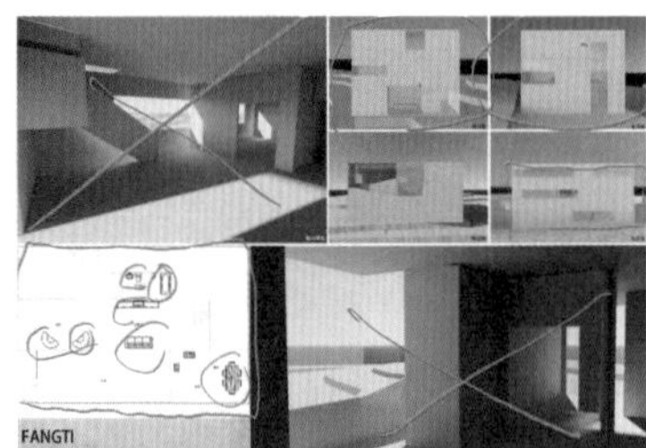

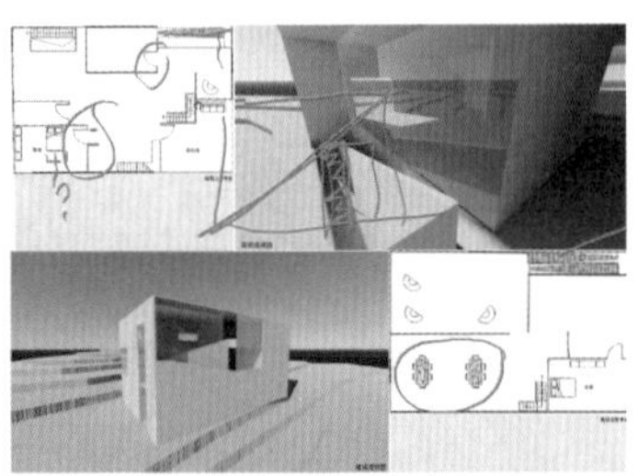

图 7.138~ 图 7.140

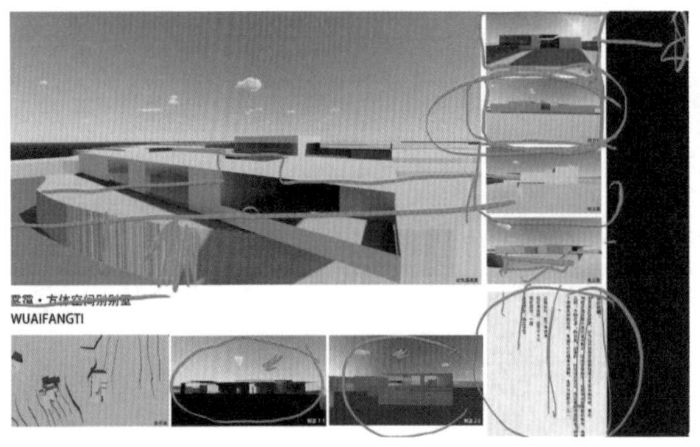

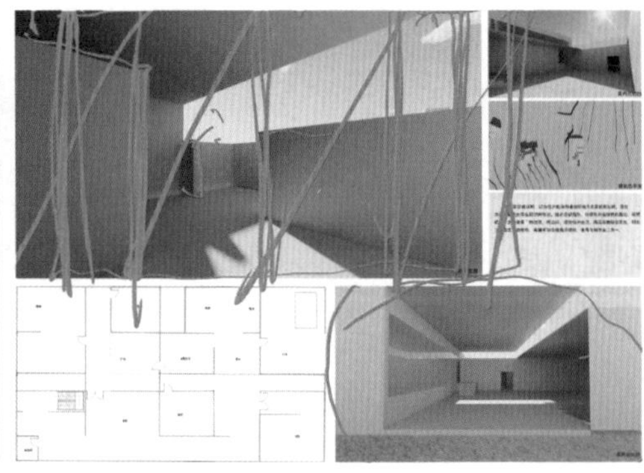

图 7.141、图 7.142

金奕天：第三个是用地 B 上的住宅建筑设计图纸。

王老师：第一张图纸上部的建筑效果图里，出挑深远的建筑体块有些不符合力学逻辑，目前的这种状态像一座雕塑，缺少建筑感，而且出现了透视倾斜的问题（图 7.143）。图纸中间右侧的建筑效果图比较有建筑感，建议将这张图作为整张图纸的主要表现图。第二张图纸上部的建筑剖透视图不是表现正面视角的空间效果，目前的这种效果并不理想（图 7.144）。图纸左下角的建筑效果图的建筑感比较好，建议将它作为整张图纸的主要表现图。图纸中部的建筑平面图表现的深度不够，室内空间也没有布置家具。

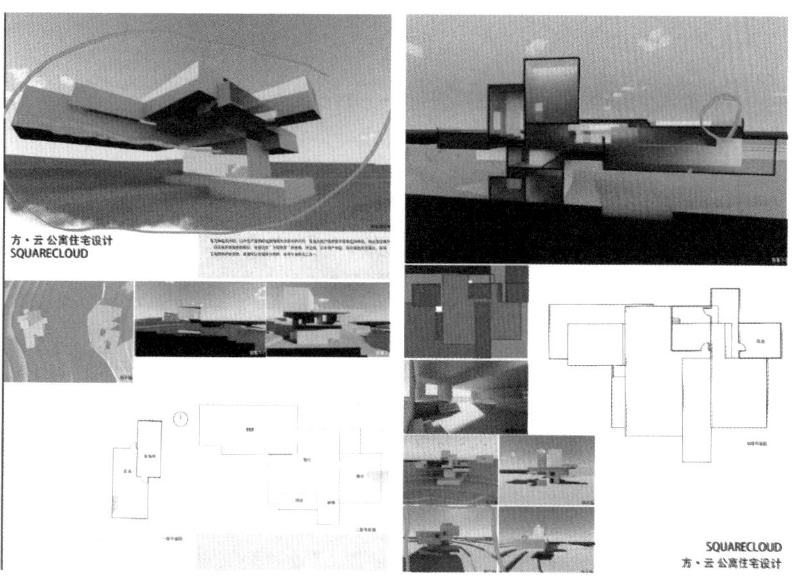

图 7.143、图 7.144

董嘉琪：第一个是用地 C 上的住宅建筑设计图纸。

王老师：第一张图纸的图面效果还可以，图纸顶部的建筑鸟瞰图和底部的建筑透视图能够把建筑的设计魅力表现出来，但是图纸中部的室内透视图没能表现出室内空间的丰富性（图 7.145）。第二张图纸的构图太拥挤，尤其是右上角的建筑鸟瞰图太小，不能体现出这座建筑的空间形态（图 7.146）。

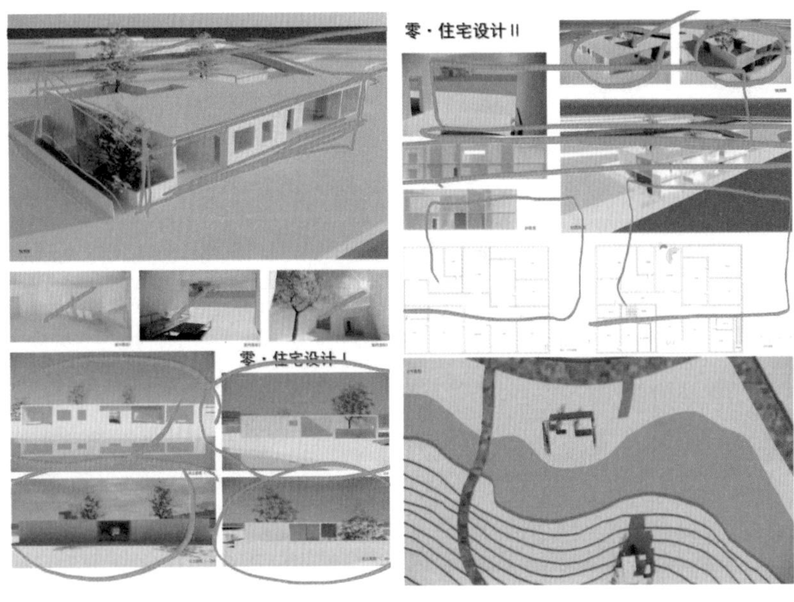

图 7.145、图 7.146

董嘉琪：第二个是用地 B 上的住宅建筑设计图纸。

王老师：第一张图纸整体的构图效果不错，但是建筑效果图中的细节表达得不够仔细，而且建筑在竖向上出现了透视倾斜（图 7.147）。第三张图纸中的建筑平面图表达的深度不够，室内家具没有布置（图 7.148），左侧室内透视图的空间视角的选取不够讲究，没有表现出内部空间的魅力。

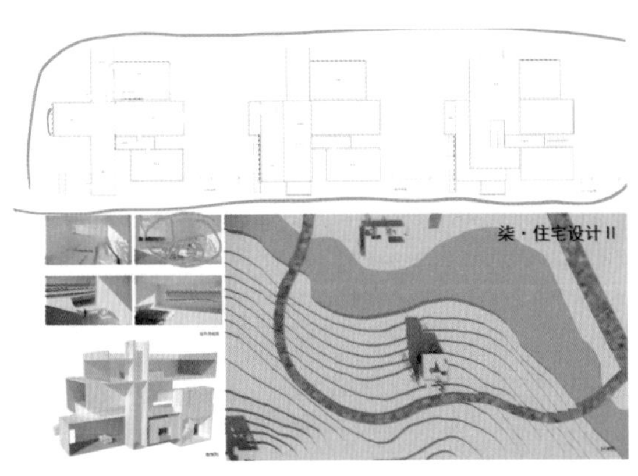

图 7.147、图 7.148

董嘉琪：第三个是用地 A 上的住宅建筑设计图纸。

王老师：第一张图纸上部的建筑效果图也出现了建筑透视倾斜的问题（图 7.149），但是底部的建筑立面的设计感表现得还不错。第二张图纸中，建筑平面图的线描风格与室内透视图的表现风格不一致，你可以参考一下其他建筑图的表现方式（图 7.150）。另外，平面图表达的深度不够，没有布置室内家具。

初馨蓓：第一个是用地 A 上的住宅建筑设计图纸。

王老师：第一张图纸上的建筑效果图的构图效果还可以，但是配景树的比例偏大，地形处理得也不够细致（图 7.151）。图纸底部中间的两个室内透视图的空间感很不错，但是两侧的空间感较弱，需要重新选择一下空间视角。第二张图纸的版面效果比较好（图 7.152），但是图纸右上角的分层轴测图太小了，可以单独在一张 A1 图纸上表现。右下角的建筑平面图的角部出现了抹角斜向墙体，这在我们这个训练中是不允许的，它破坏了方形体块的完形性，需要修改。

初馨蓓：第二个是用地 B 上的住宅建筑设计图纸。

王老师：第一张图纸上的建筑效果图的表现风格与其他建筑图的风格不统一，建议你把它单独放在一张图纸上表现（图 7.153）。再者，这个效果图下边的建筑立面图太小了，不能表现出丰富的建筑形态，也可以将它们单独放在一

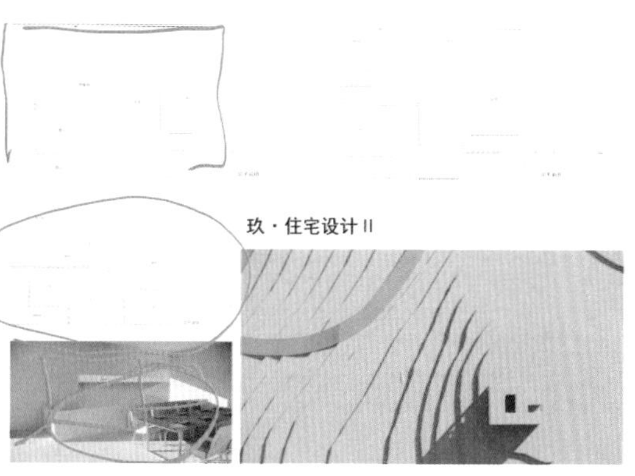

图 7.149、图 7.150

张图纸上表现。底部的室内效果图选取的空间视角不理想，建议选取正视角度来表现空间的氛围。第二张图纸的版面构图主次分明，视觉效果有一定的节奏感（图 7.154），但是图纸上的剖面图、立面图太小了，建筑形态的魅力没能表现出来。

初馨蓓：最后一个是用地 C 上的住宅方案设计图纸。

王老师：第一张图纸的建筑效果图缺少表现力，从建筑立面的设计角度来看，这个建筑的构图还需要继续在网格体系内推敲（图 7.155）。第二张图纸的版面构图比第一张要好（图 7.156），但是图纸中的剖面图、平面图和分层轴测图都太小了，没能表现出建筑空间的丰富性，也需要单独放在一张图纸上表现。

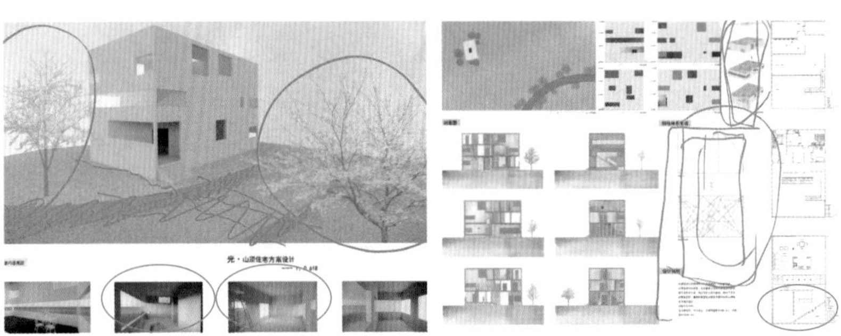

图 7.151、图 7.152

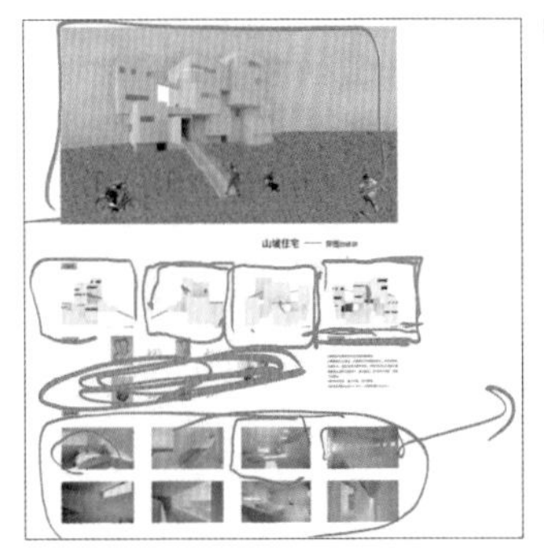

图 7.153、图 7.154

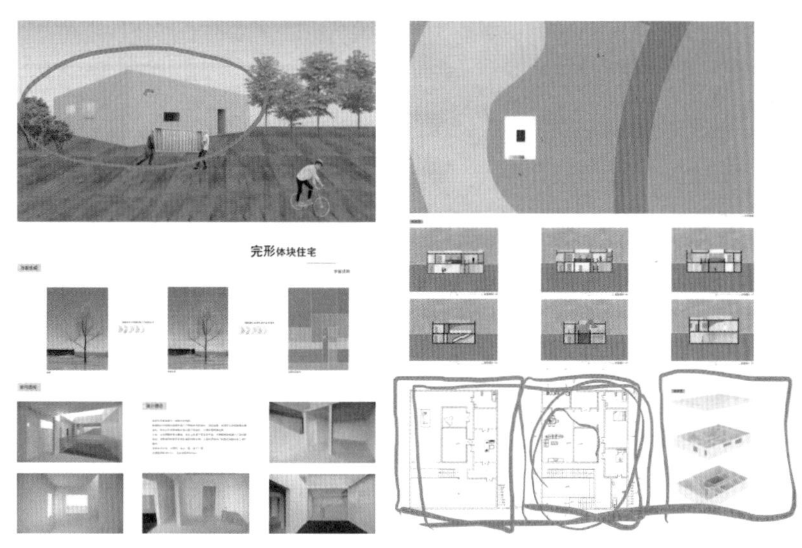

图 7.155、图 7.156

2. 问题的浮现

王老师：同学们在三天内完成了三个方案的图纸表达，说明大家很努力地去做了。看完同学们的方案，主要有几个问题：（1）建筑面积和尺度，同学们课后需要认真核实这两个方面的建筑空间要素；（2）建筑效果图的表现方式，一定要保证建筑墙体不会出现透视倾斜，墙体要平行于图纸的竖向边缘；（3）图纸构图要严格按照网格体系进行排版，注意图面效果要主次分明；（4）每个相关的建筑图都不能太小，版面构图不能太拥挤，否则建筑细节无法清晰地表现出来；（5）建筑剖透视图一定要选取正视的空间视角进行表现，不能出现视角倾斜；（6）图面色调要统一，图纸中颜色不能太多；（7）建筑平面图、剖面图中的细节表现要有深度，目前还存在线型区分度不够、平面图里没有布置家具等问题。

最后给同学们一点学习建议，大家在建筑学的学习过程中，一定要动手去做，不要只停留在思考的阶段。只有尝试去画图、做模型，才能刺激我们的大脑去思考，如果只思考、不动手去做的话，同学们的思维会被限制住。另外，对于今天课上出现的建筑表现图的问题，同学们应当充分利用网络去学习。网上有丰富的学习资源，你们可以找一个参考对象，然后通过模仿来表现自己的图纸。目前来看，同学们的图纸表现缺少艺术性，对图纸表现的学习，模仿是最简捷的学习途径，随着模仿的熟练程度逐渐提升，同学们会逐渐形成自己的表现风格。

第八章

最终呈现

以下是参加本次教学训练的 2019 级“ADA 建筑实验班”的 15 位同学为期 4.5 周的建筑方案设计成果。每位同学完成了 3 个方案设计作业，在此作为教学训练成果供读者评阅。

初馨蓓同学用地 A 住宅建筑设计方案

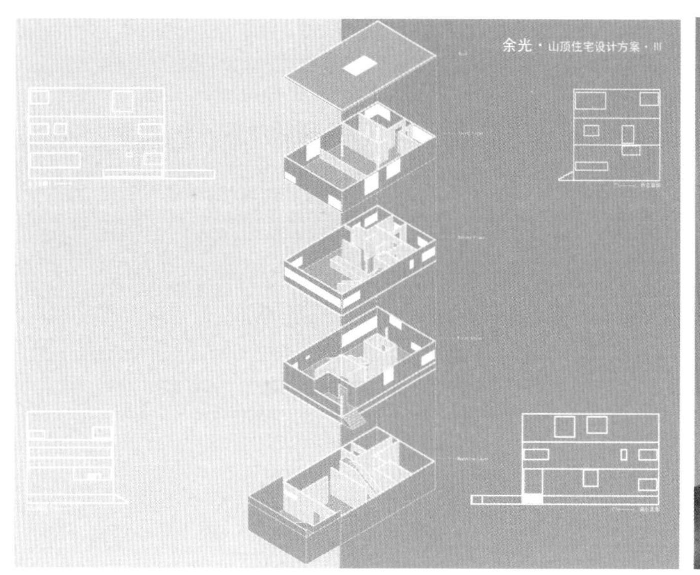

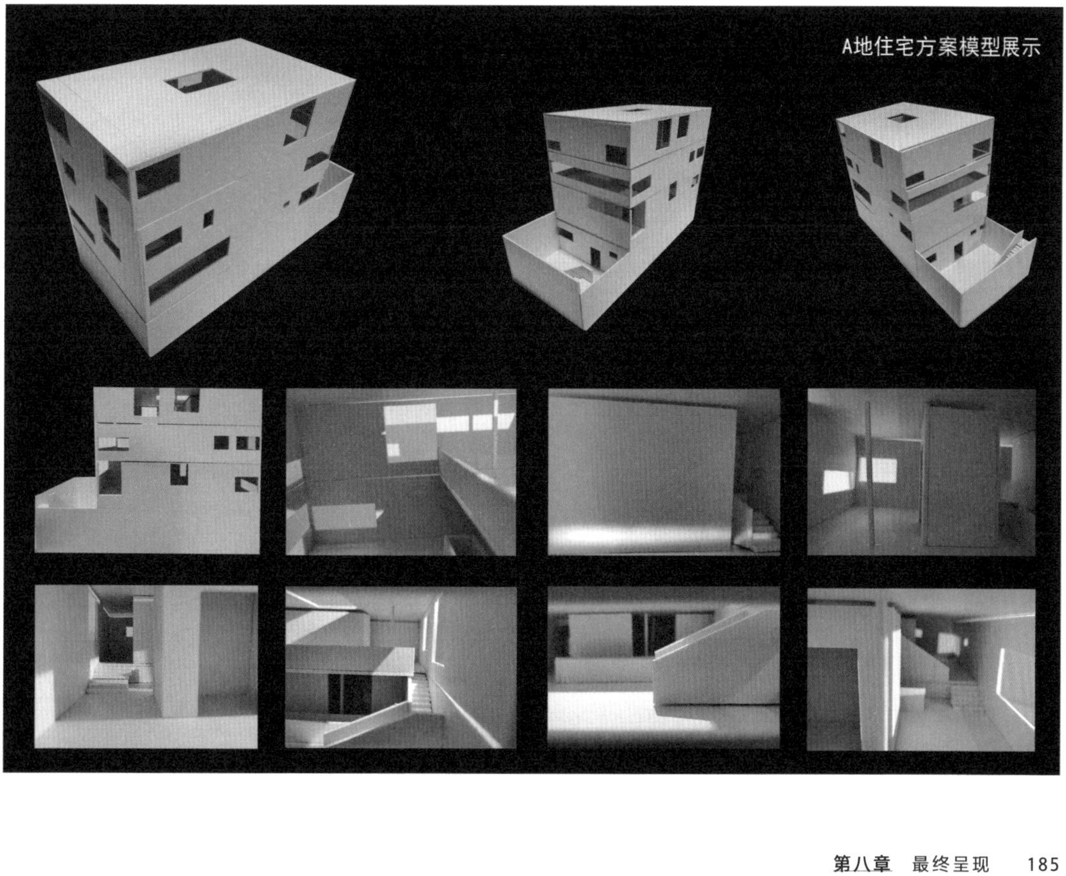

A地住宅方案模型展示

初馨蓓同学用地 B 住宅建筑设计方案

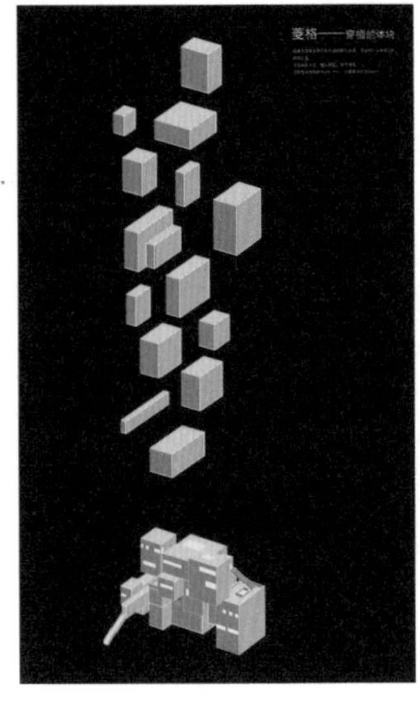

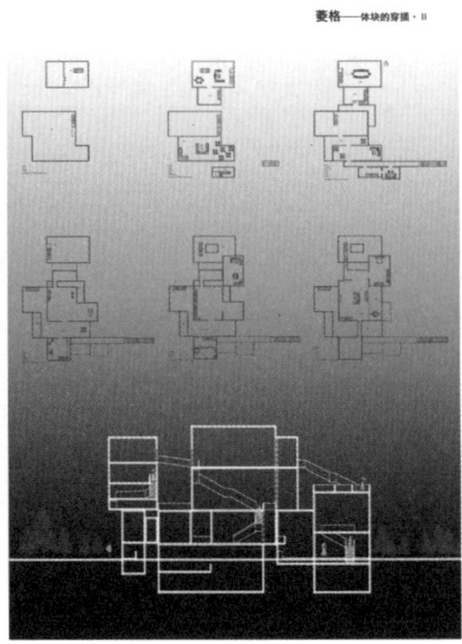

B地住宅方案模型展示

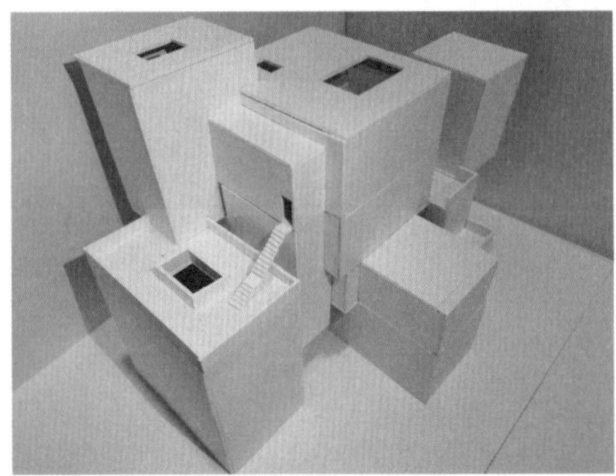

初馨蓓同学用地 C 住宅建筑设计方案

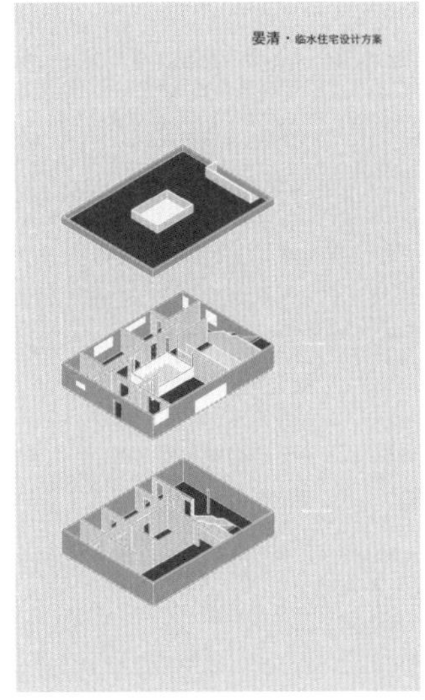

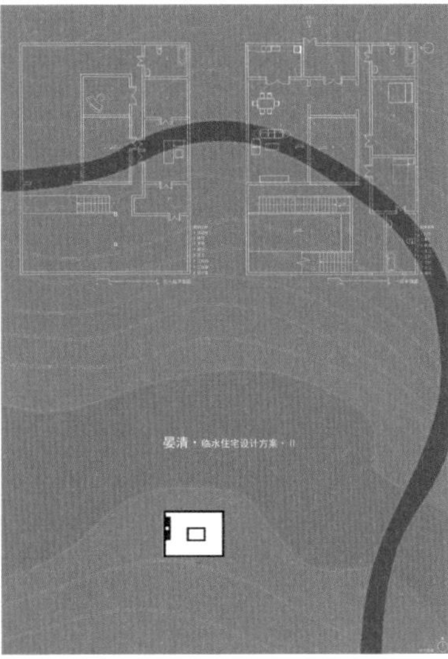

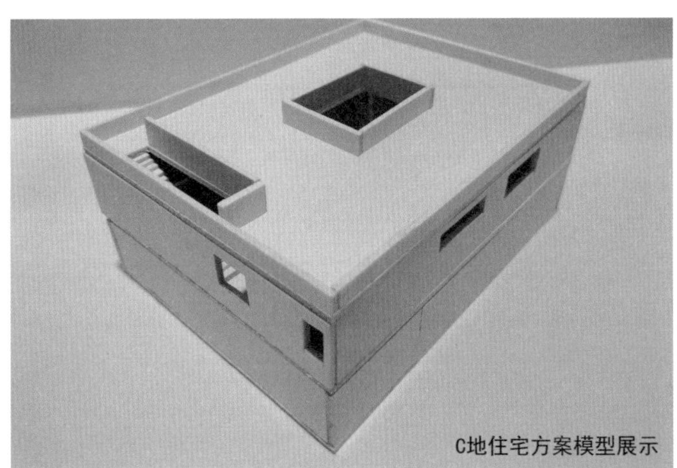

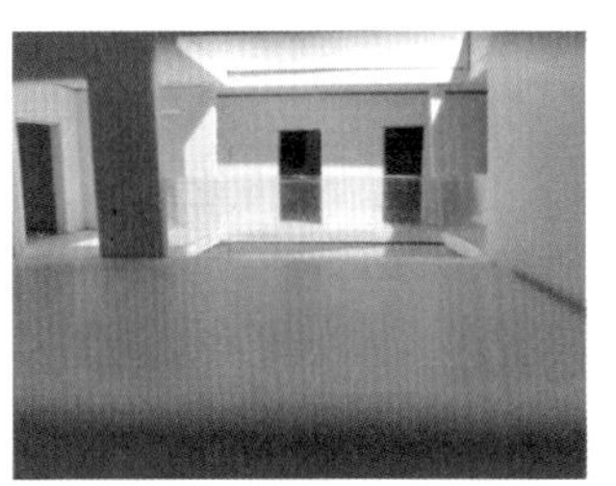

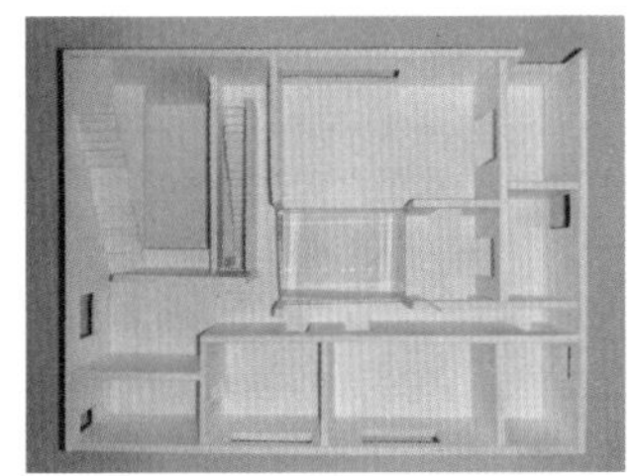

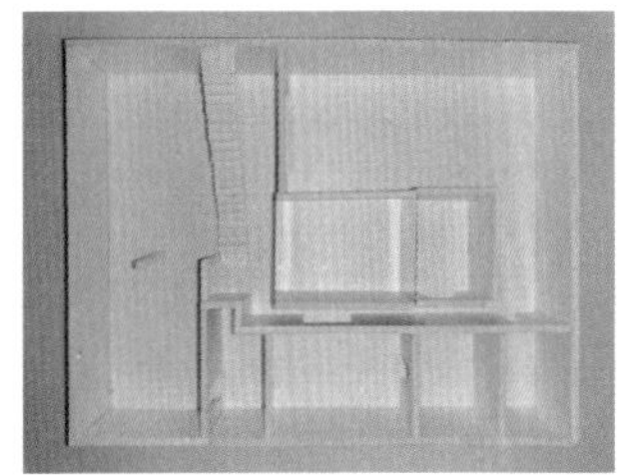

石丰硕同学用地A住宅建筑设计方案

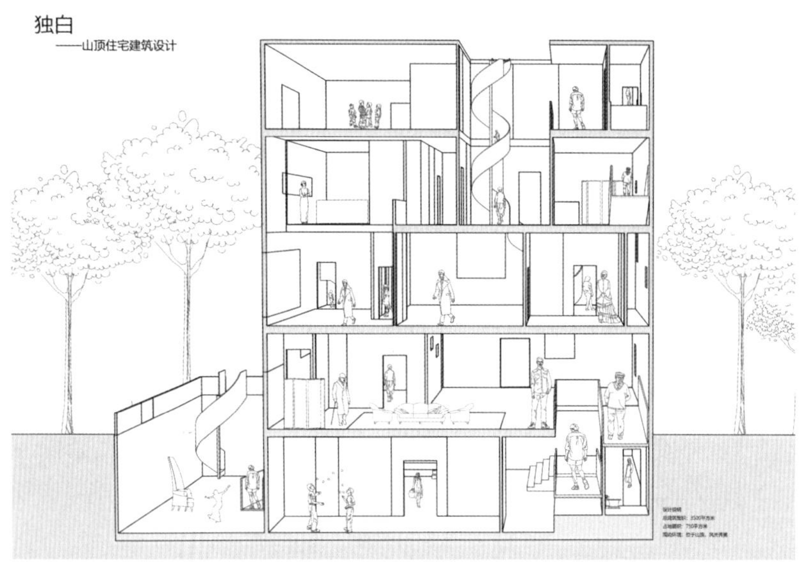

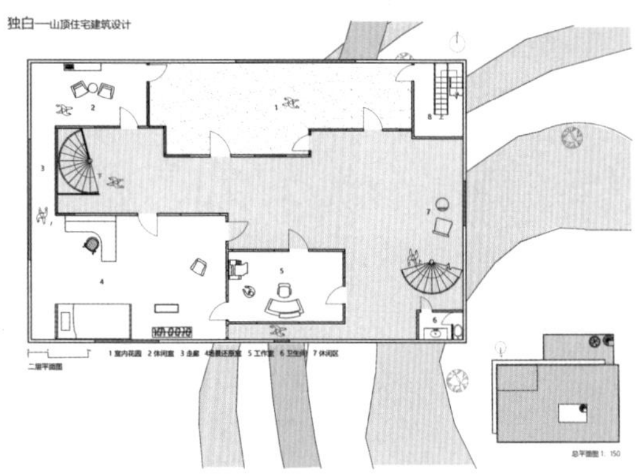

独白—山顶住宅建筑设计

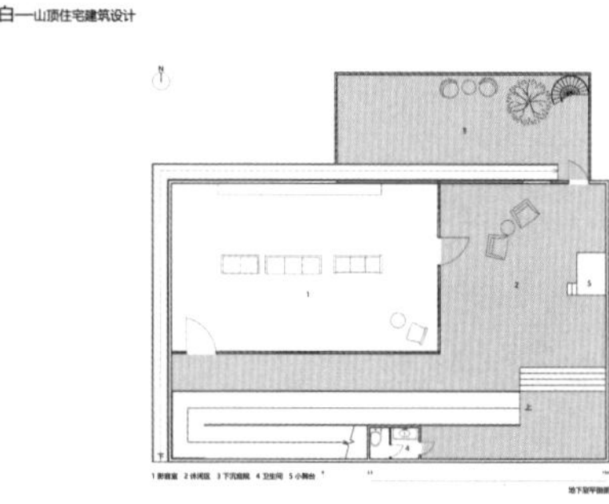

1 影视室 2 休闲区 3 下沉庭院 4 卫生间 5 小舞台

地下层平面图

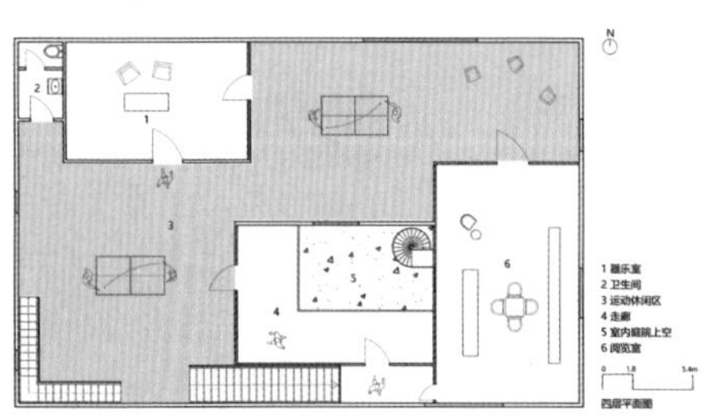

独白—山顶住宅建筑设计

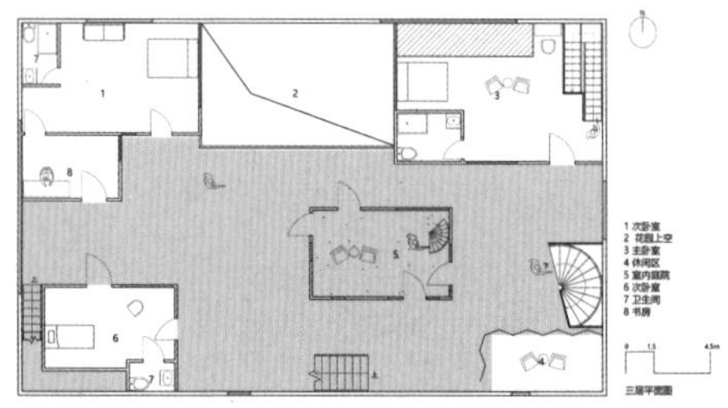

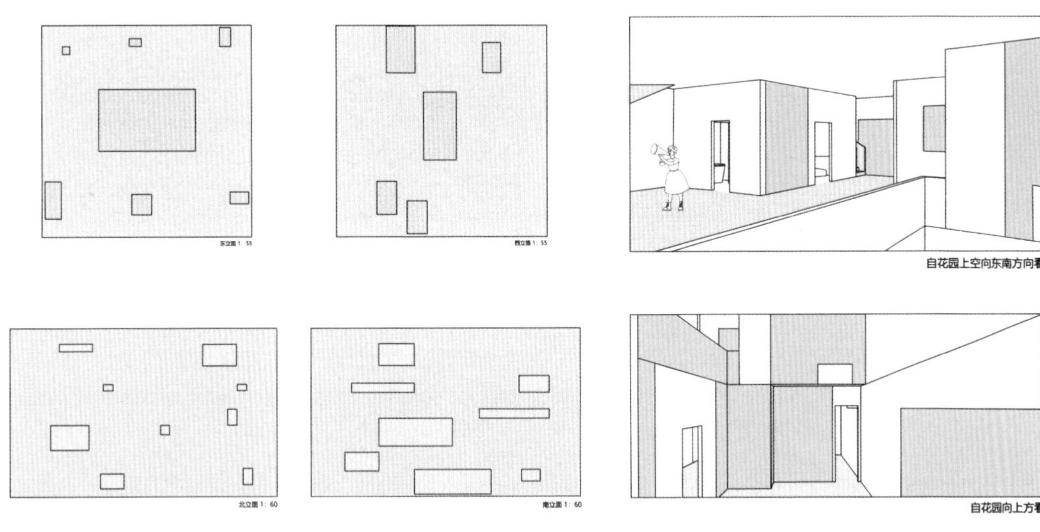

自花园上空向东南方向看

自花园向上方看

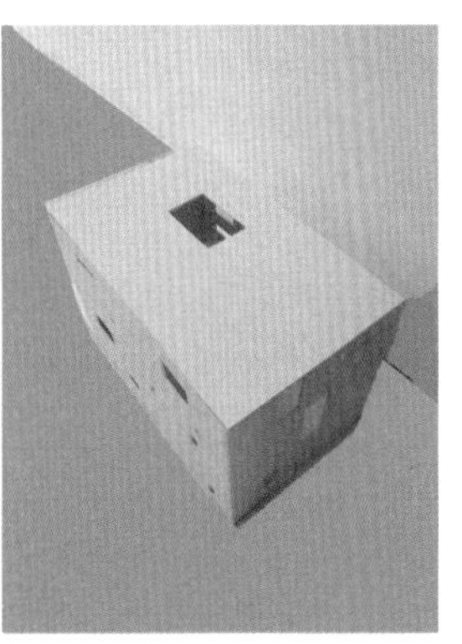

石丰硕同学用地 B 住宅建筑设计方案

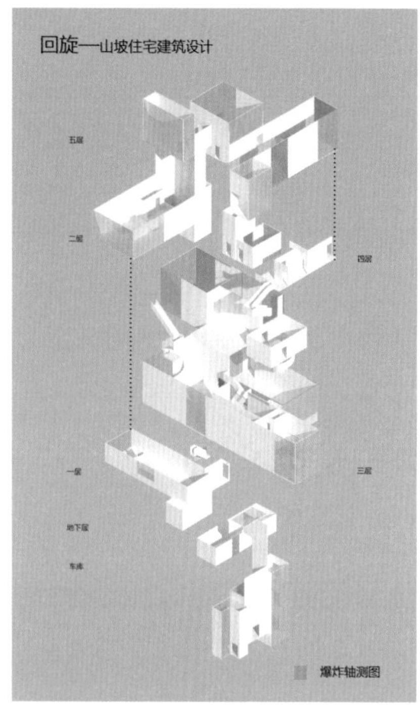

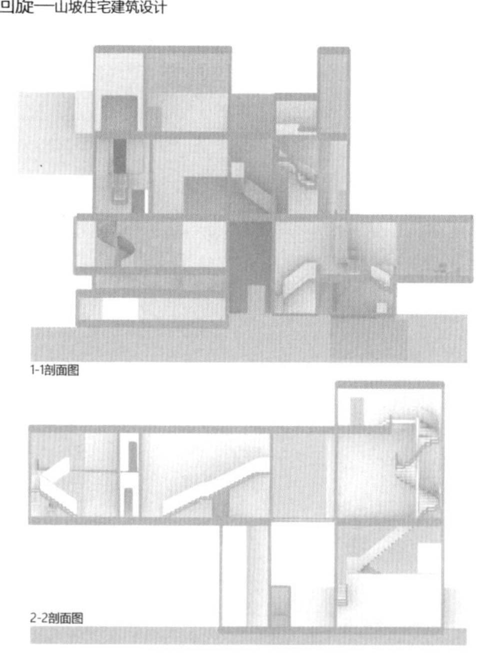

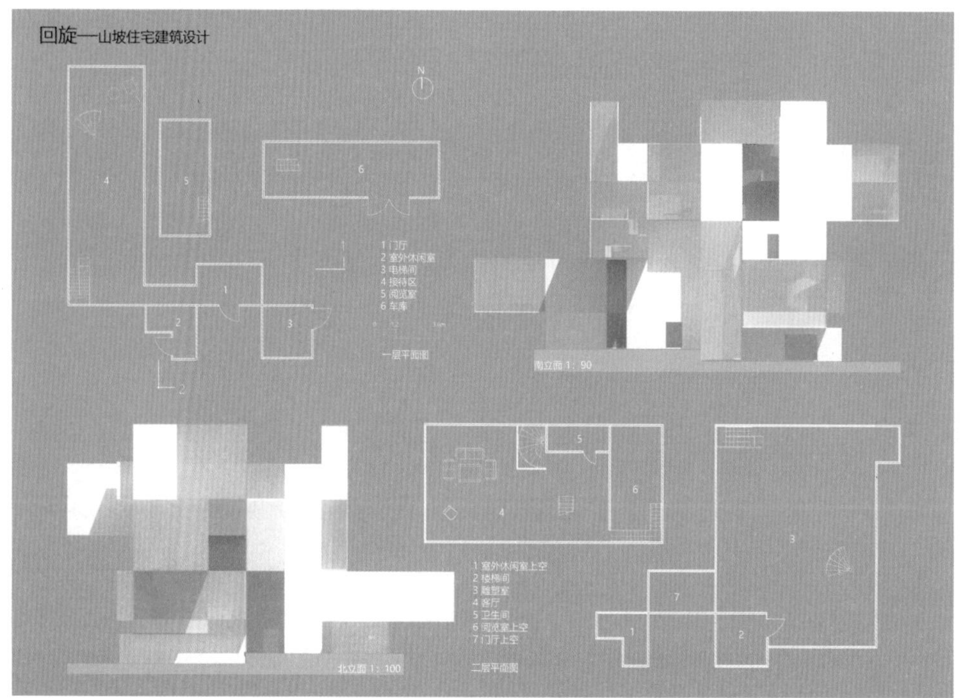

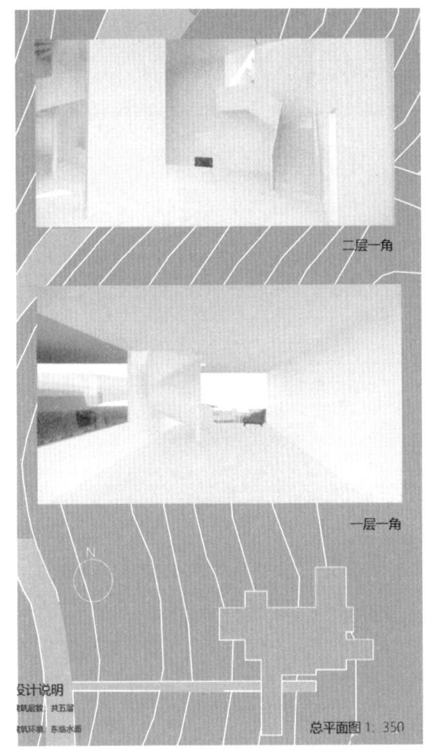
二层一角
一层一角
N
设计说明
筑层数：共五層
筑环境：东临水面
总平面图 1：350

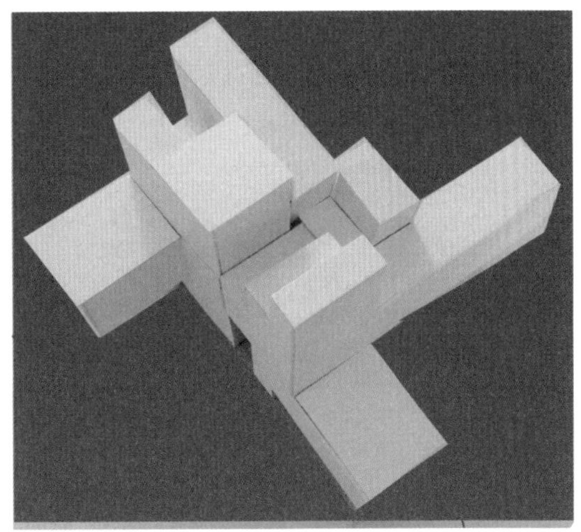

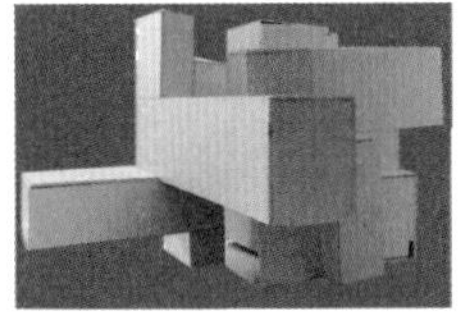

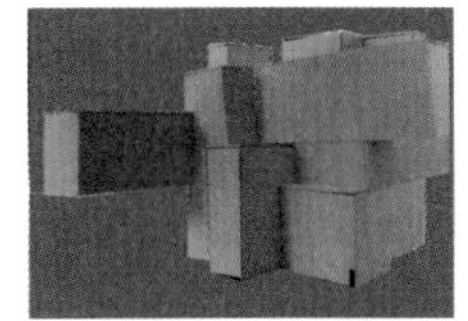

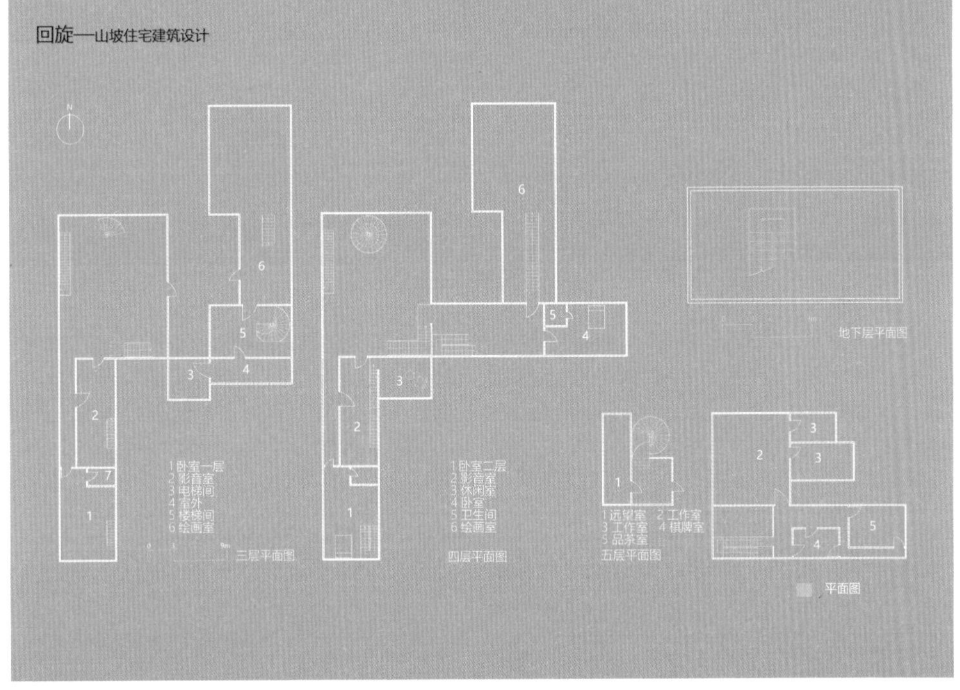
回旋—山坡住宅建筑设计
N
1 卧室一层
2 影音室
3 电梯间
4 室外
5 楼梯间
6 绘画室
三层平面图
1 卧室二层
2 影音室
3 休闲室
4 卧室
5 卫生间
6 绘画室
四层平面图
地下层平面图
1 远望室 2 工作室
3 工作室 4 棋牌室
5 品茶室
五层平面图
平面图

石丰硕同学用地 C 住宅建筑设计方案

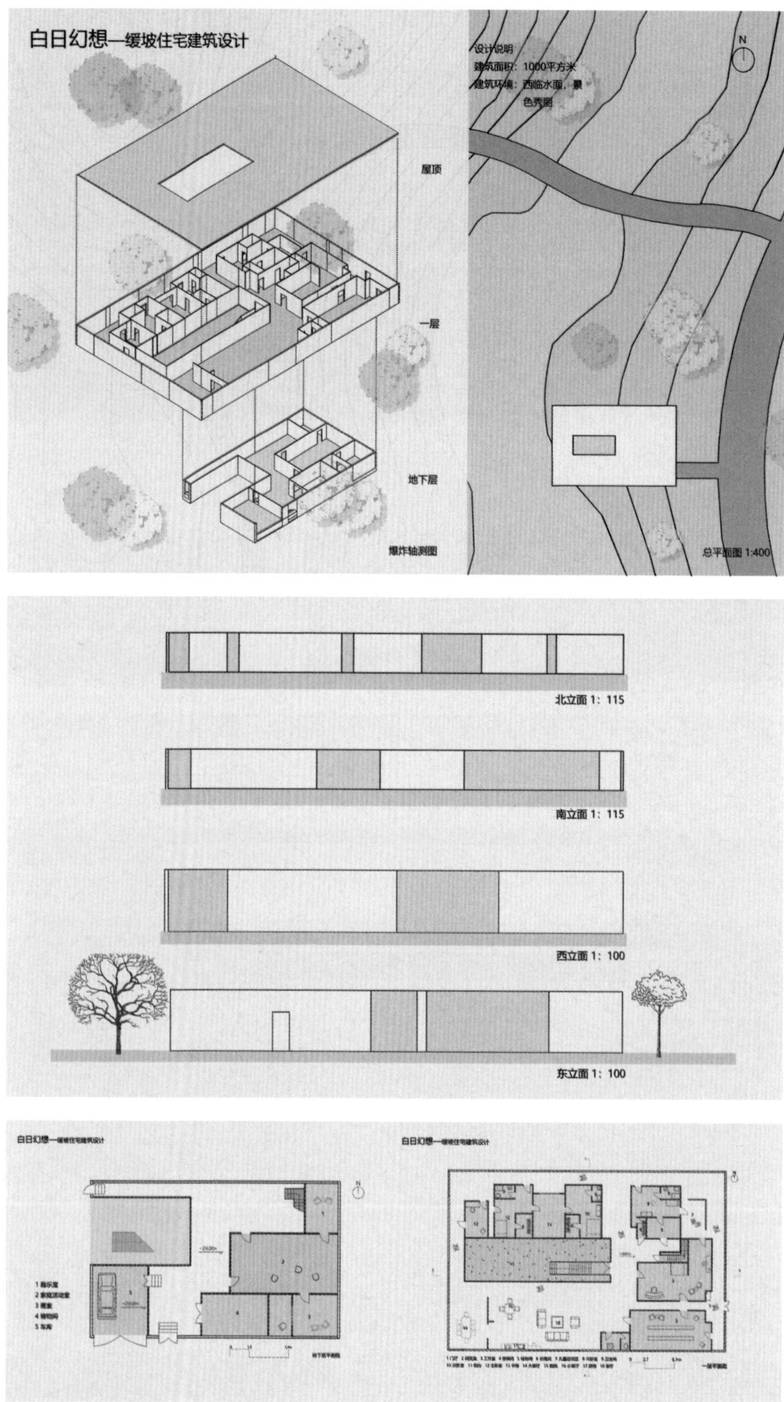

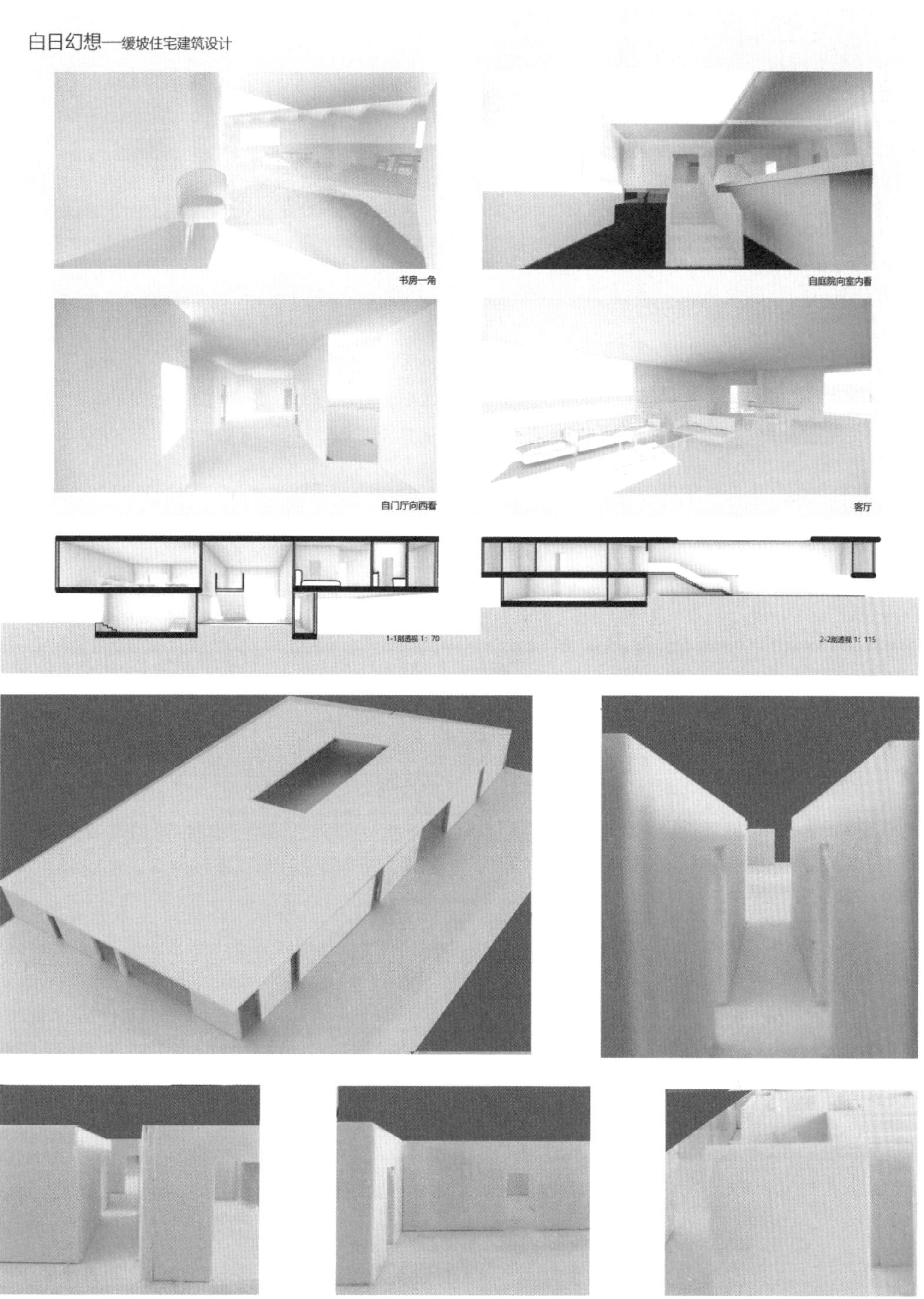
白日幻想—缓坡住宅建筑设计
书房一角
自庭院向室内看
自门厅向西看
客厅
1-1剖透视 1：70
2-2剖透视 1：115

张皓月同学用地 A 住宅建筑设计方案

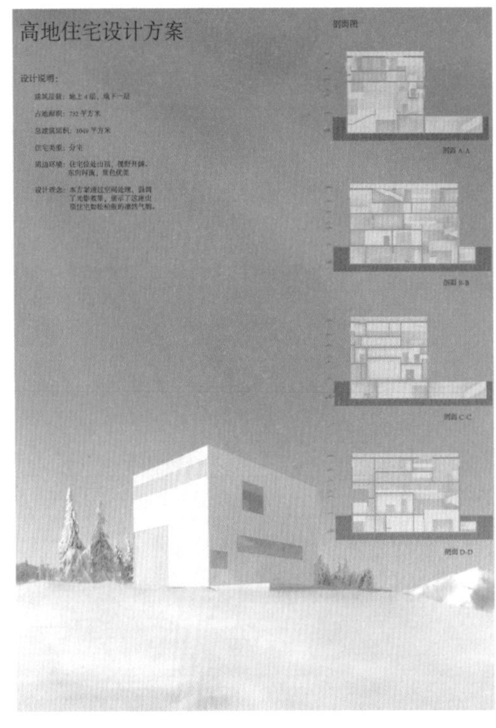

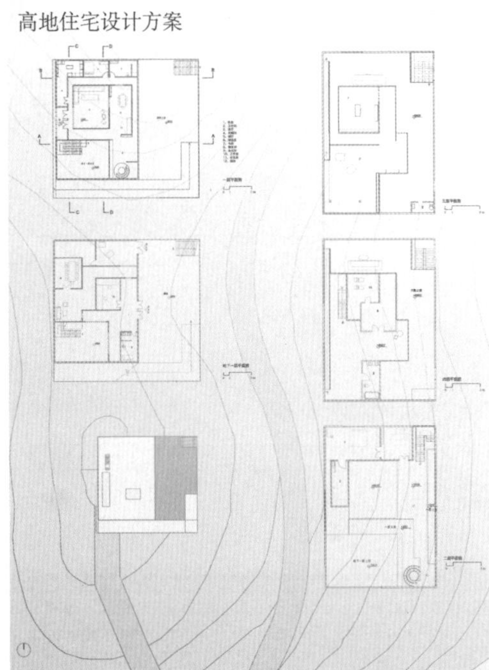

高地住宅·模型图

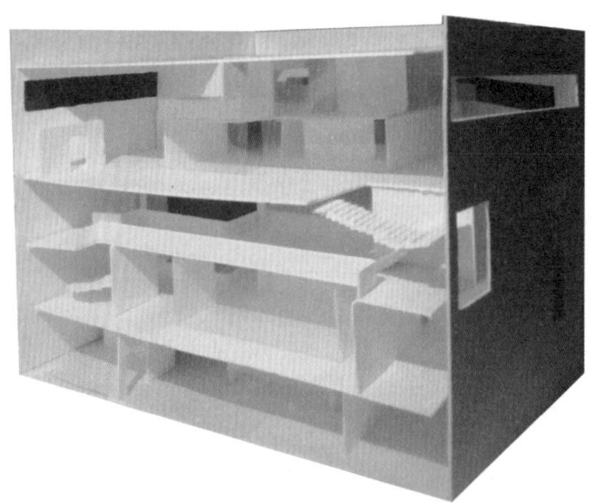

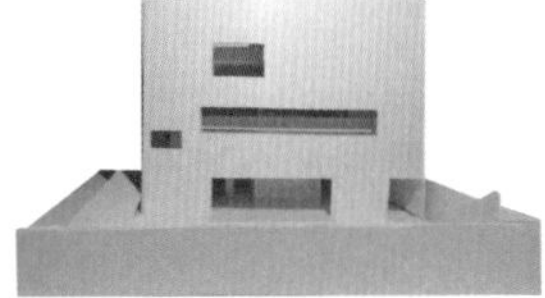

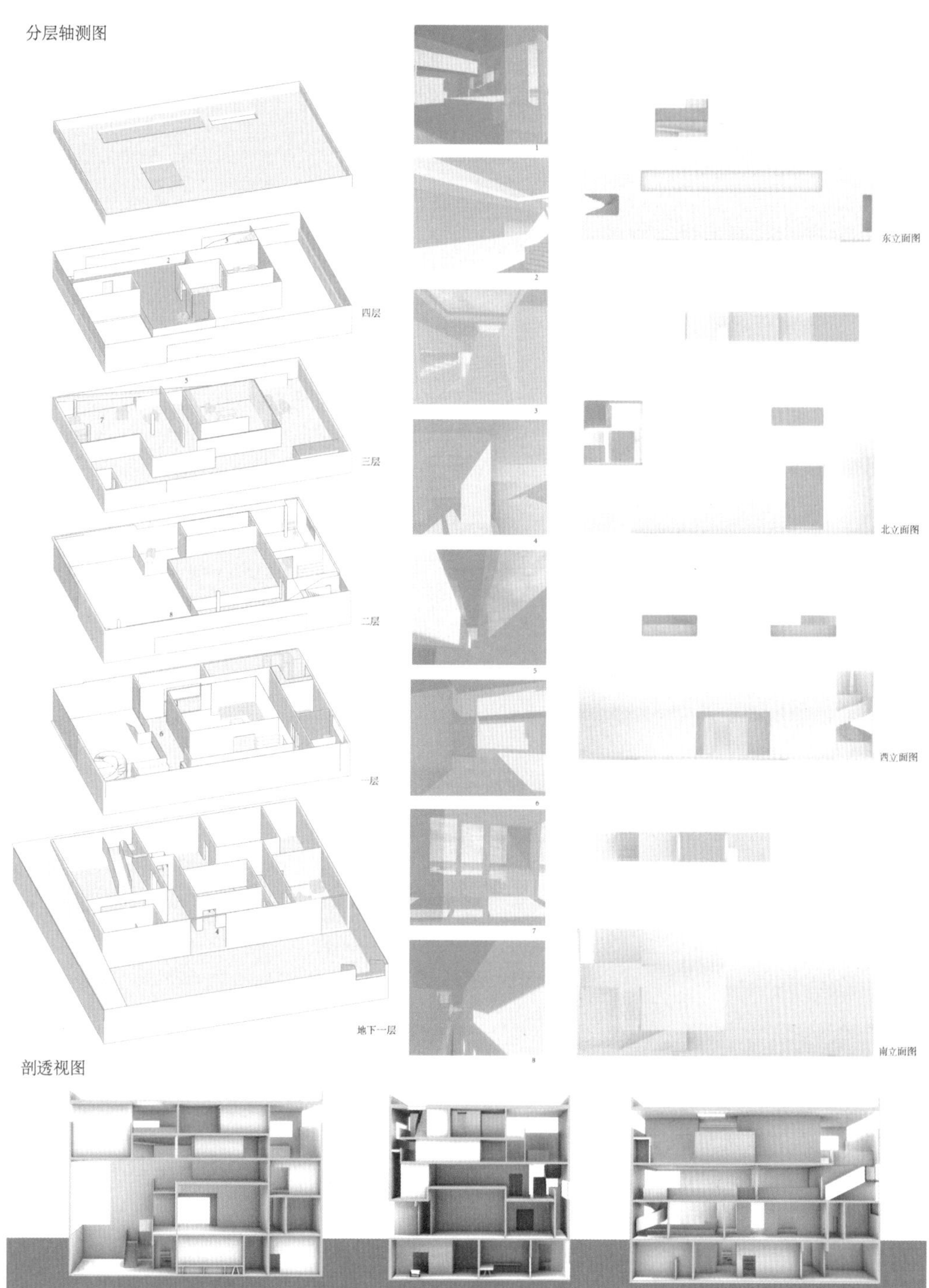
分层轴测图
四层
三层
二层
一层
地下一层
东立面图
北立面图
西立面图
南立面图
剖透视图

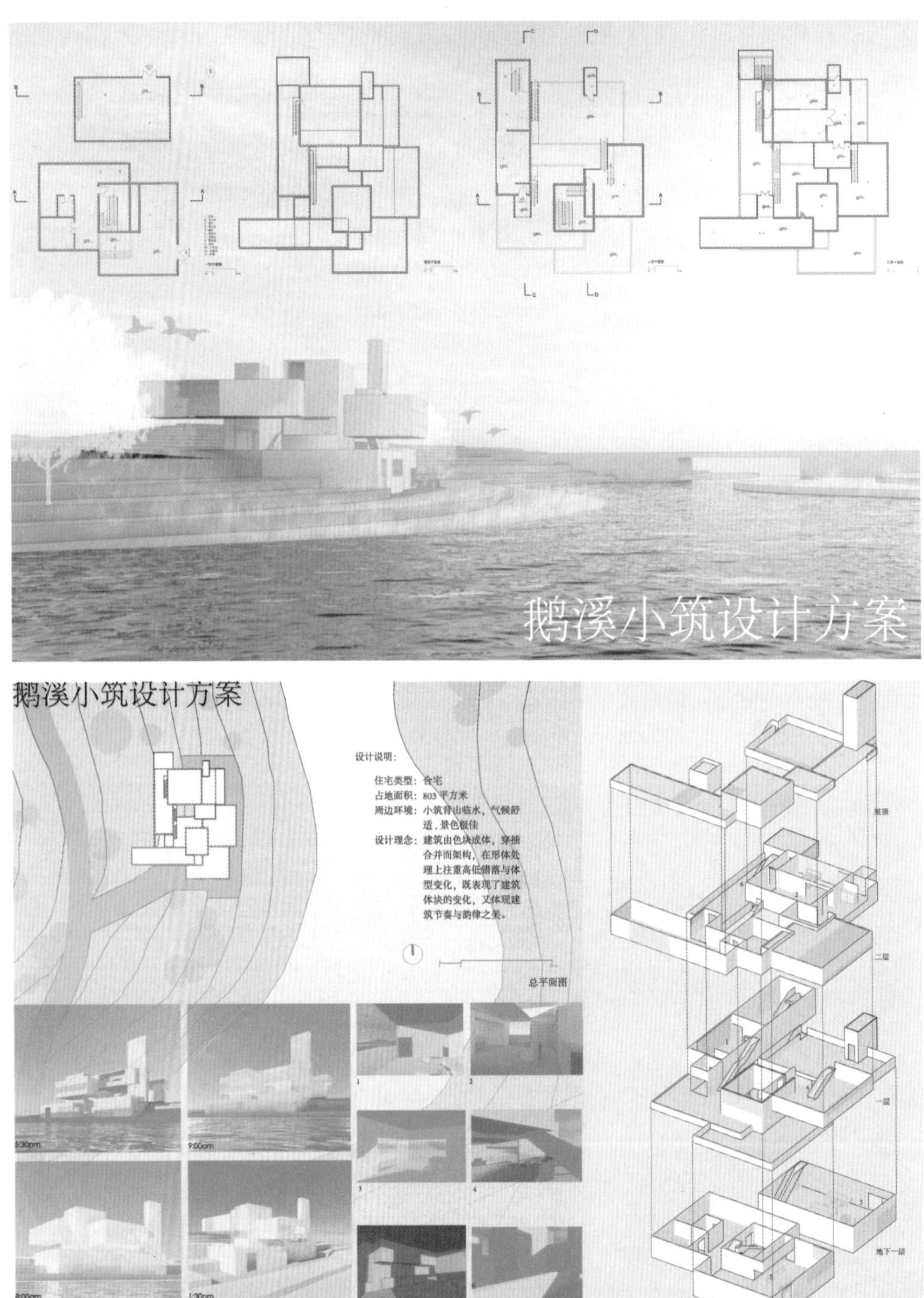
鹅溪小筑设计方案
鹅溪小筑设计方案
设计说明：
住宅类型：合宅
占地面积：803 平方米
周边环境：小筑背山临水，气候舒适，景色极佳
设计理念：建筑由色块成体，穿插合并而架构，在形体处理上注重高低错落与体型变化，既表现了建筑体块的变化，又体现建筑节奏与韵律之美。
总平面图
5:30pm
9:00am
8:00am
1:30pm
人视图
1
2
3
4
5
6
室内透视图
屋顶
二层
一层
地下一层
分层轴测图

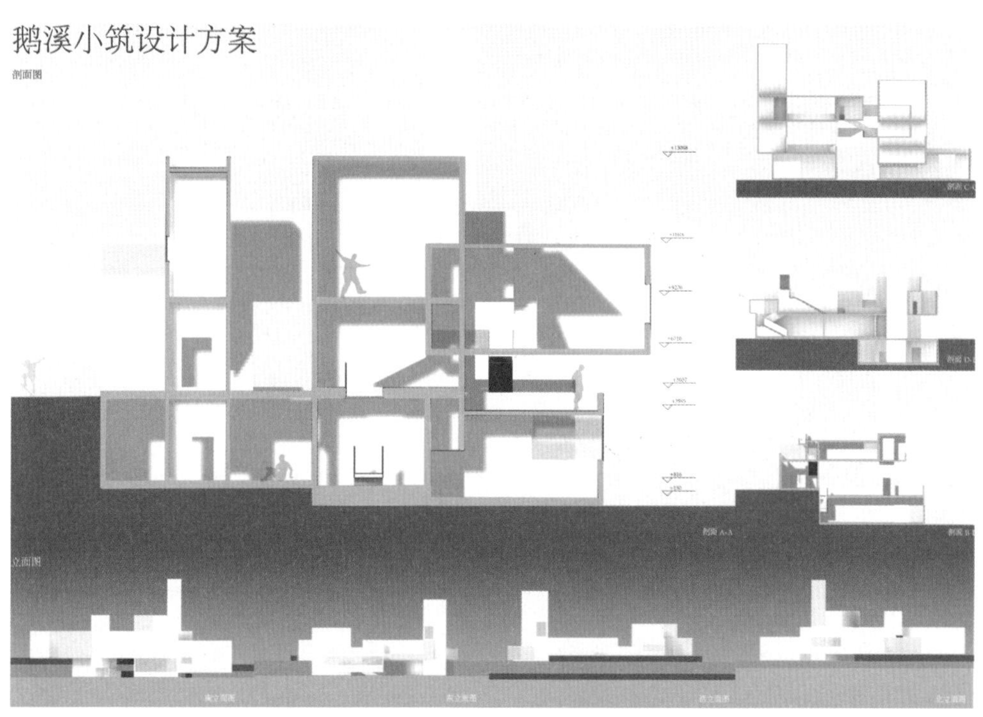
鹅溪小筑设计方案
剖面图
立面图

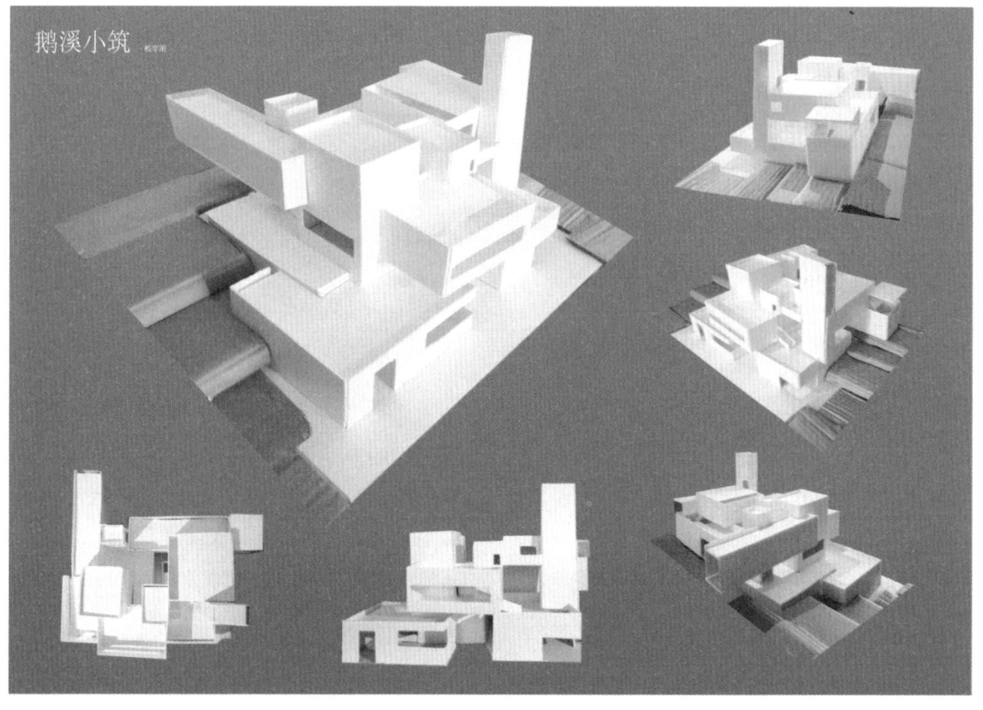
鹅溪小筑

张皓月同学用地 C 住宅建筑设计方案

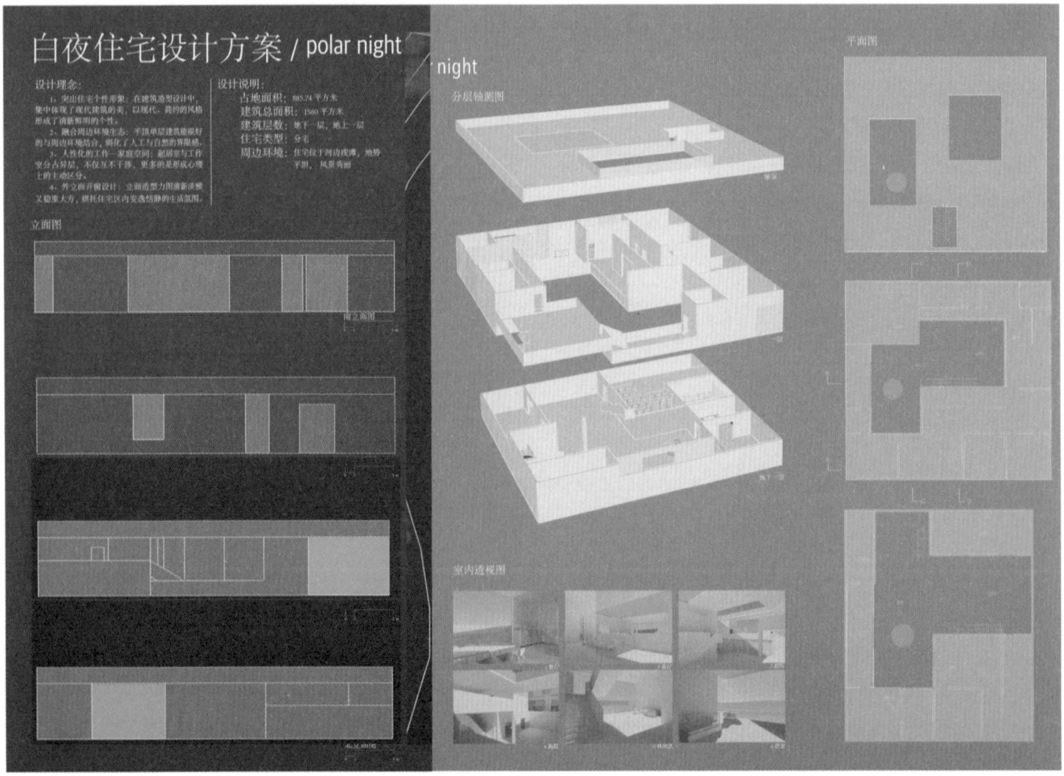

白夜住宅设计方案 / polar night

设计理念：

1、突出住宅个性形象：在建筑造型设计中，集中体现了现代建筑的美，以现代、简约的风格形成了清新鲜明的个性。

2、融合周边环境生态：平顶单层建筑能很好的与周边环境结合，弱化了人工与自然的界限感。

3、人性化的工作—家庭空间：起居室与工作室分占异层，不仅互不干涉，更多的是形成心理上的主动区分。

4、外立面开窗设计：立面造型力图清新淡雅又稳重大方，烘托住宅区内安逸恬静的生活氛围。

设计说明：

占地面积：885.74 平方米

建筑总面积：1560 平方米

建筑层数：地下一层，地上一层

住宅类型：分宅

周边环境：住宅位于河边浅滩，地势平坦，风景秀丽

立面图

南立面图

分层轴测图

平面图

室内透视图

白夜住宅 · 模型图

崔晓涵同学用地 A 住宅建筑设计方案

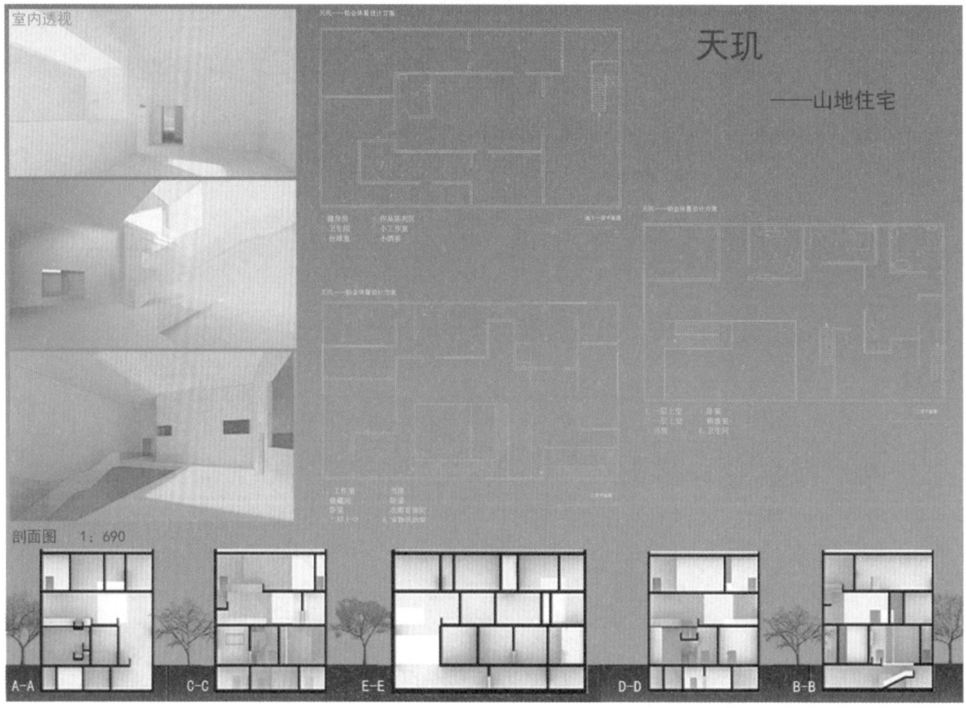

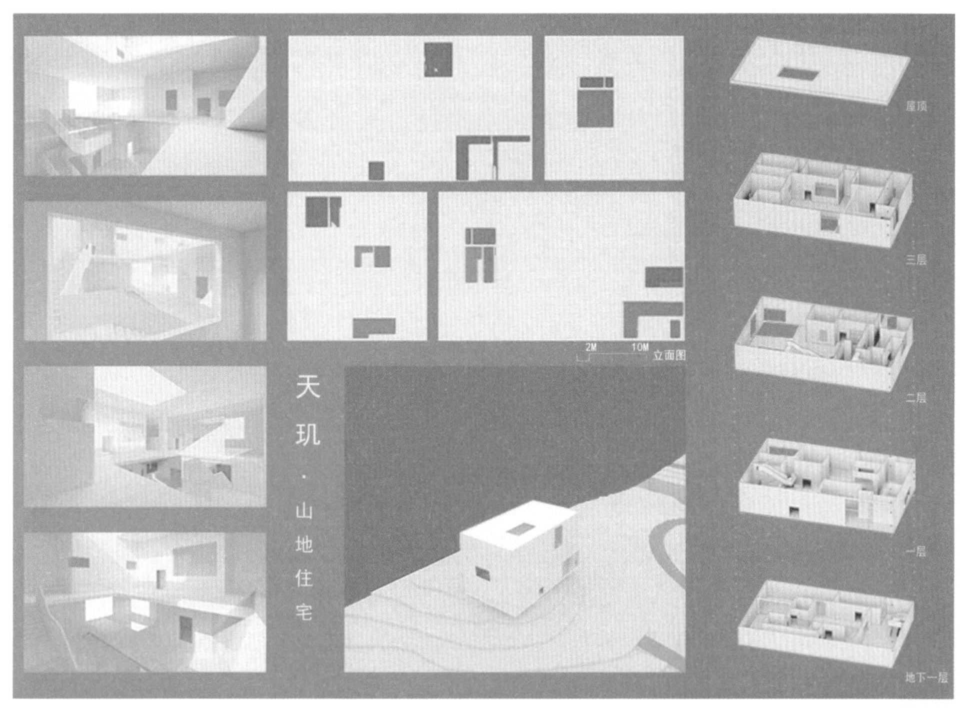
屋顶
三层
二层
一层
地下一层
2M 10M 立面图
天玑·山地住宅

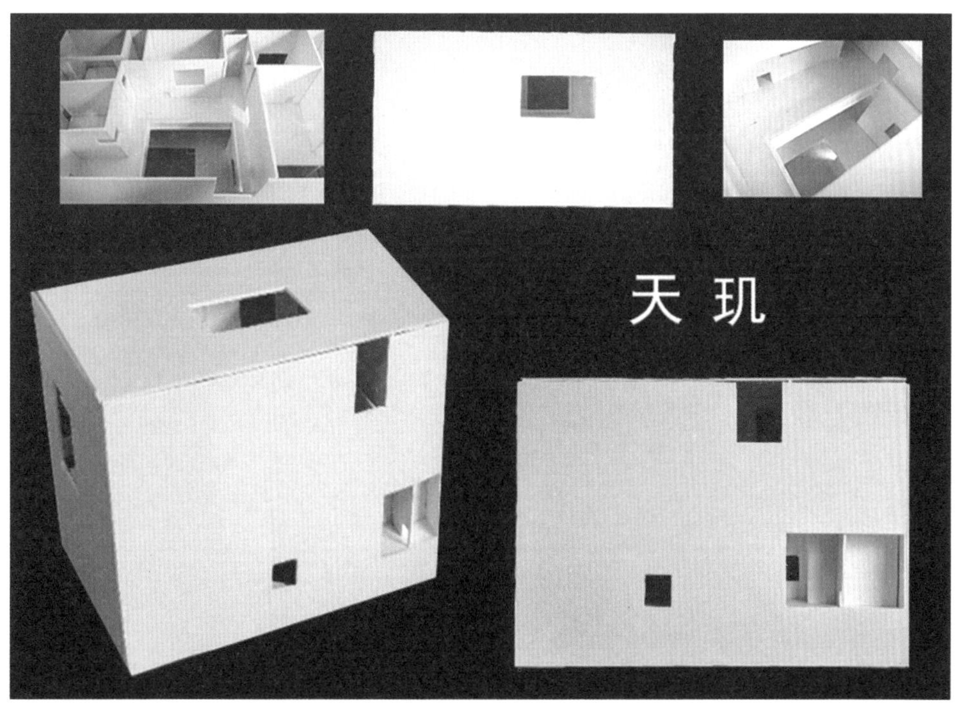
天玑

崔晓涵同学用地 B 住宅建筑设计方案

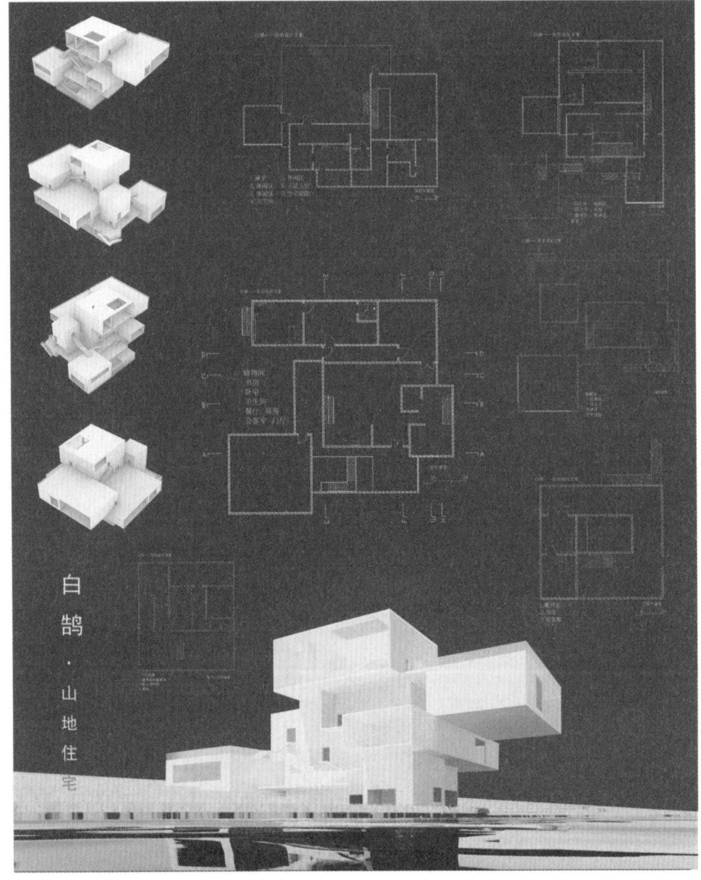

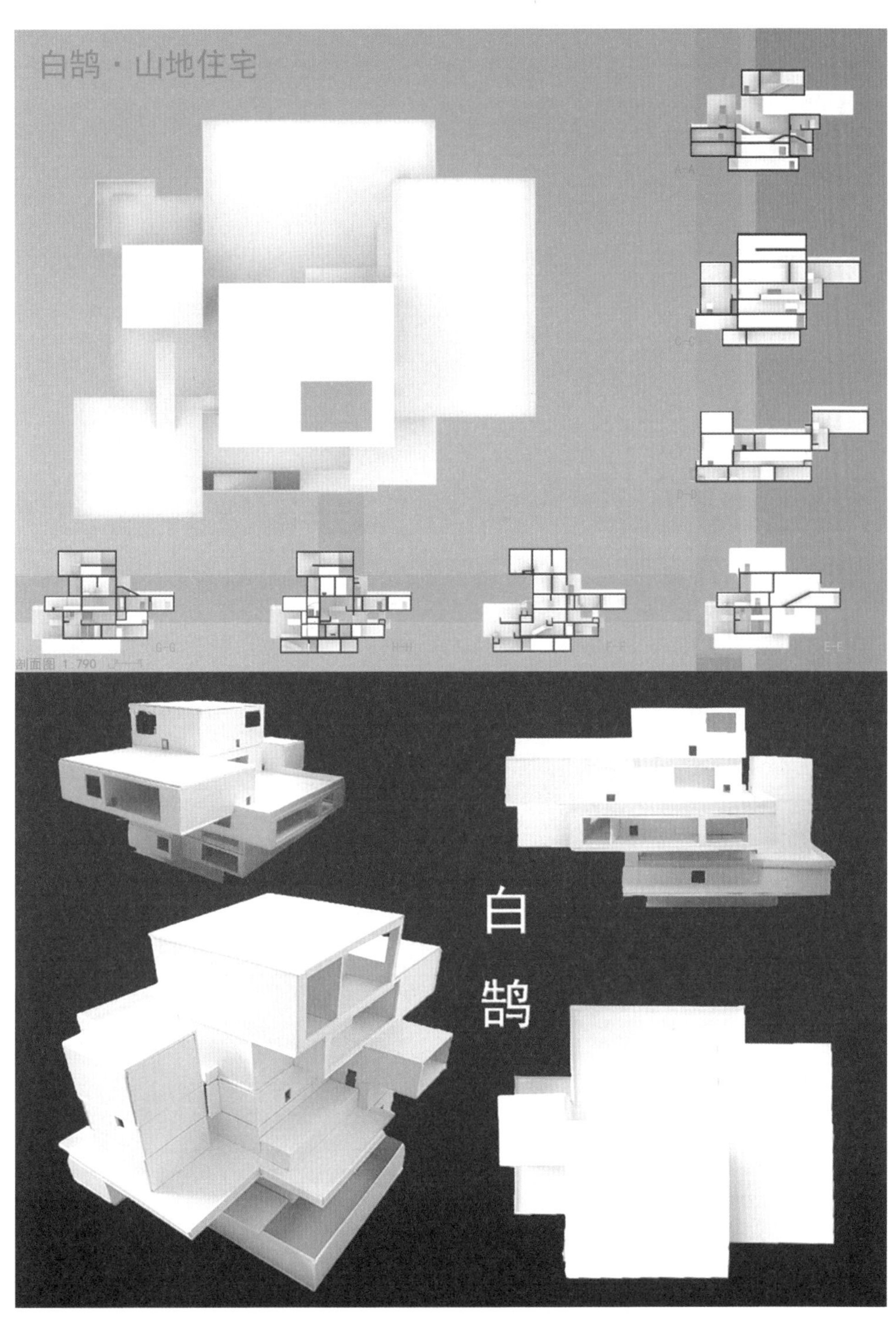
白鹄·山地住宅
A-A
C-C
D-D
G-G
H-H
F-F
E-E
剖面图 1:790
白
鹄

崔晓涵同学用地 C 住宅建筑设计方案

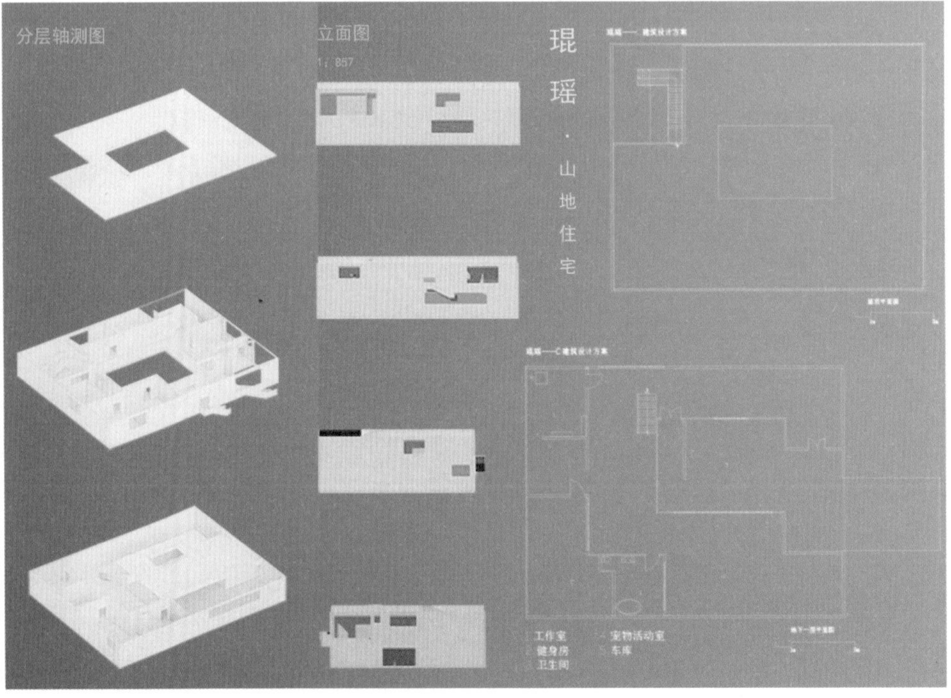

琨瑶 ——山地住宅设计方案
剖面图 2m 10m

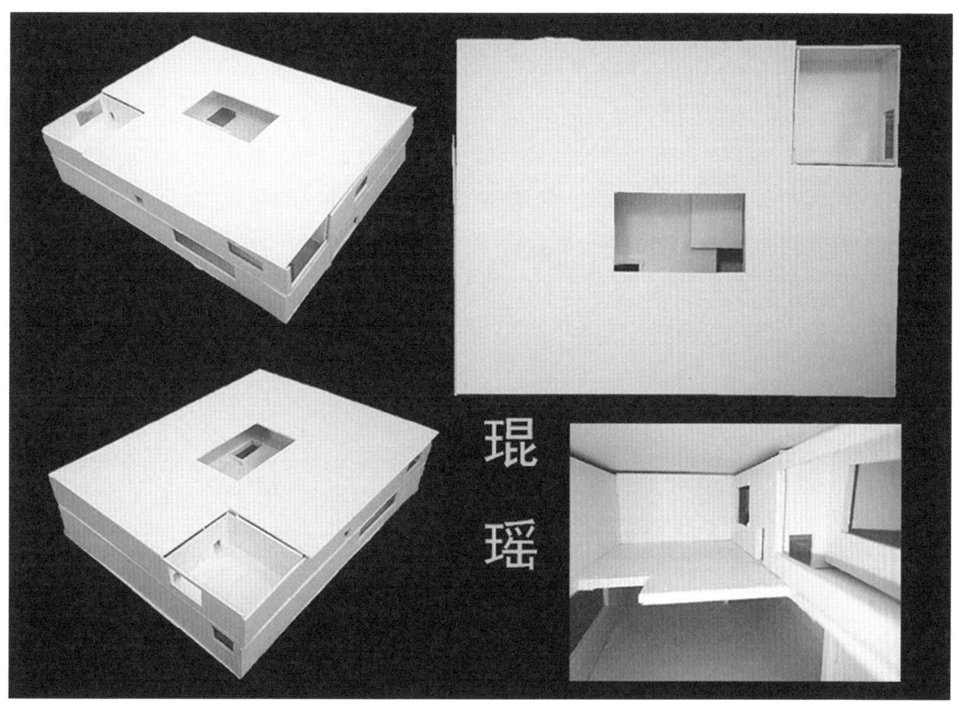
琨
瑶

李凡同学用地 A 住宅建筑设计方案

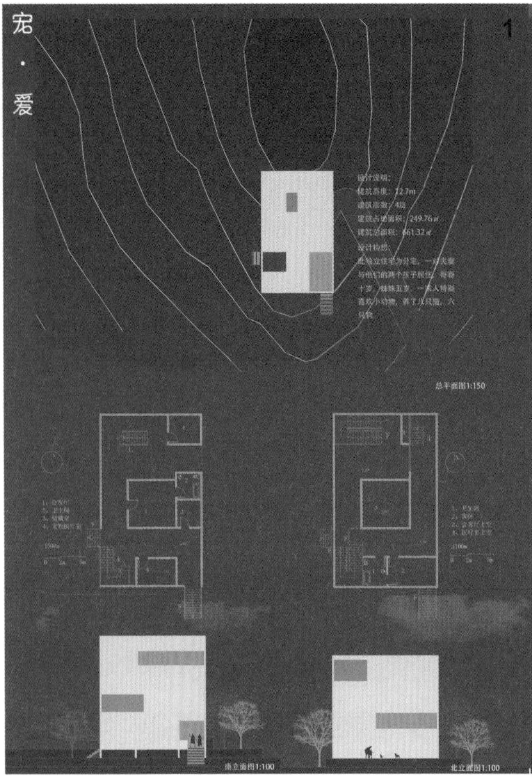

宠·爱 1

设计说明：
建筑高度：12.7m
建筑层数：4层
建筑占地面积：249.76㎡
建筑总面积：661.32㎡

设计构想：
此独立住宅为分宅，一对夫妻与他们的两个孩子居住，哥哥十岁，妹妹五岁，一家人特别喜欢小动物，养了几只猫，六只狗。

总平面图1:150

南立面图1:100

北立面图1:100

宠·爱 2

剖透视图

西立面图1:107

东立面图1:107

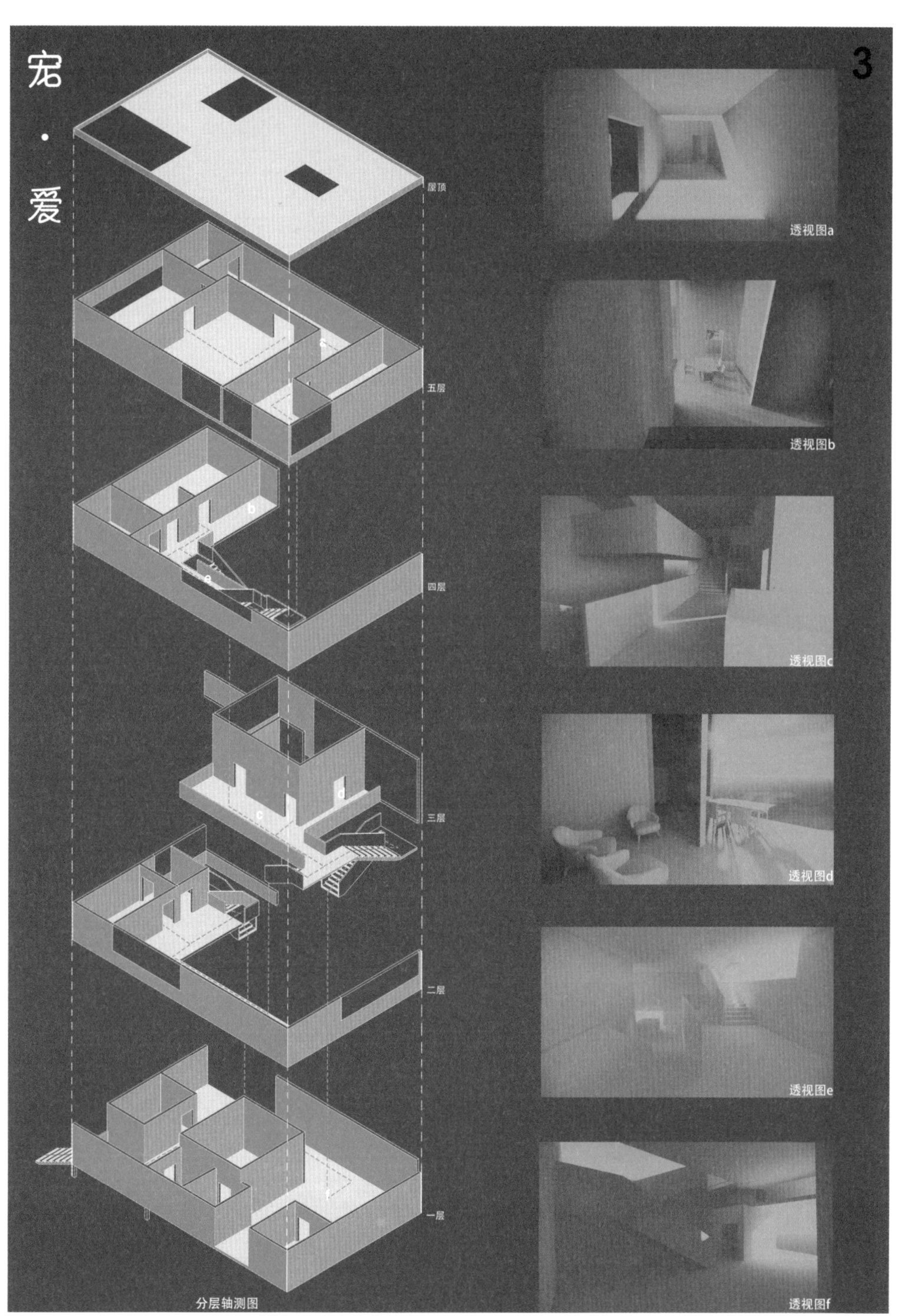
宠
·
爱
3
屋顶
五层
四层
三层
二层
一层
分层轴测图
透视图a
透视图b
透视图c
透视图d
透视图e
透视图f

李凡同学用地 B 住宅建筑设计方案

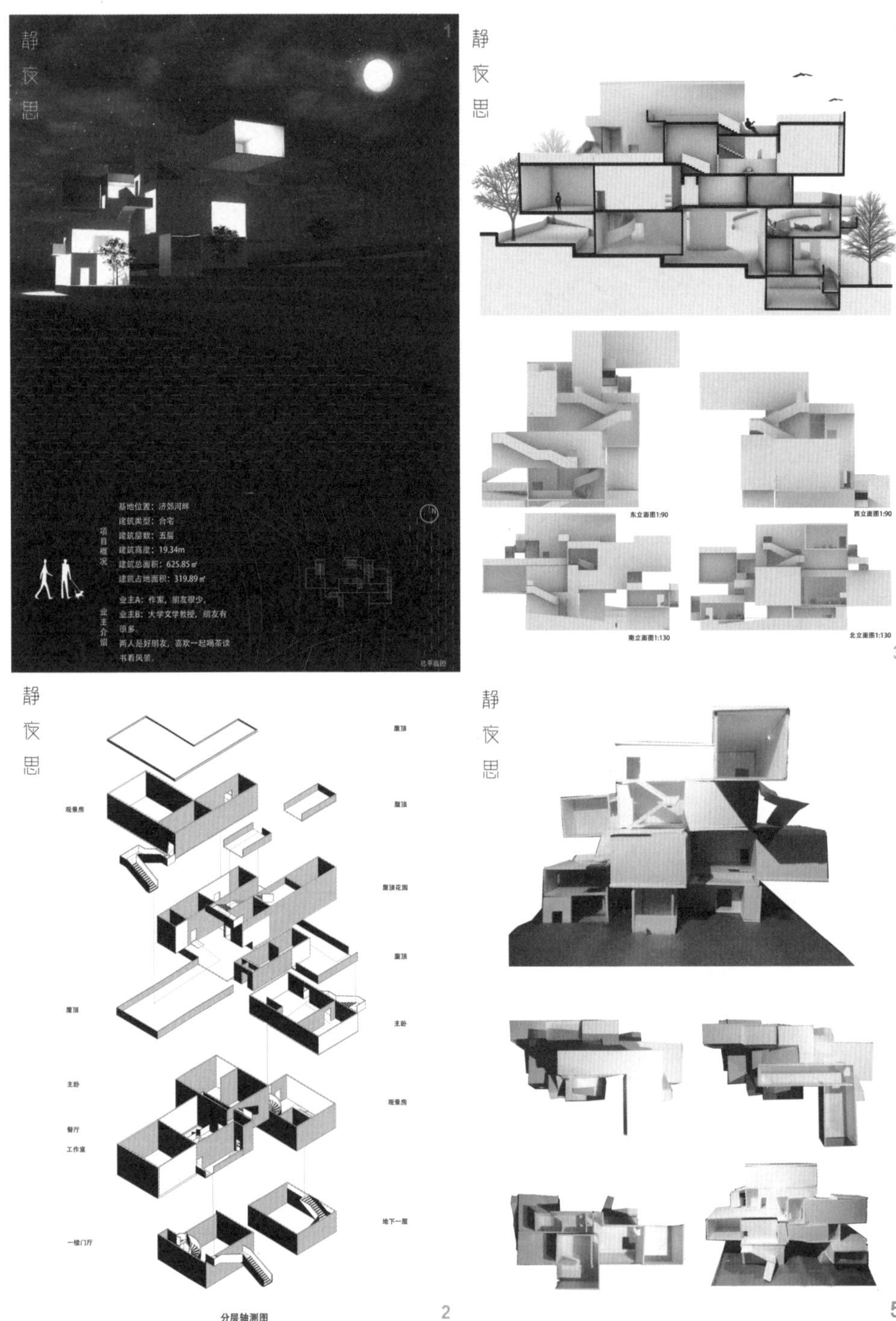

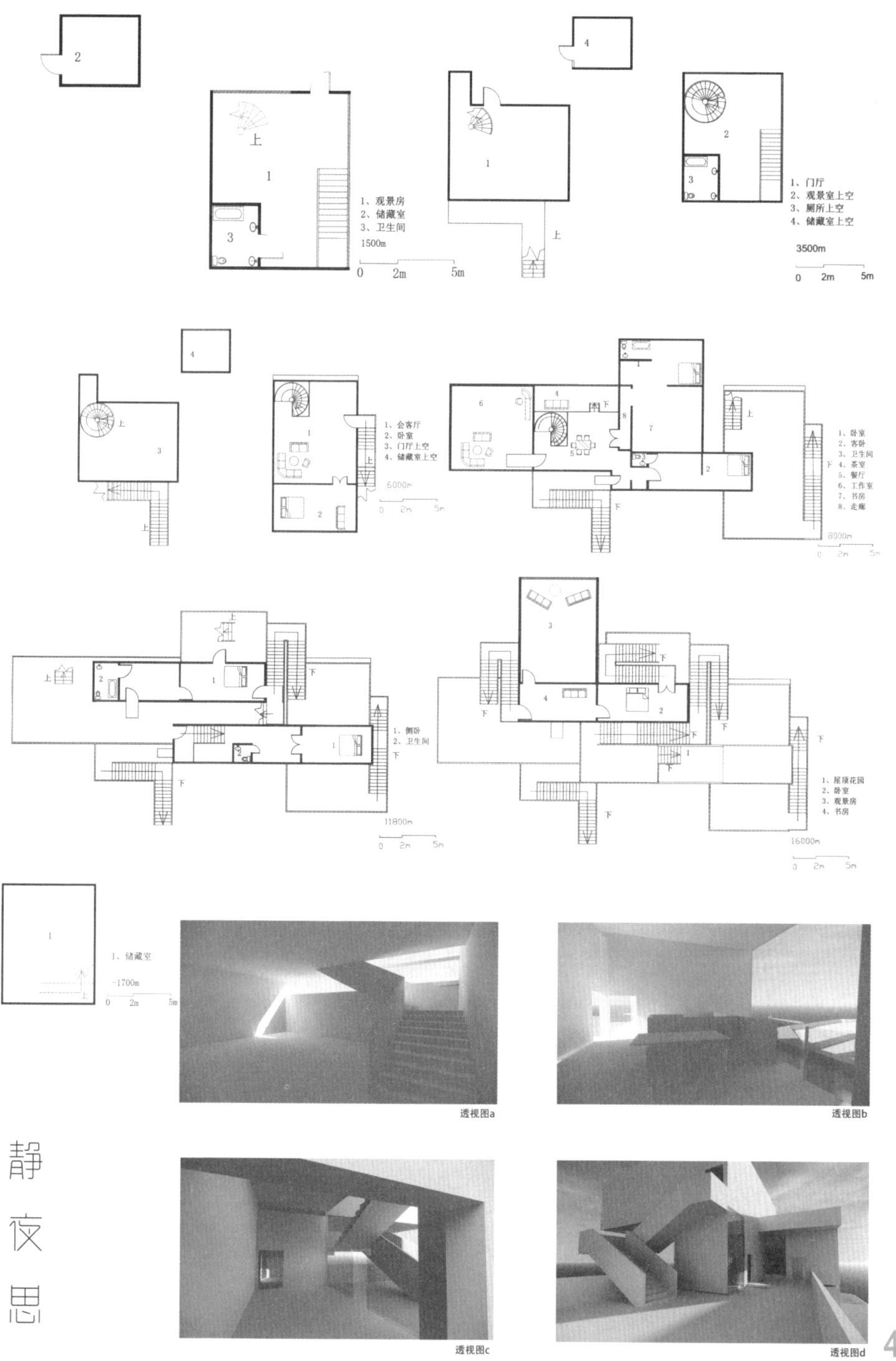

透视图a

透视图b

透视图c

透视图d

静夜思

4

李凡同学用地 C 住宅建筑设计方案

听

舞

园

轴测图

2

听

舞

园

侧门
屋顶
餐厅
地上一层
聊天室
地下一层
花园
花园
下沉庭院

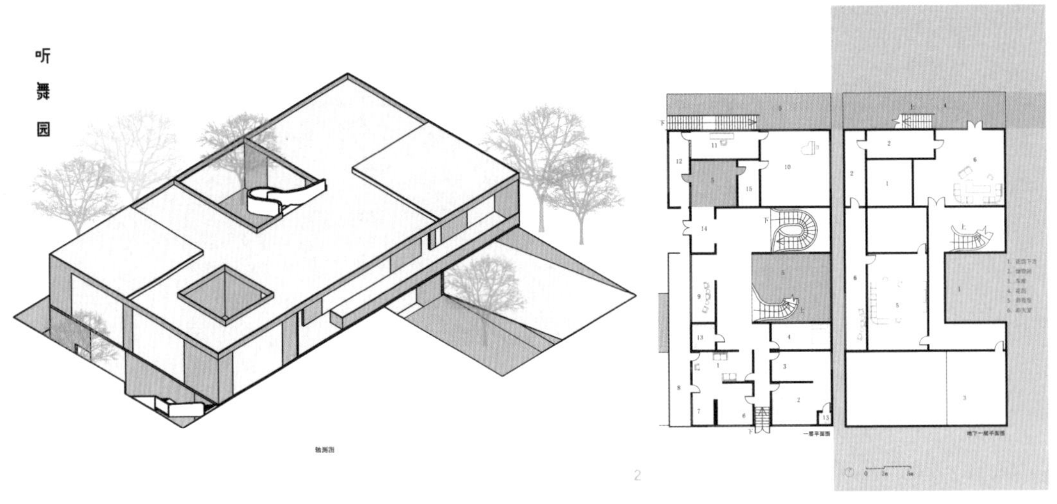

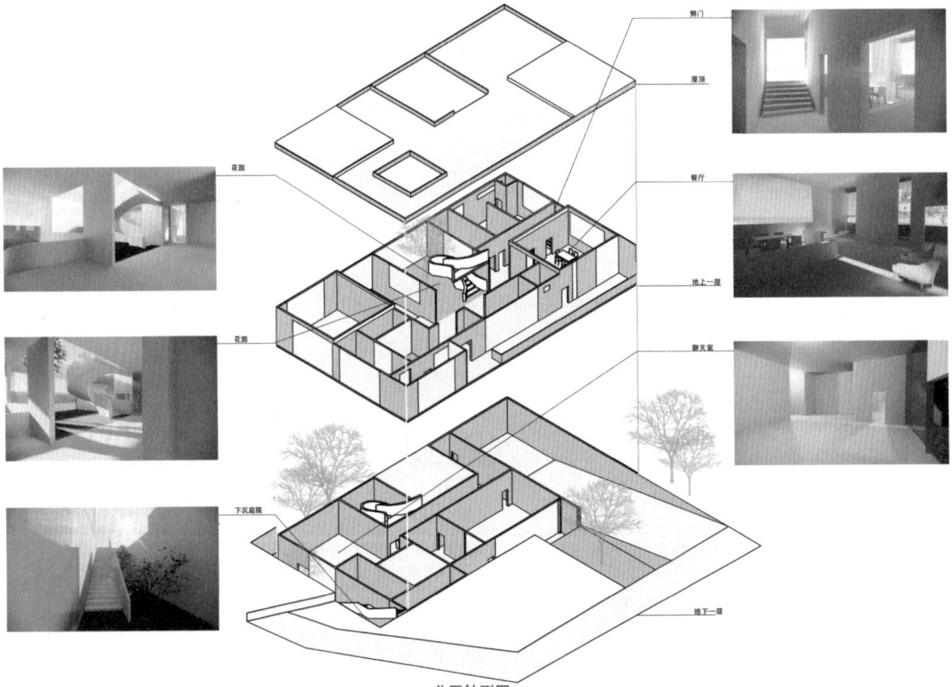

分层轴测图

3

听
舞
园

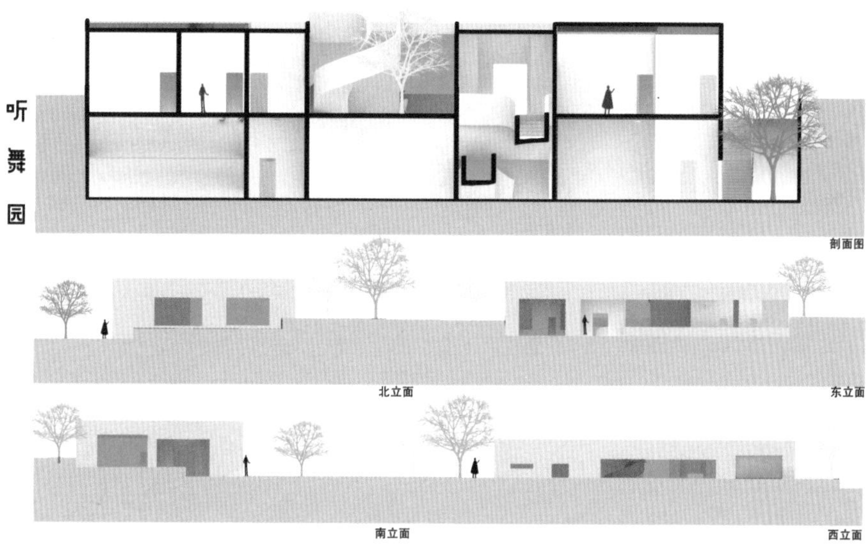

5

听
舞
园

6

董嘉琪同学用地A住宅建筑设计方案

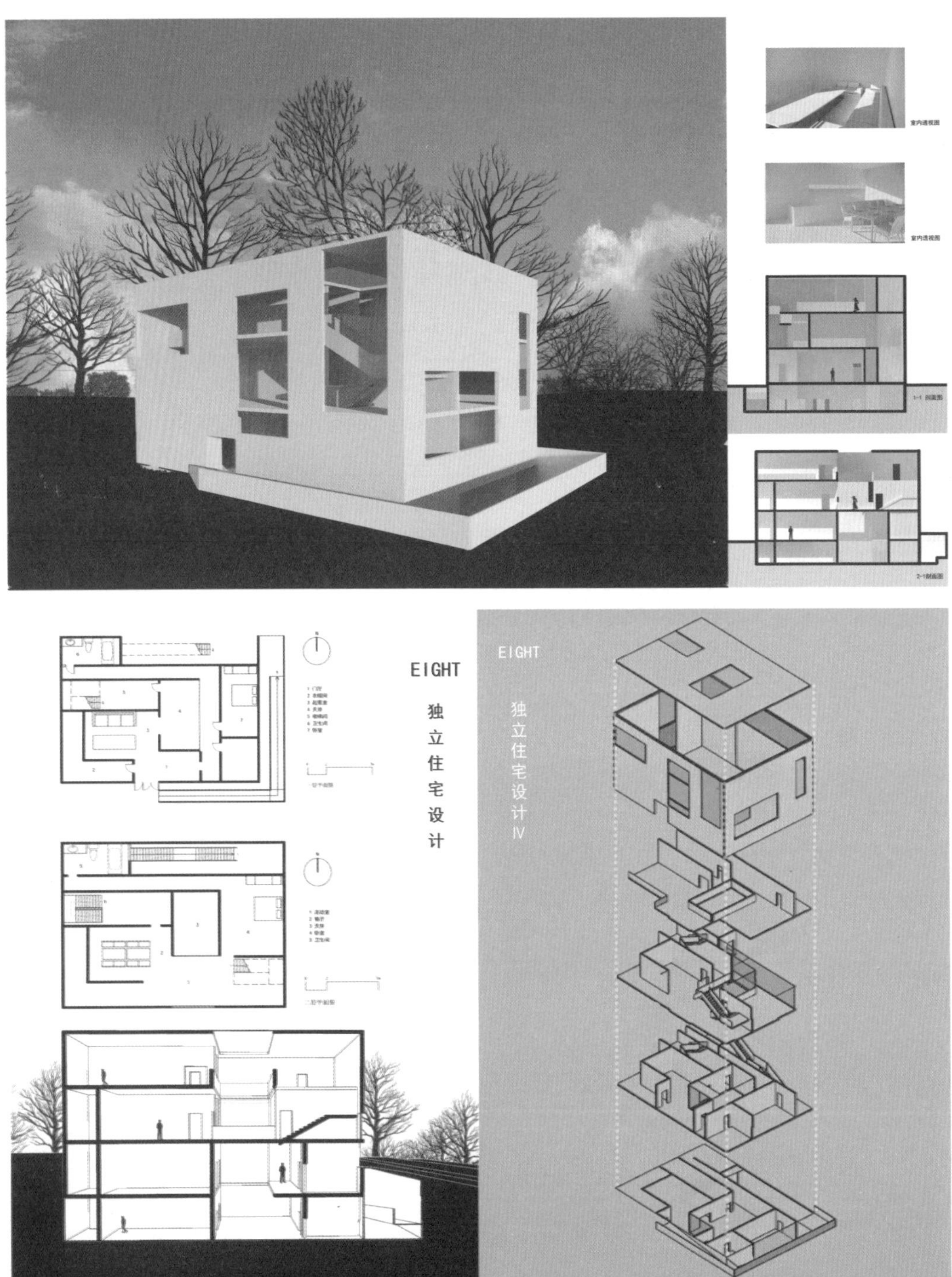

董嘉琪同学用地 B 住宅建筑设计方案

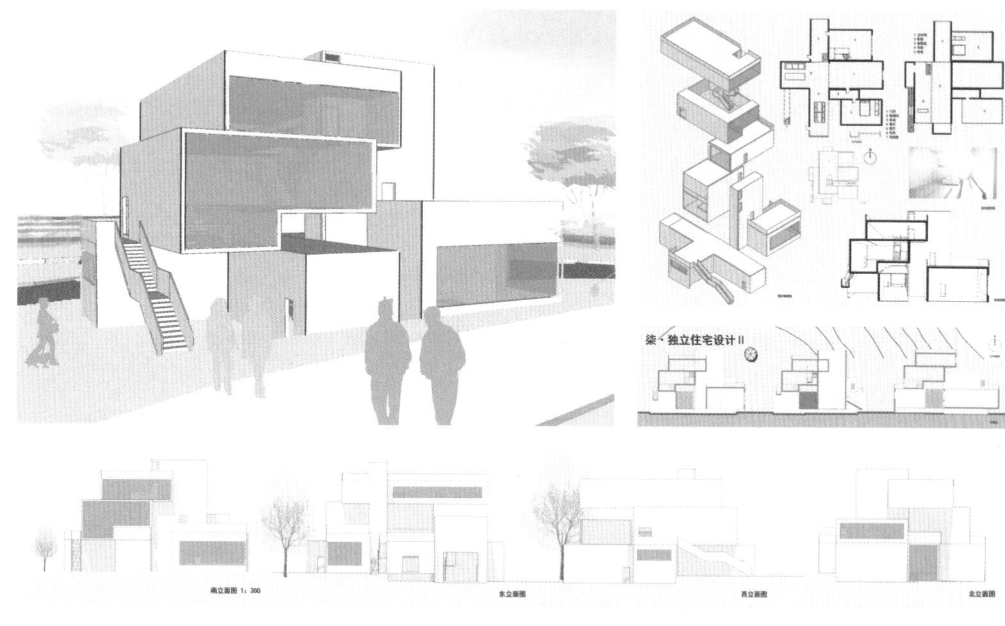

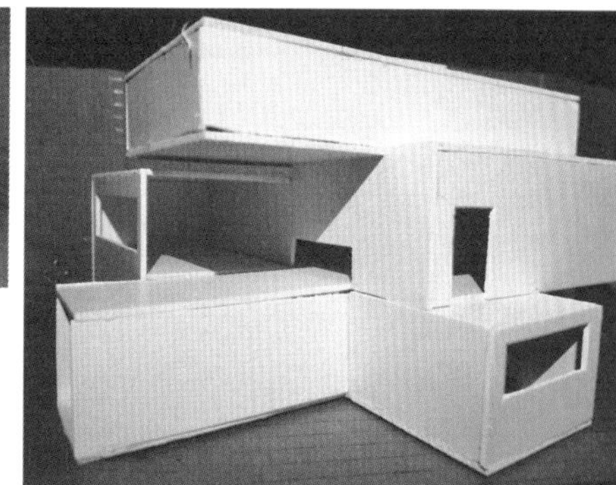

柒·独立住宅设计

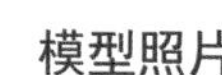

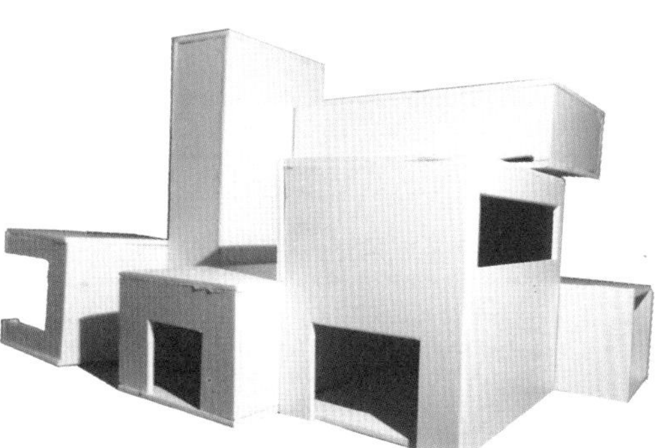

董嘉琪同学用地 C 住宅建筑设计方案

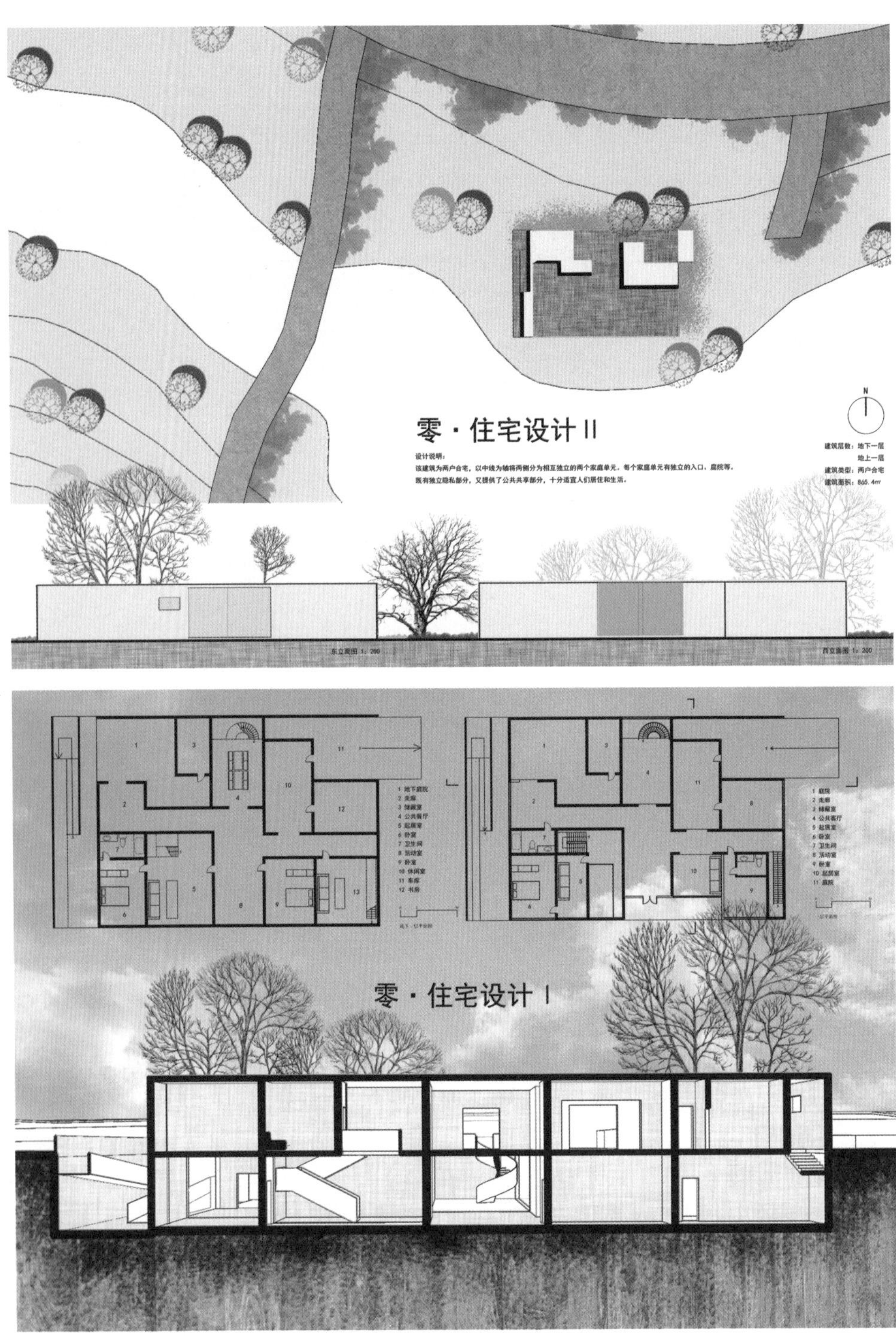

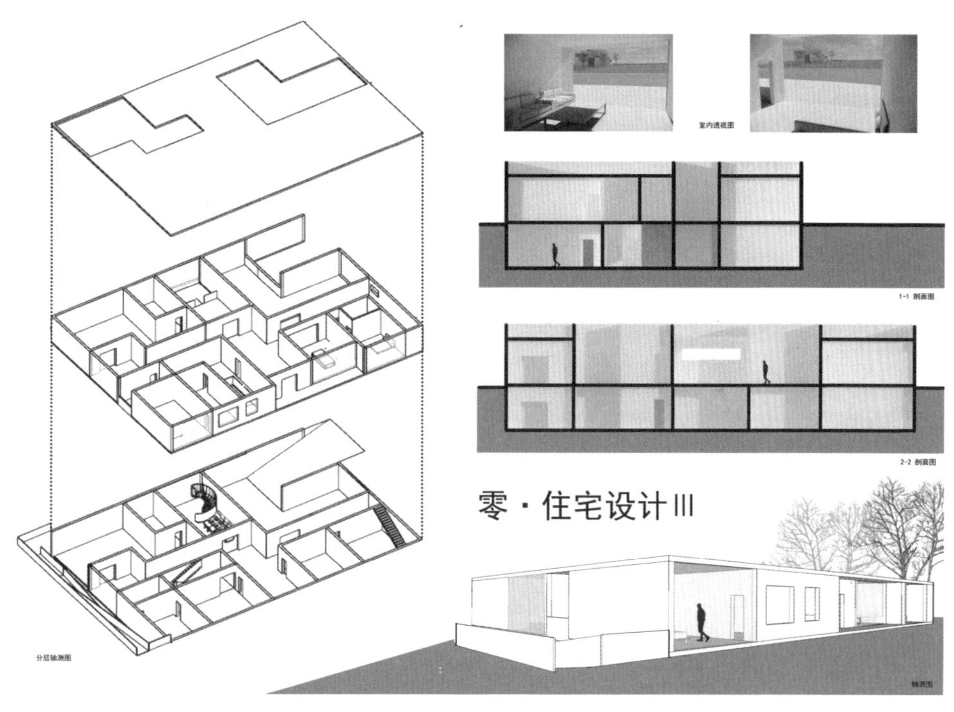

零・住宅设计III

零・住宅设计IV

--模型照片

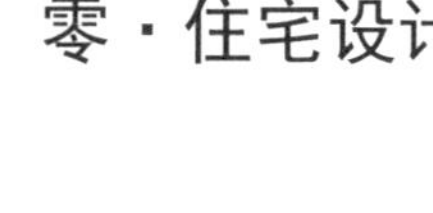

杨琀珺同学用地 A 住宅建筑设计方案

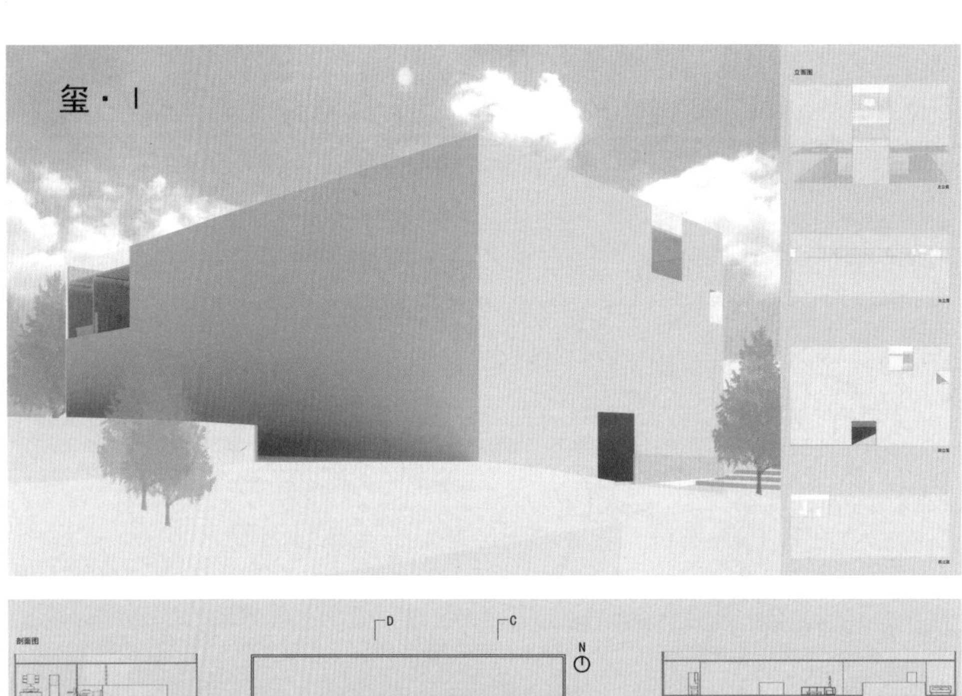

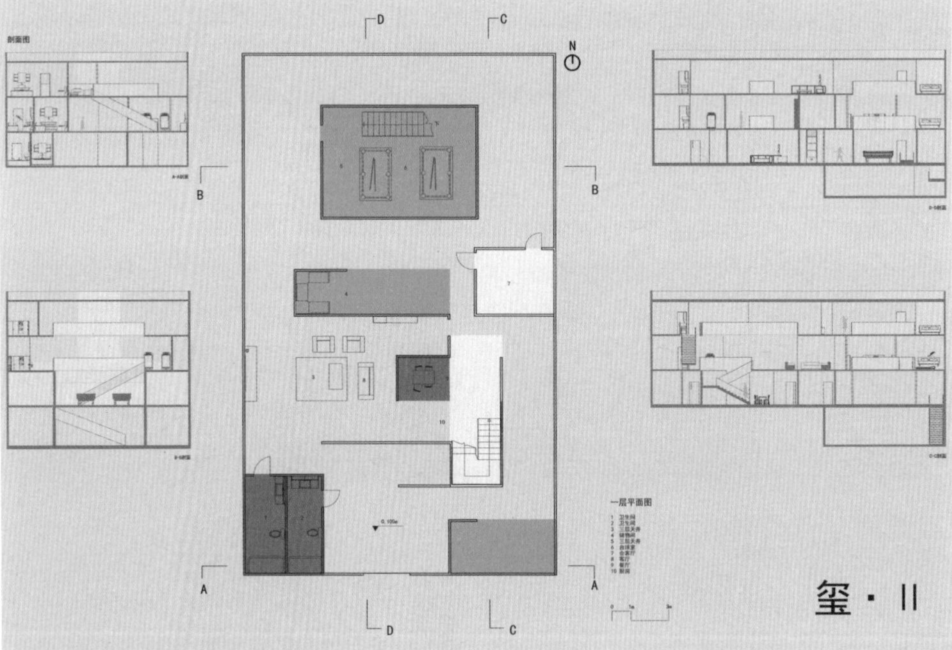

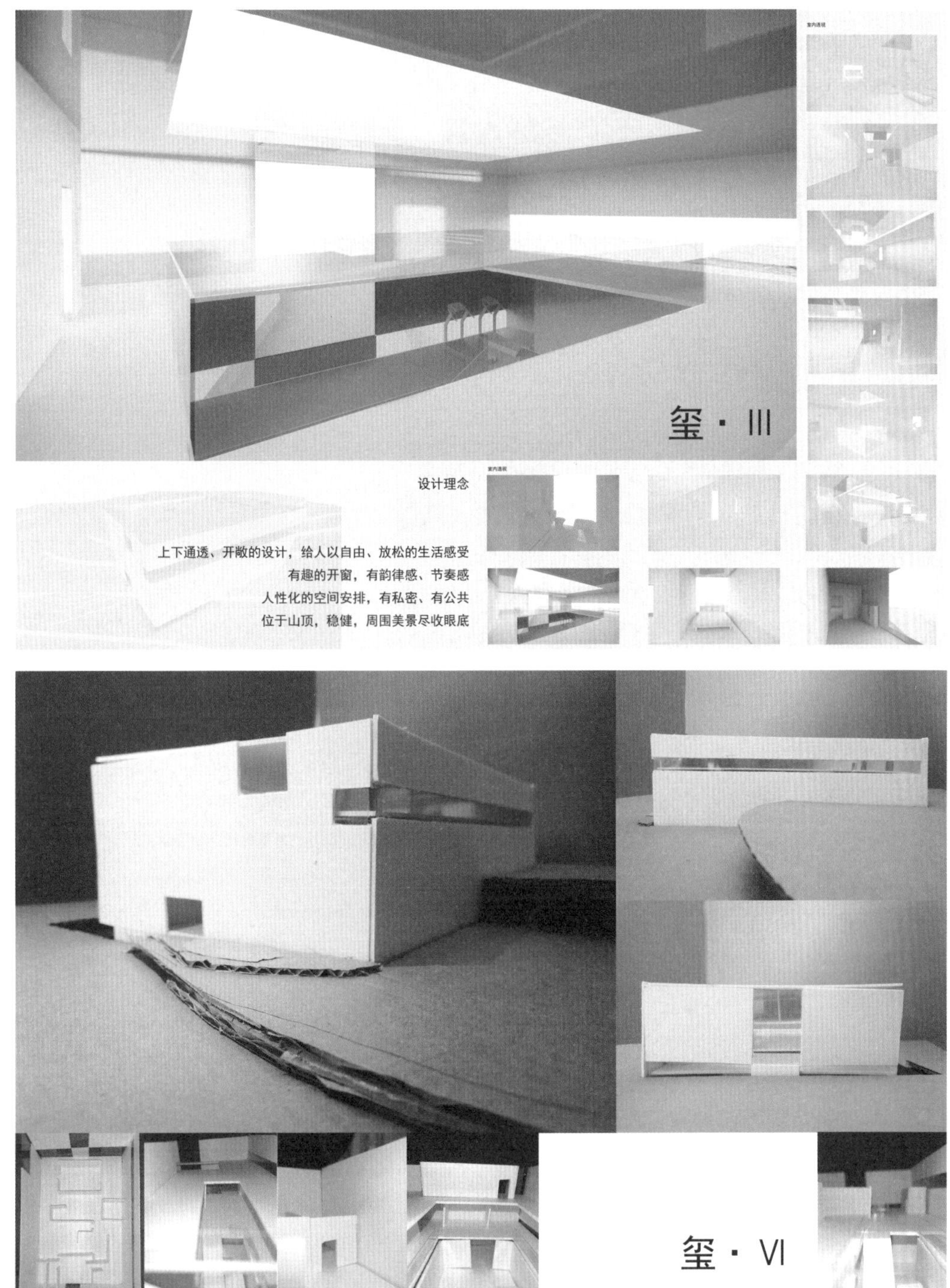
玺 · III
设计理念
上下通透、开敞的设计，给人以自由、放松的生活感受
有趣的开窗，有韵律感、节奏感
人性化的空间安排，有私密、有公共
位于山顶，稳健，周围美景尽收眼底
玺 · VI

杨琀珺同学用地 B 住宅建筑设计方案

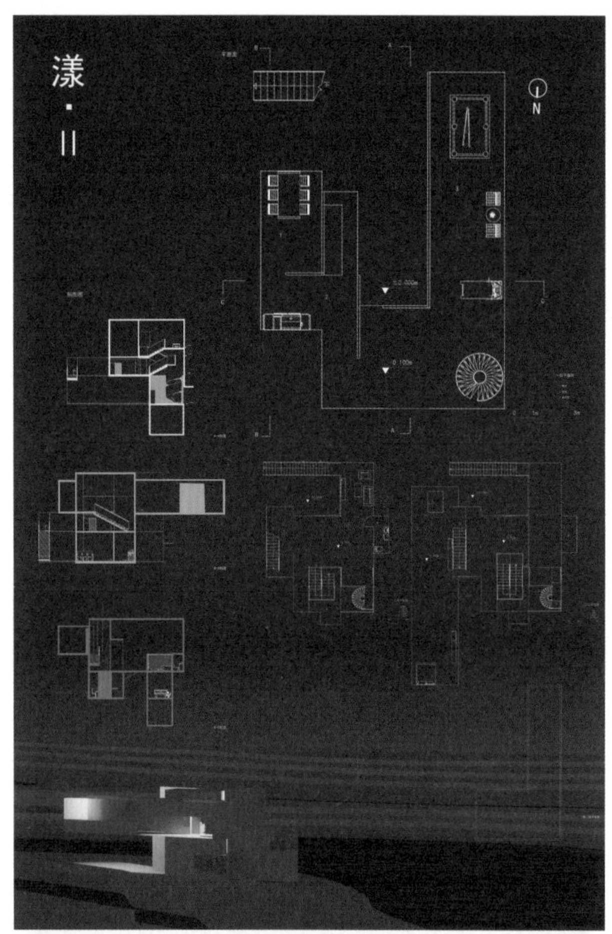

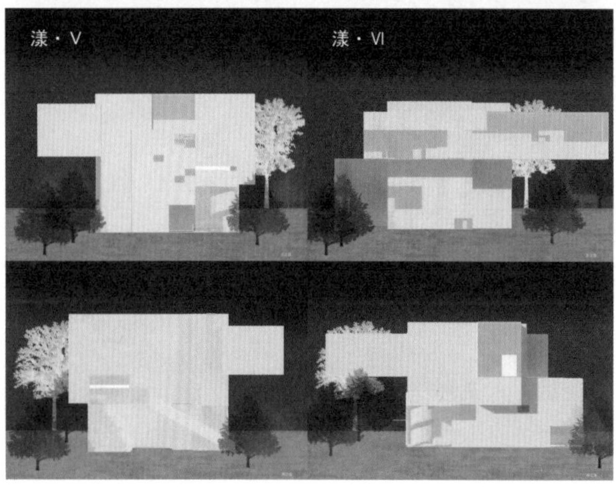

N
漾 · III
1:300 总平面图
室内透视图
漾 · IV

漾 · VII

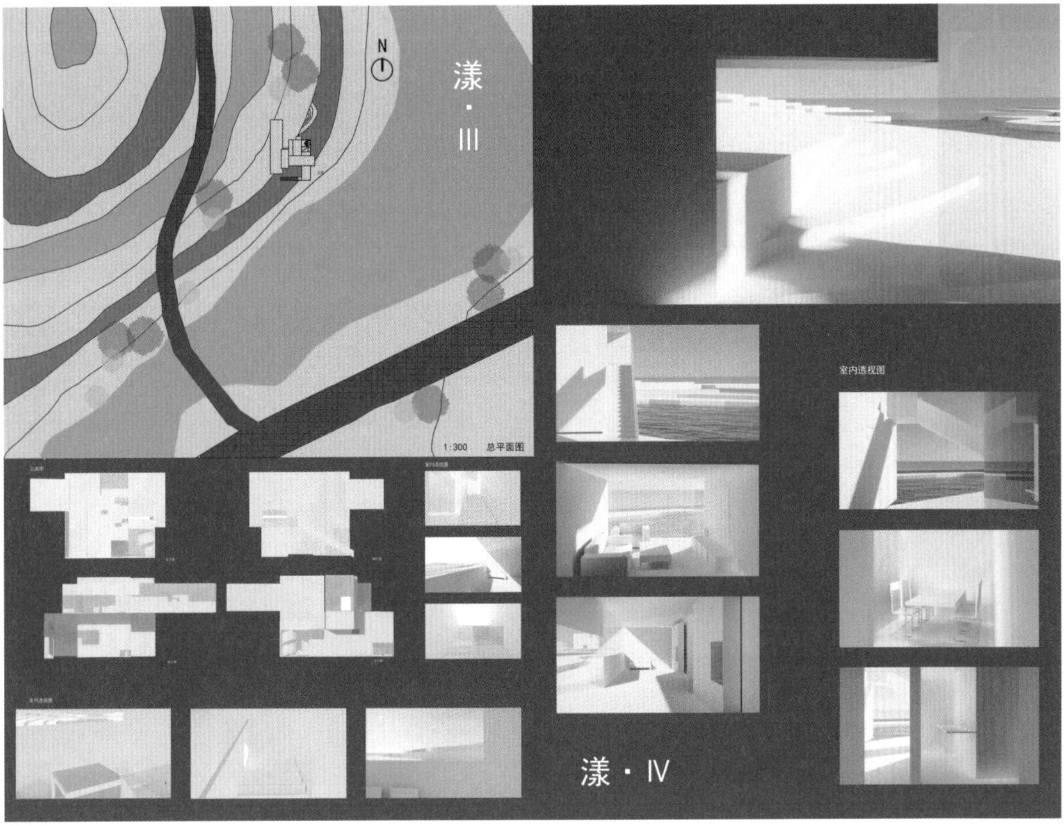

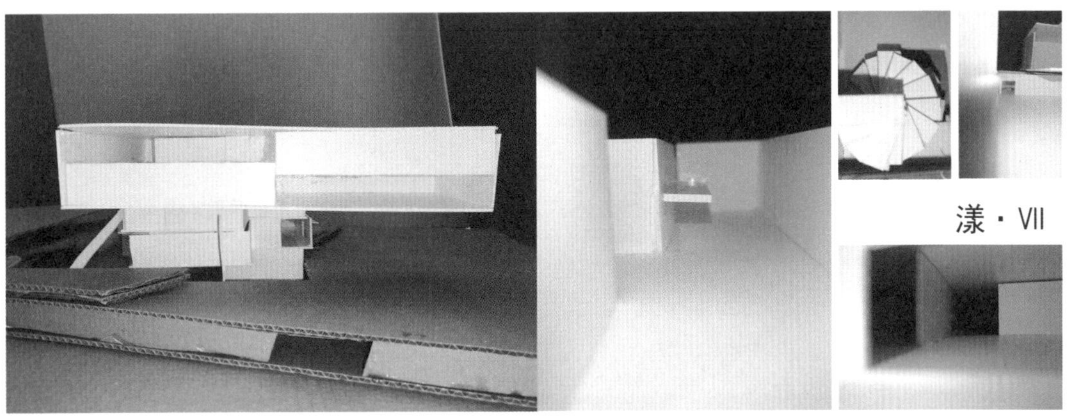

杨琀珺同学用地 C 住宅建筑设计方案

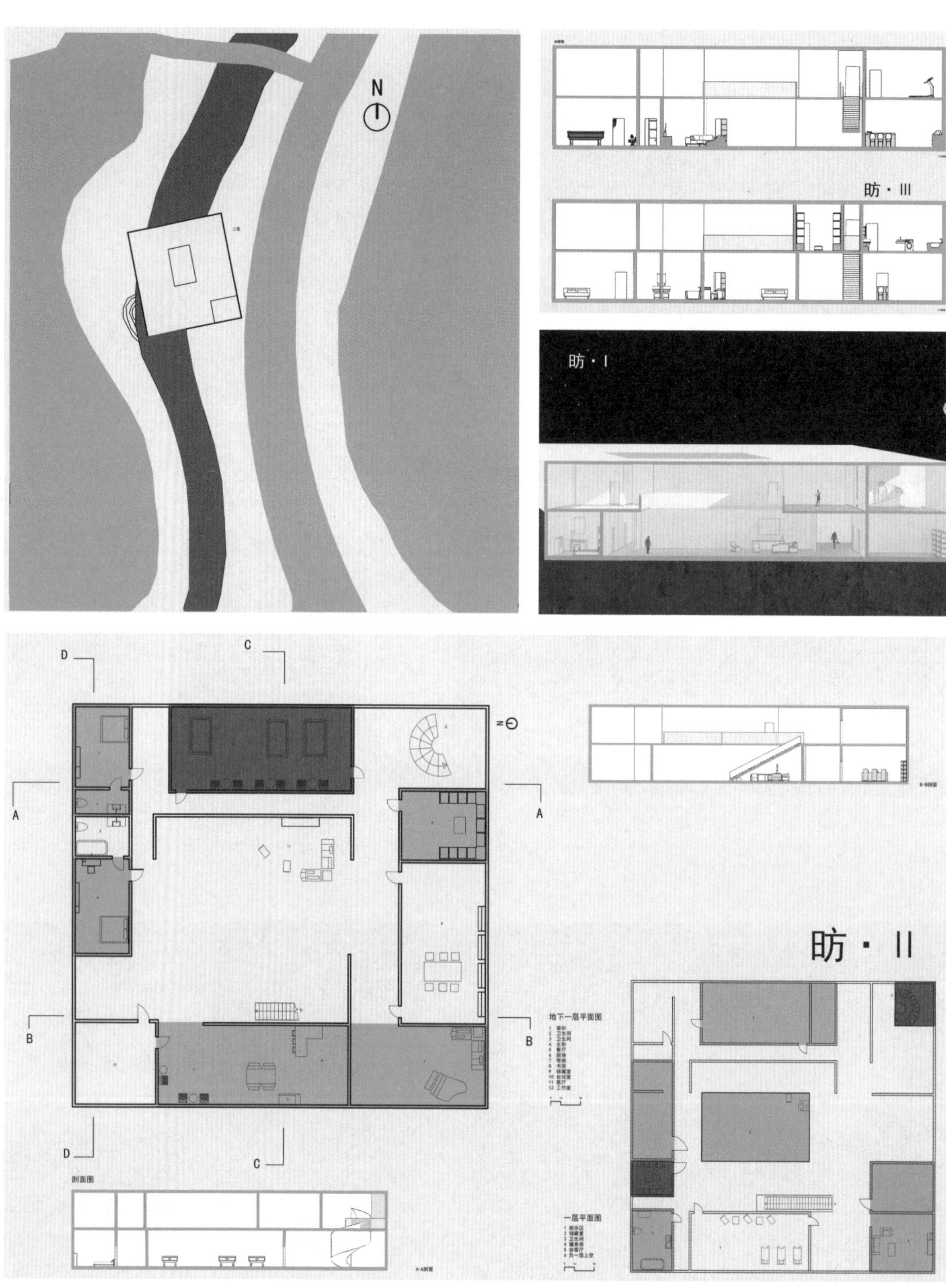

昉·模型
室内透视图欣赏
昉·V

宁思源同学用地 A 住宅建筑设计方案

葵——独立住宅方案设计
总平面图
分层轴测图
北立面
西立面
东立面
南立面

葵——独立住宅方案设计
设计说明：
占地面积~985㎡
建筑总面积~1578㎡
建筑层数：3层
B-B剖面图

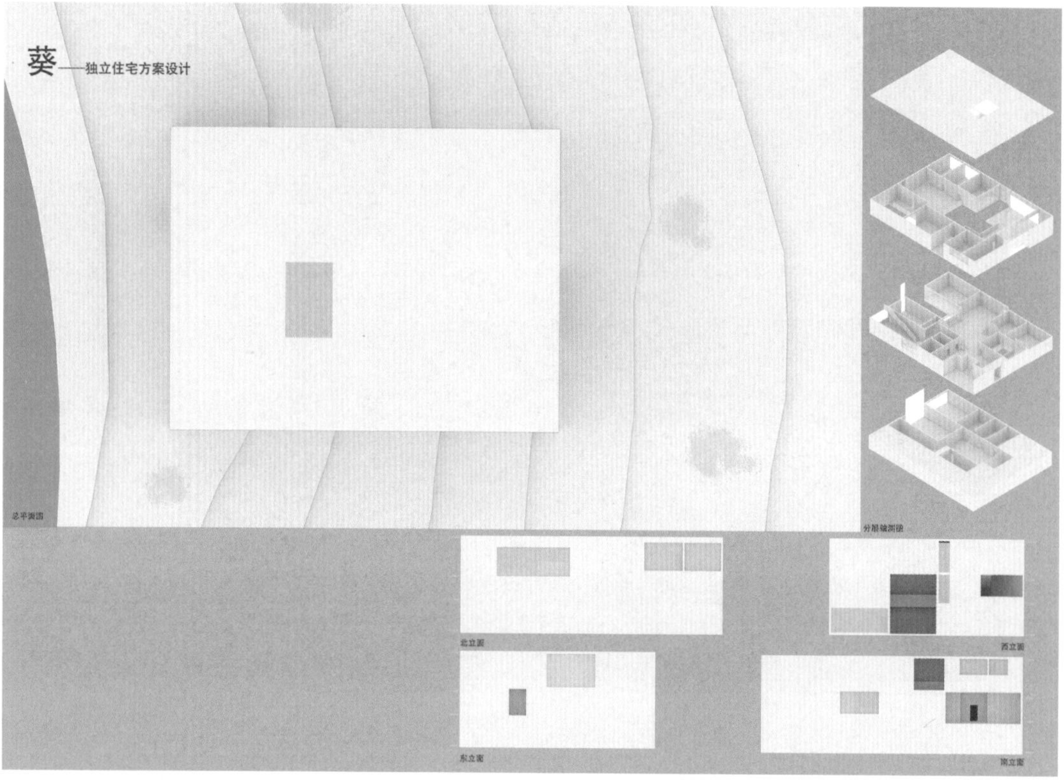

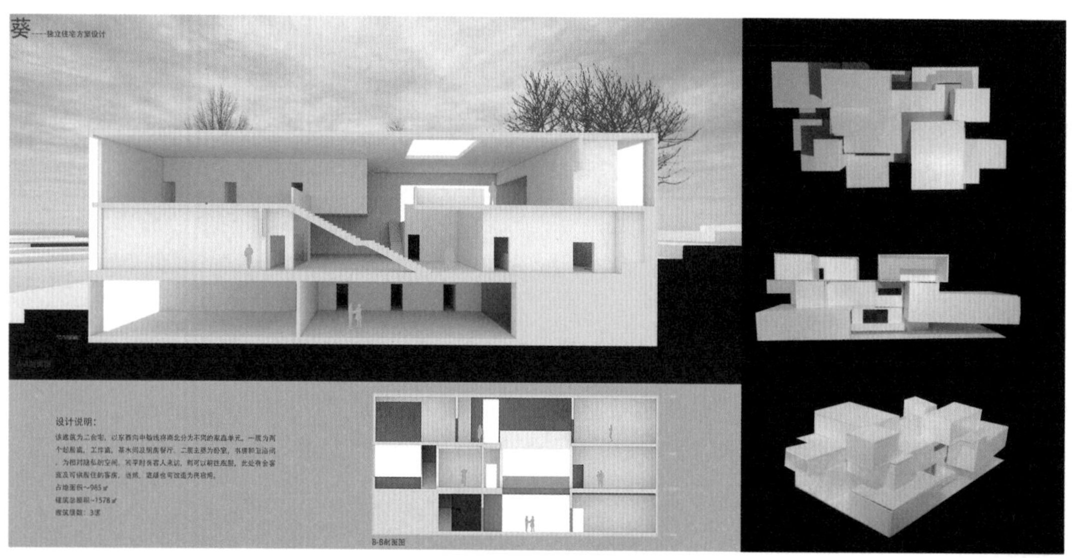

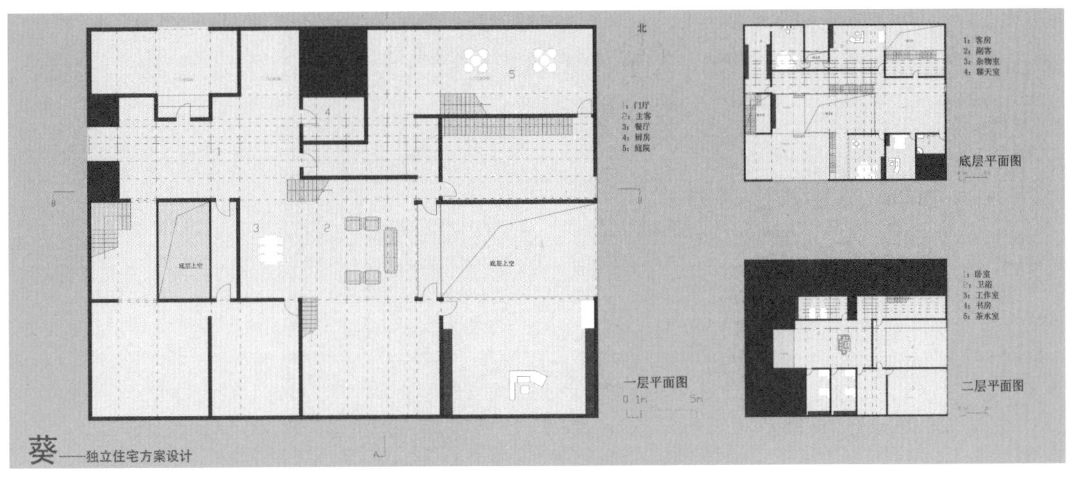

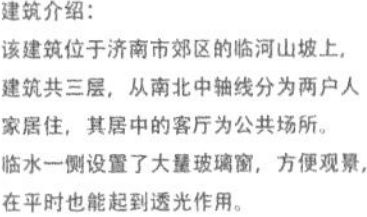

建筑介绍：

该建筑位于济南市郊区的临河山坡上，
建筑共三层，从南北中轴线分为两户人
家居住，其居中的客厅为公共场所。
临水一侧设置了大量玻璃窗，方便观景，
在平时也能起到透光作用。

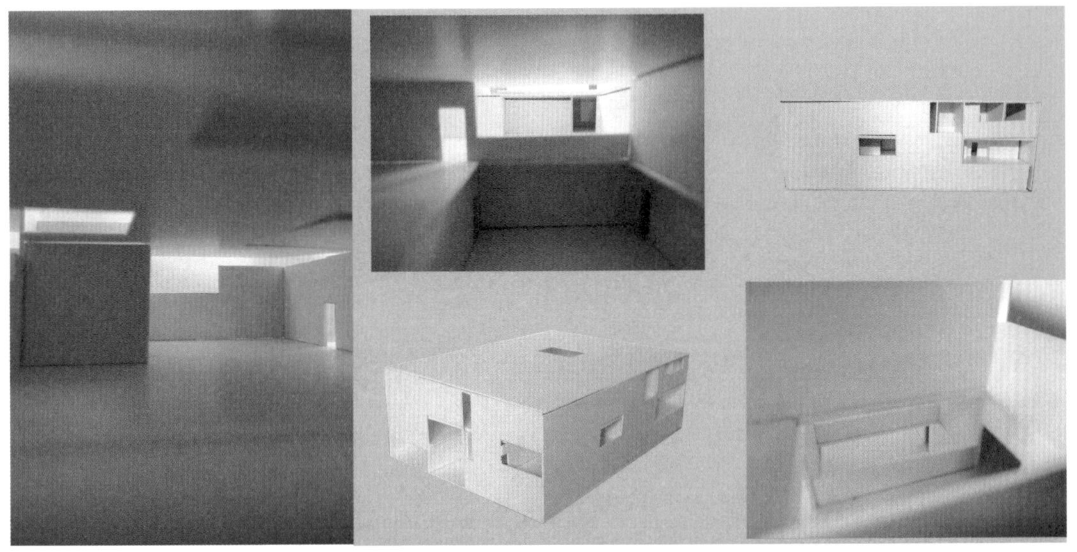

宁思源同学用地 B 住宅建筑设计方案

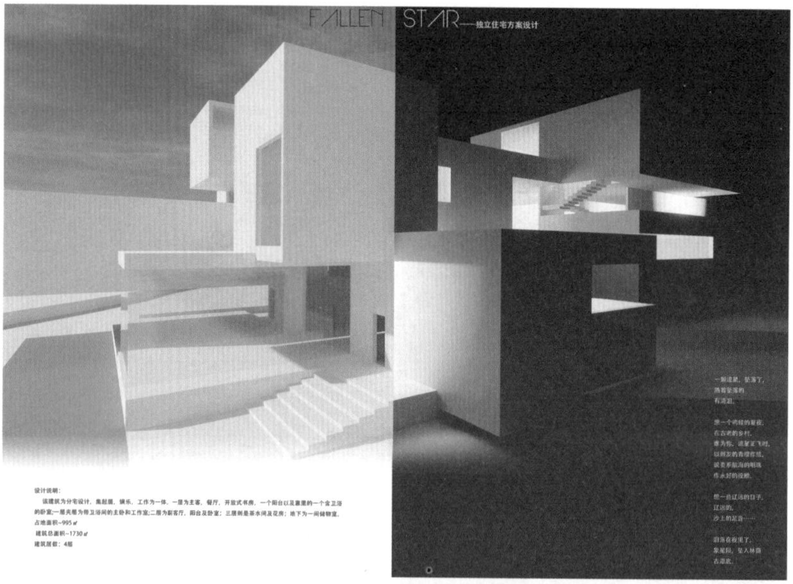

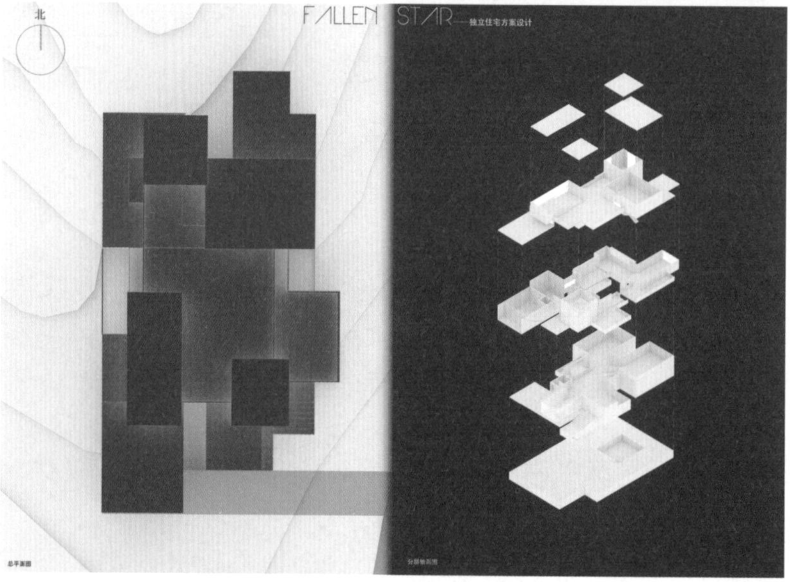

FALLEN STAR——独立住宅方案设计

设计说明：

该建筑为分宅设计，集起居，娱乐，工作为一体，一层为主客，餐厅，开放式书房，一个阳台以及靠里的一个含卫浴的卧室;一层夹层为带卫浴间的主卧和工作室;二层为副客厅，阳台及卧室；三层则是茶水间及花房；地下为一间储物室。

占地面积~995㎡

建筑总面积~1730㎡

建筑层数：4层

北

FALLEN STAR——独立住宅方案设计

总平面图

分层轴测图

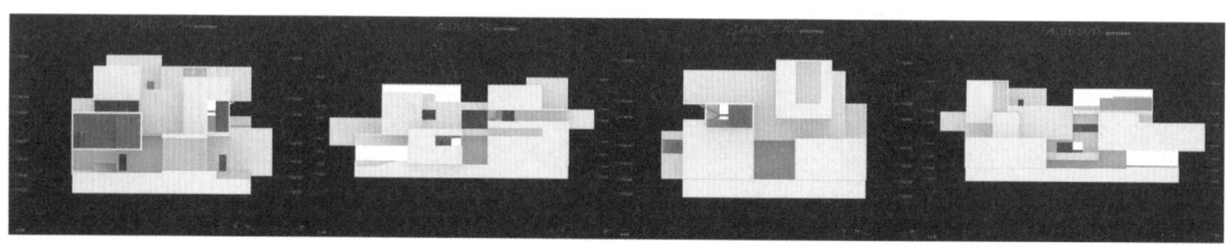

一层读书室
二层楼梯
一层夹缝看室外
二层副客厅
二层看室外
一层客厅
西南向效果图

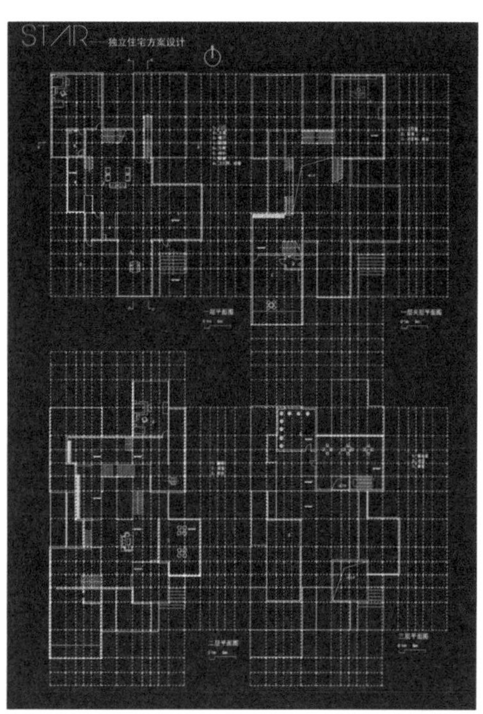
FALLEN STAR——独立住宅方案设计
一层平面图
二层平面图
三层平面图

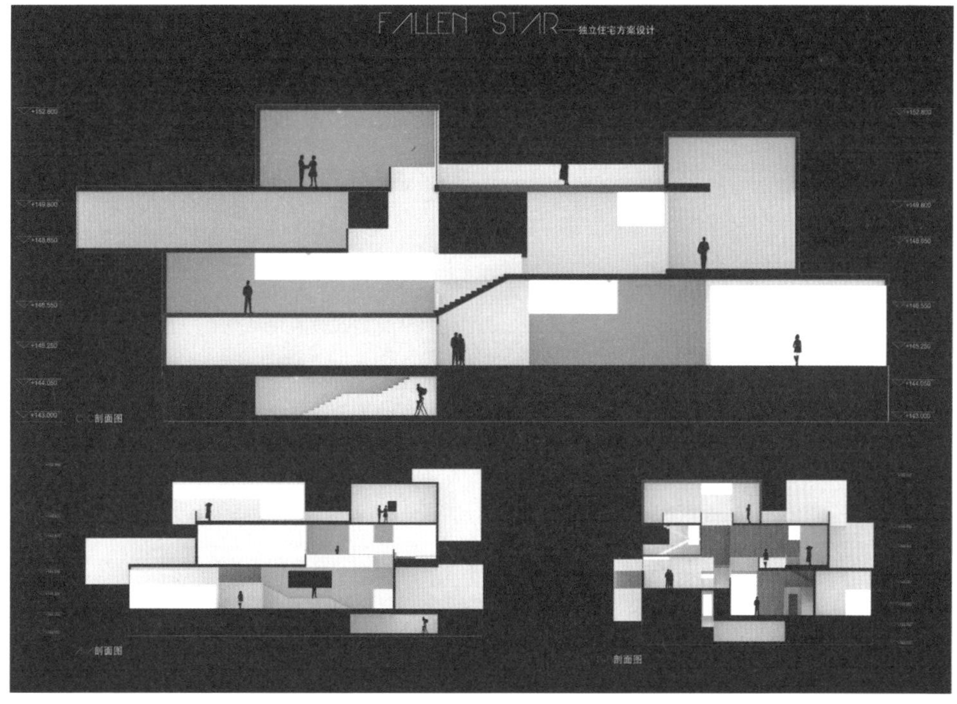
FALLEN STAR——独立住宅方案设计
+152.800
+149.800
+148.650
+146.550
+145.250
+144.050
+143.000
剖面图
剖面图
剖面图

宁思源同学用地C住宅建筑设计方案

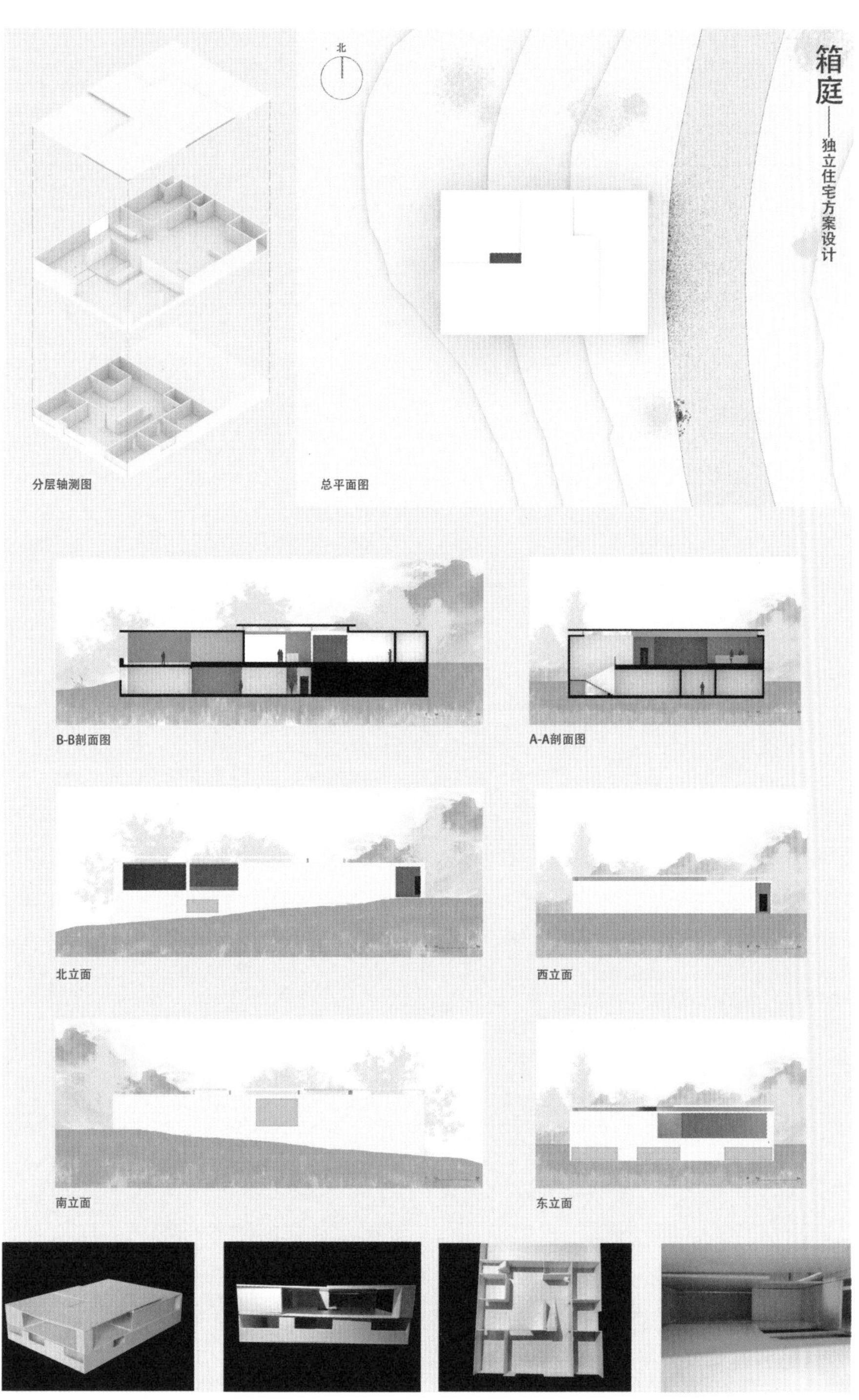
箱庭——独立住宅方案设计
北
分层轴测图
总平面图
B-B剖面图
A-A剖面图
北立面
西立面
南立面
东立面

梦中水乡
别墅设计方案
分层轴测图
总平面图
一层平面图
二层平面图
三层平面图
四层平面图
负一层平面图
鸟瞰图

刘源同学用地 B 住宅建筑设计方案

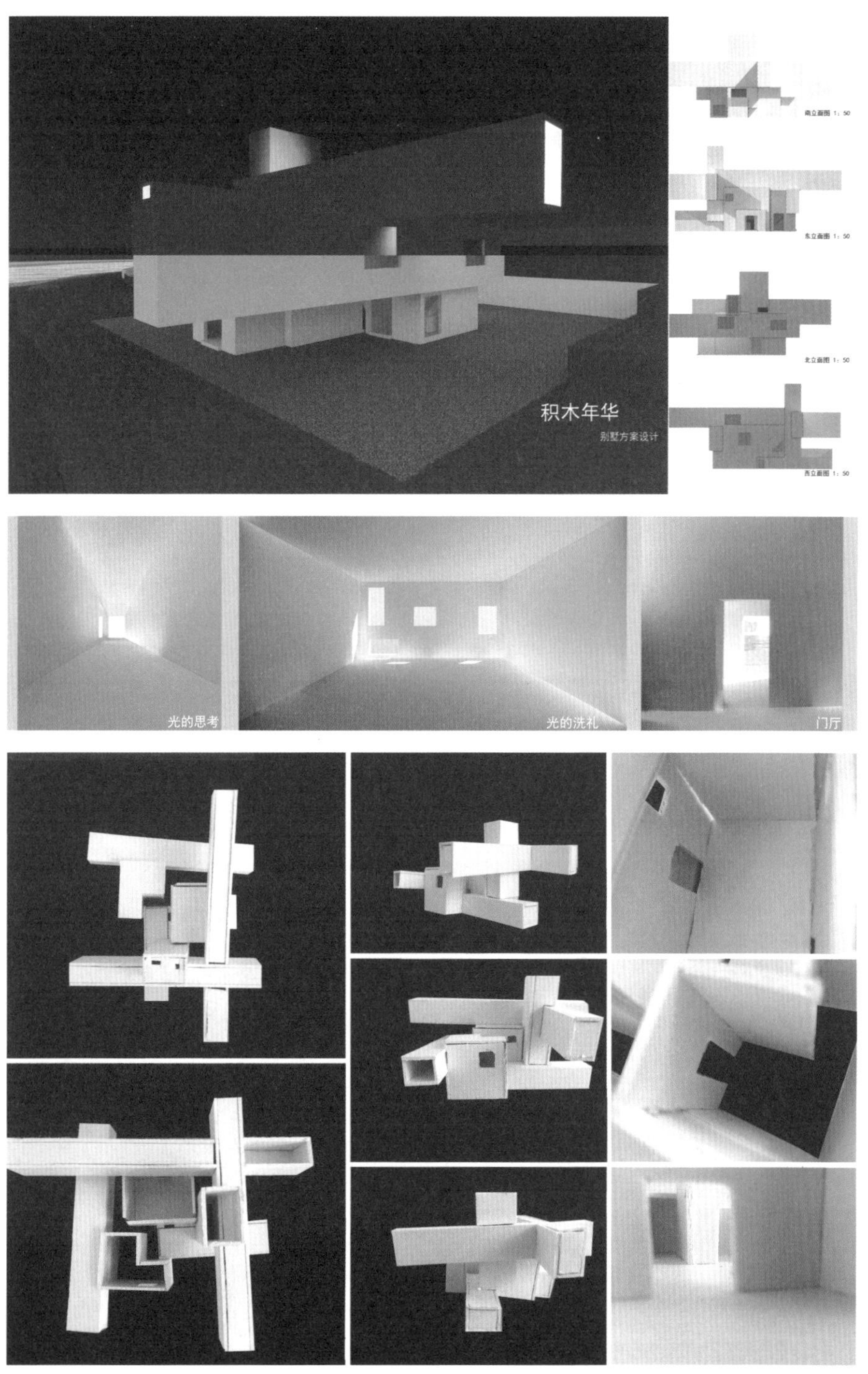

曜象 · 别墅设计方

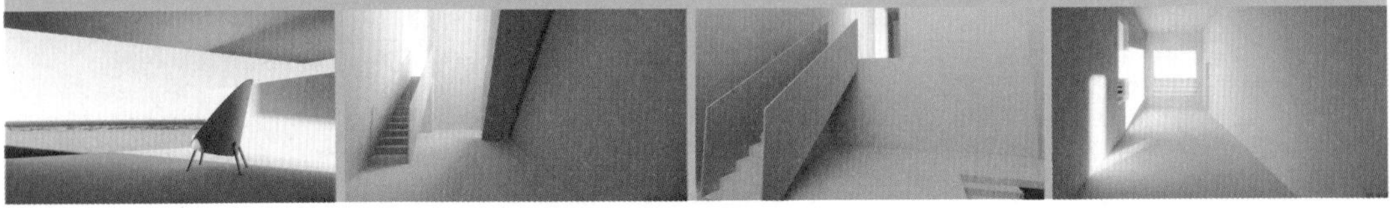

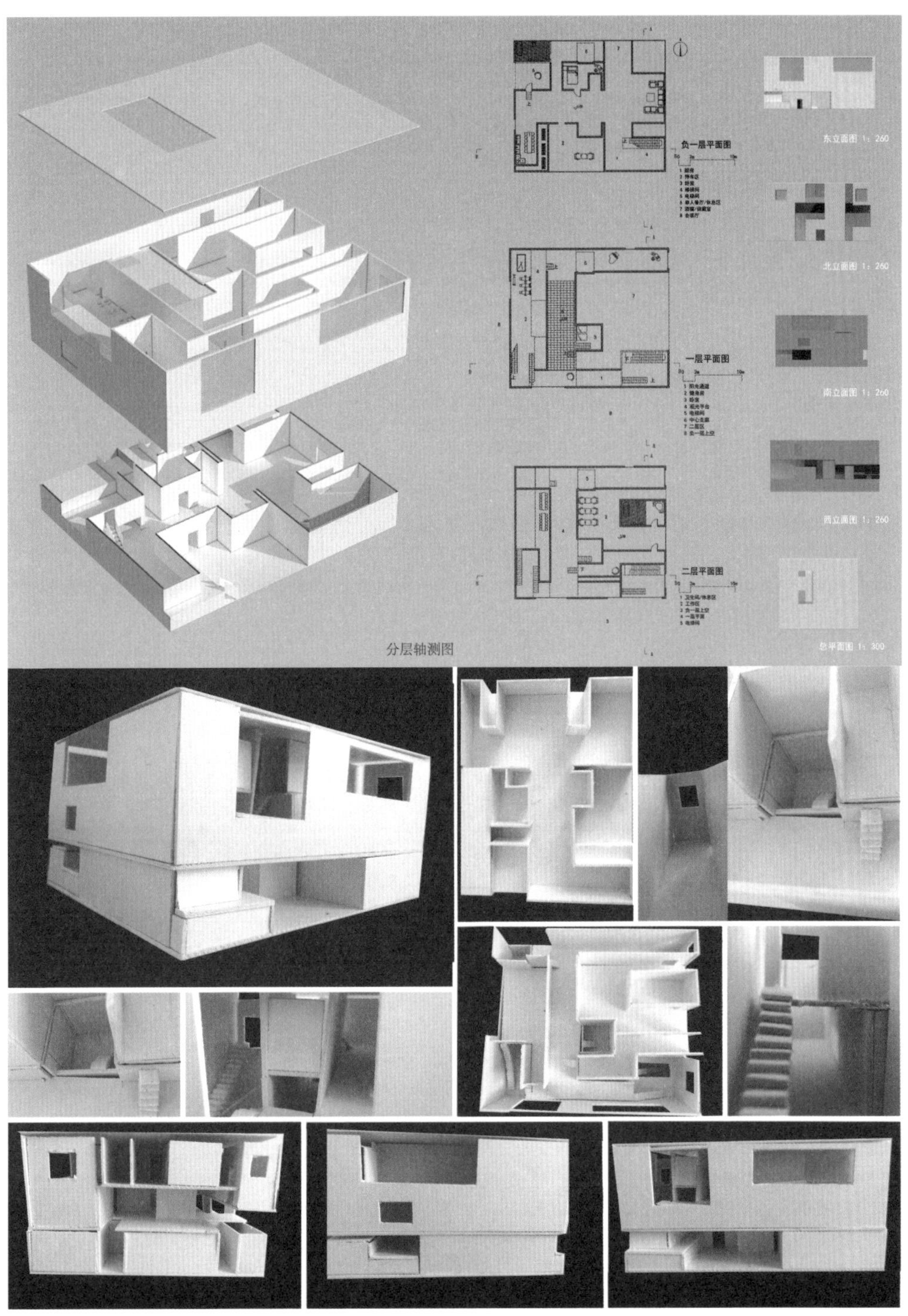
负一层平面图
一层平面图
二层平面图
东立面图 1：260
北立面图 1：260
南立面图 1：260
西立面图 1：260
总平面图 1：300
分层轴测图

刘昱廷同学用地 A 住宅建筑设计方案

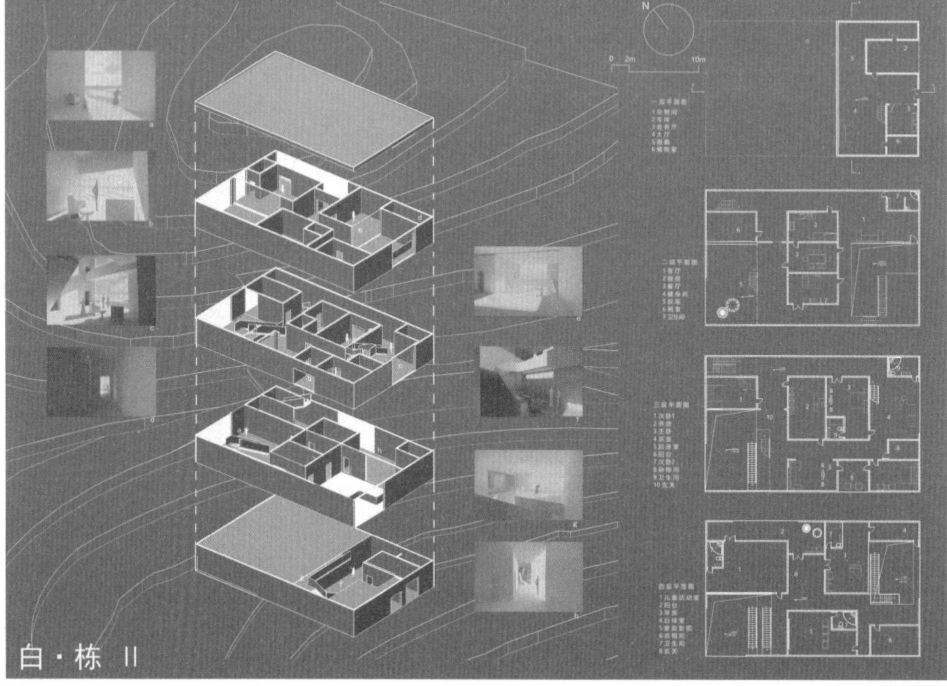

白·栋III
1 庭院
2 餐厅
3 画廊
4 主卧室
5 茶室
南立面 1：150
西立面 1：150
北立面 1：150
东立面 1:150

刘昱廷同学用地 B 住宅建筑设计方案

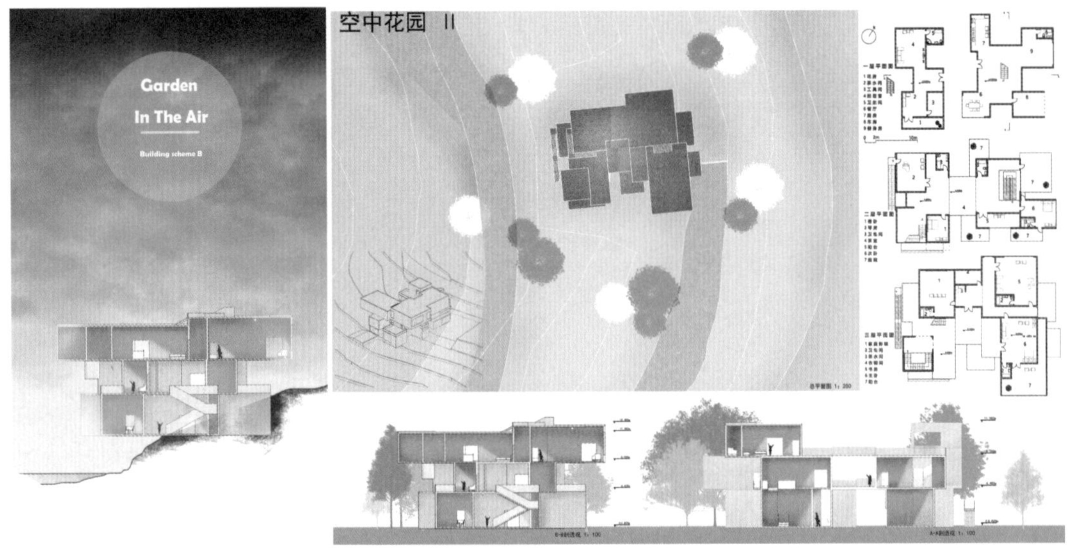

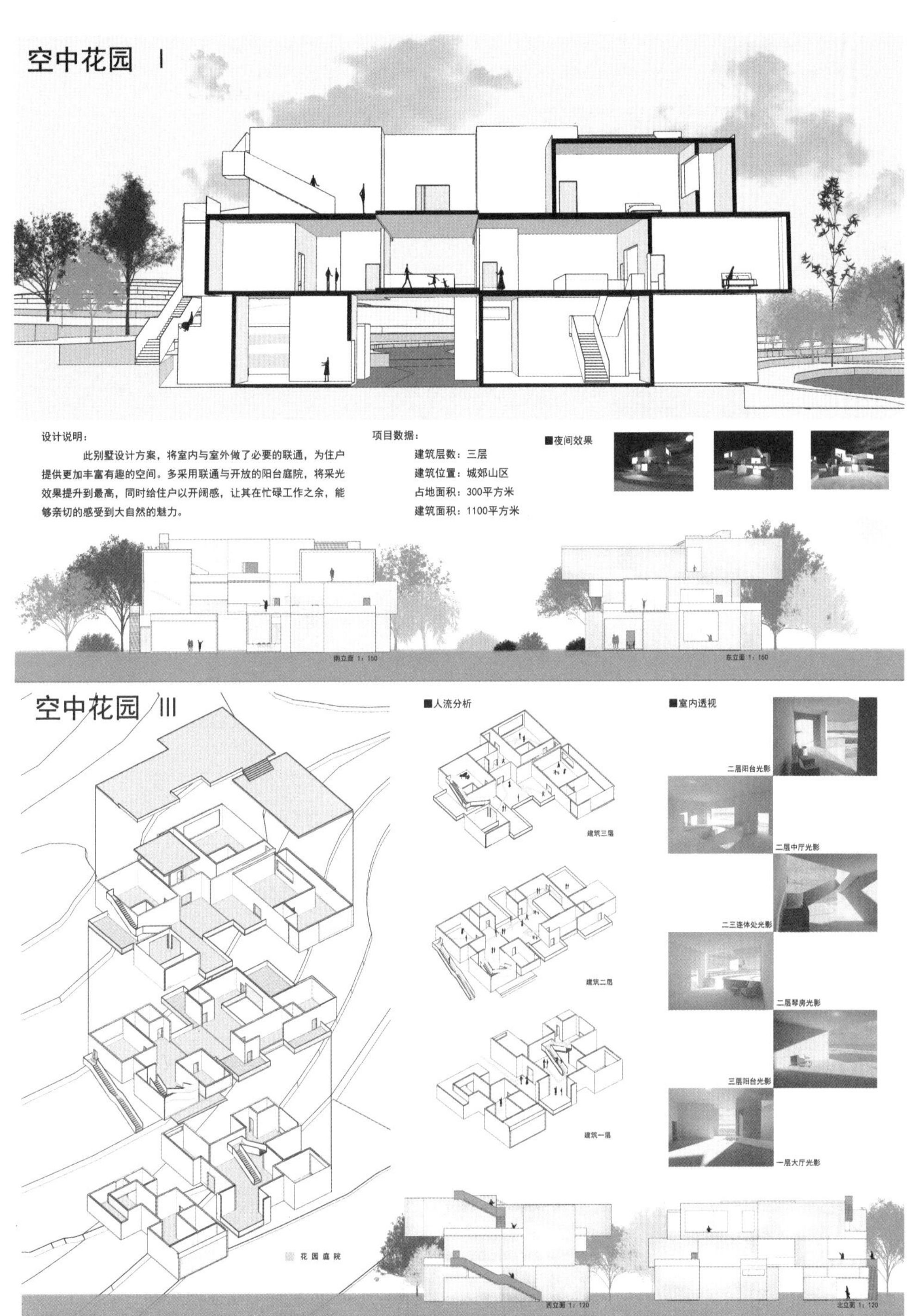
空中花园 Ⅰ
设计说明：
此别墅设计方案，将室内与室外做了必要的联通，为住户提供更加丰富有趣的空间。多采用联通与开放的阳台庭院，将采光效果提升到最高，同时给住户以开阔感，让其在忙碌工作之余，能够亲切的感受到大自然的魅力。
项目数据：
建筑层数：三层
建筑位置：城郊山区
占地面积：300平方米
建筑面积：1100平方米
■夜间效果
南立面 1：150
东立面 1：150
空中花园 Ⅲ
■人流分析
建筑三层
建筑二层
建筑一层
■室内透视
二层阳台光影
二层中厅光影
二三连体处光影
二层琴房光影
三层阳台光影
一层大厅光影
花园庭院
西立面 1：120
北立面 1：120

刘昱廷同学用地 C 住宅建筑设计方案

于爽同学用地 A 住宅建筑设计方案

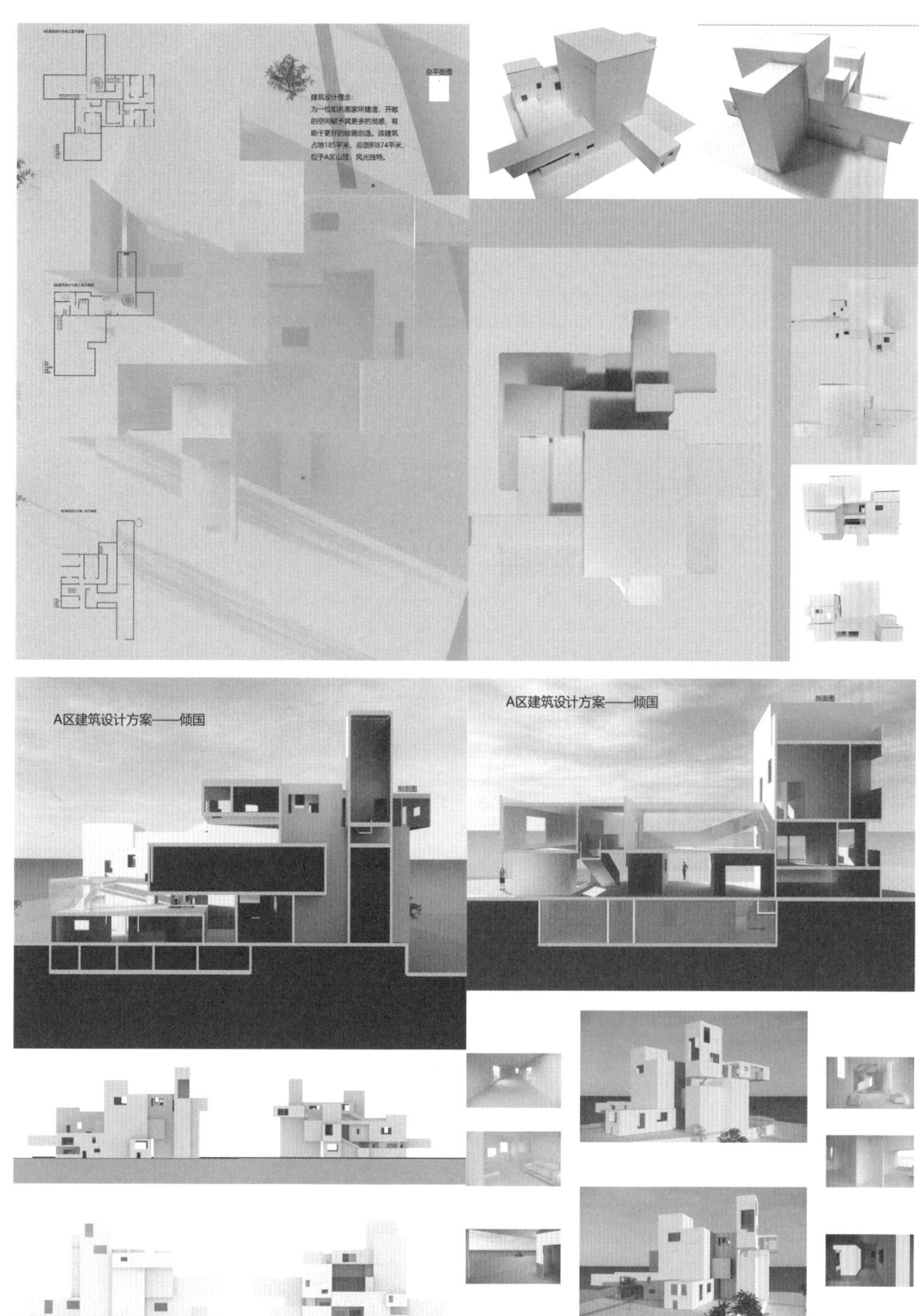

于爽同学用地 B 住宅建筑设计方案

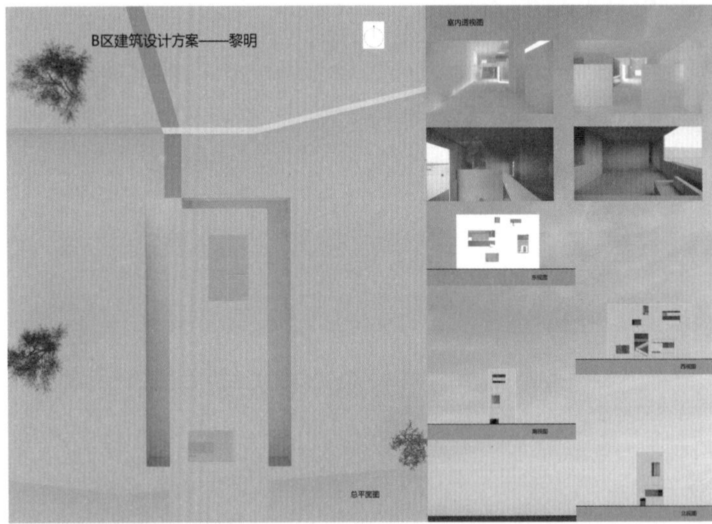

于爽同学用地C住宅建筑设计方案

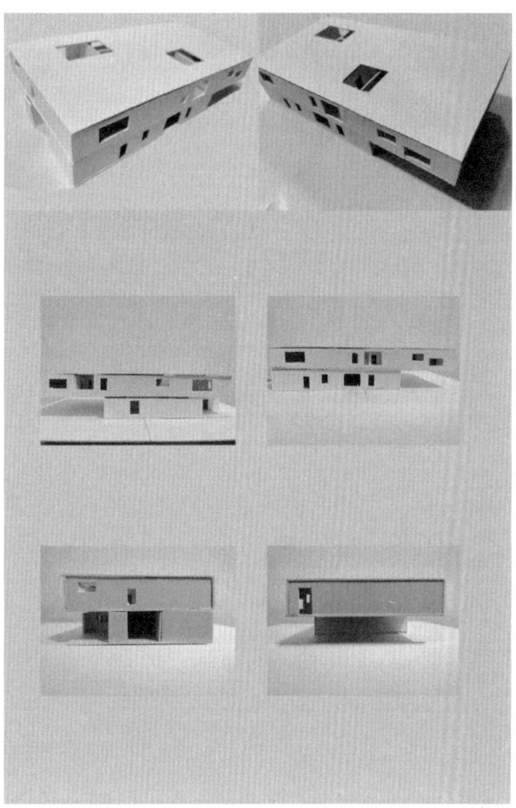

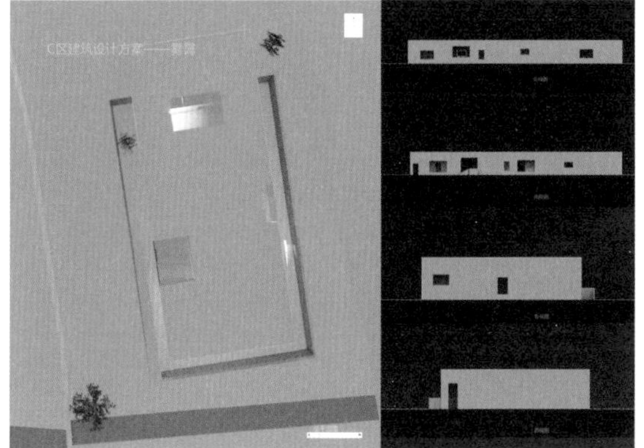

徐维真同学用地 A 住宅建筑设计方案

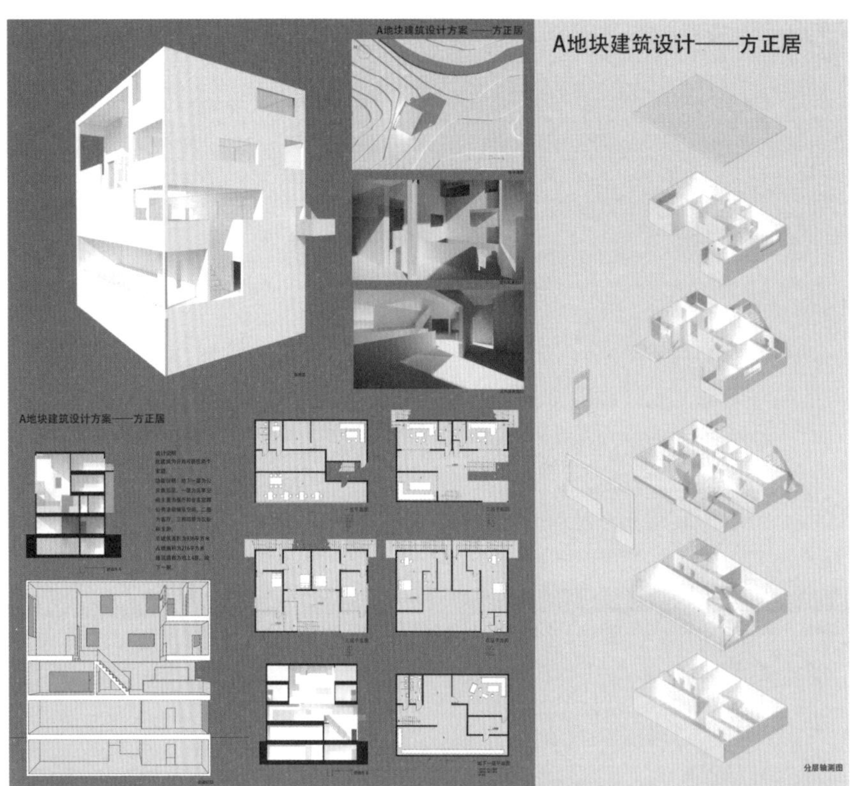

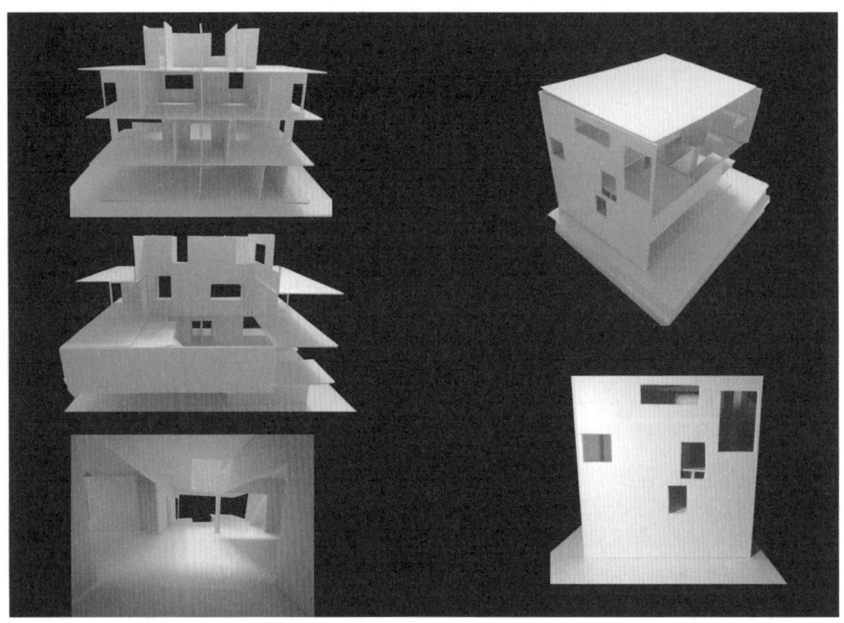

徐维真同学用地 B 住宅建筑设计方案

B地块建筑设计——进退之间
B地块建筑设计——进退之间
设计说明
分层轴测图

B地块建筑设计——进退之间

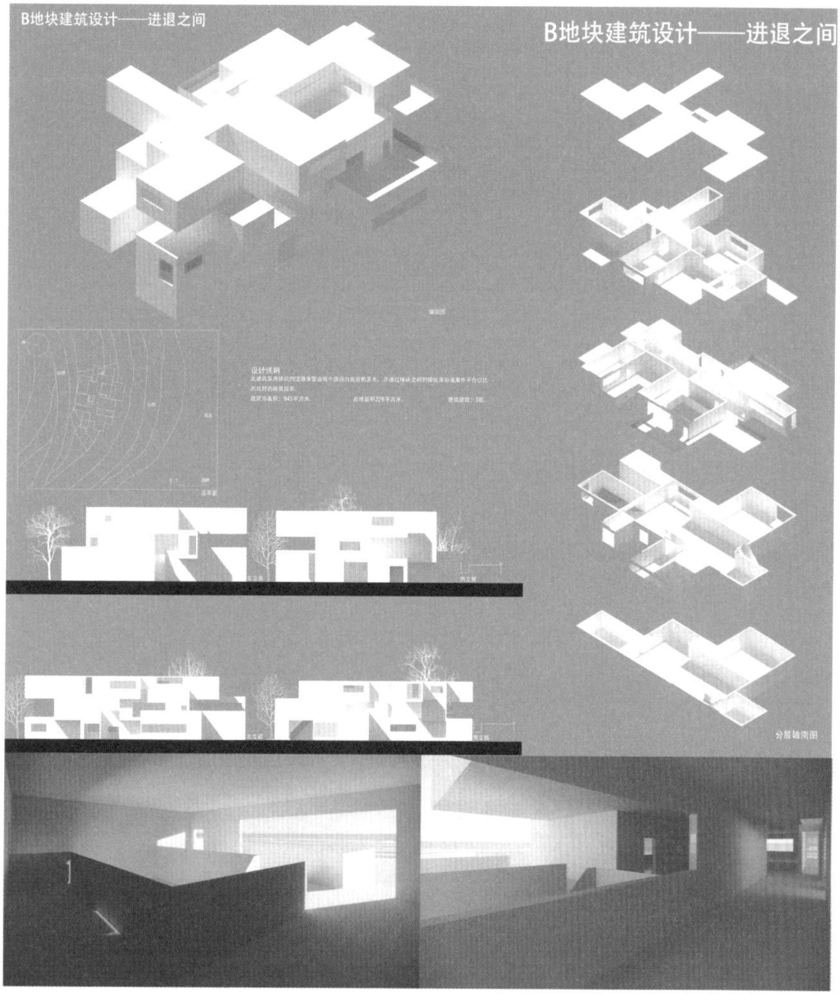

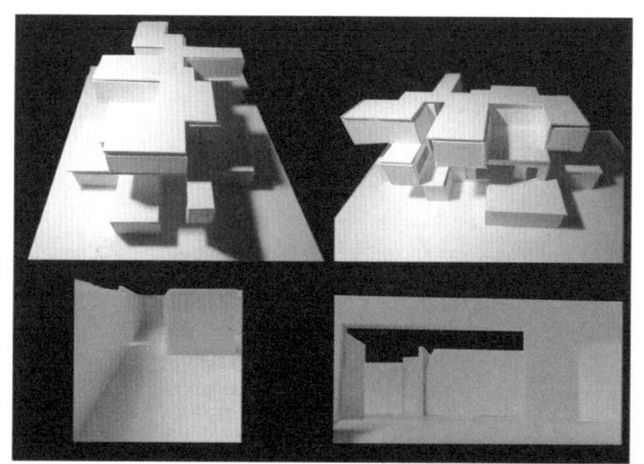

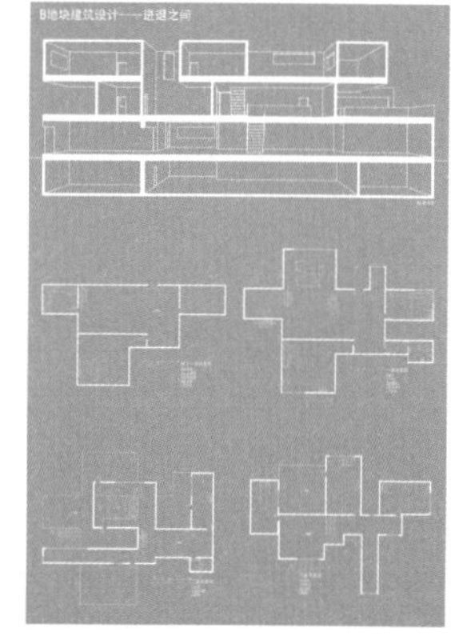

徐维真同学用地 C 住宅建筑设计方案

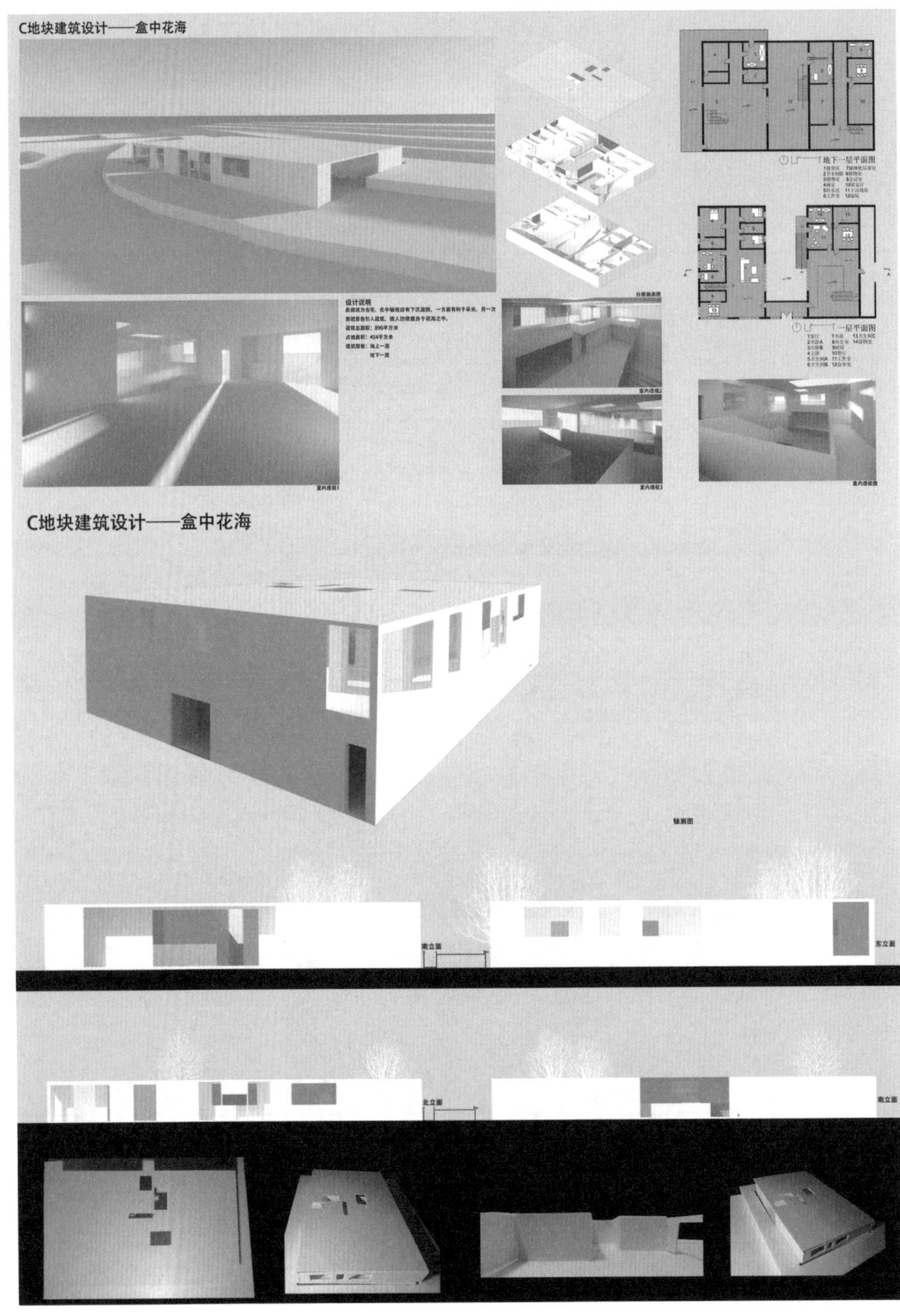

金奕天同学用地 A 住宅建筑设计方案

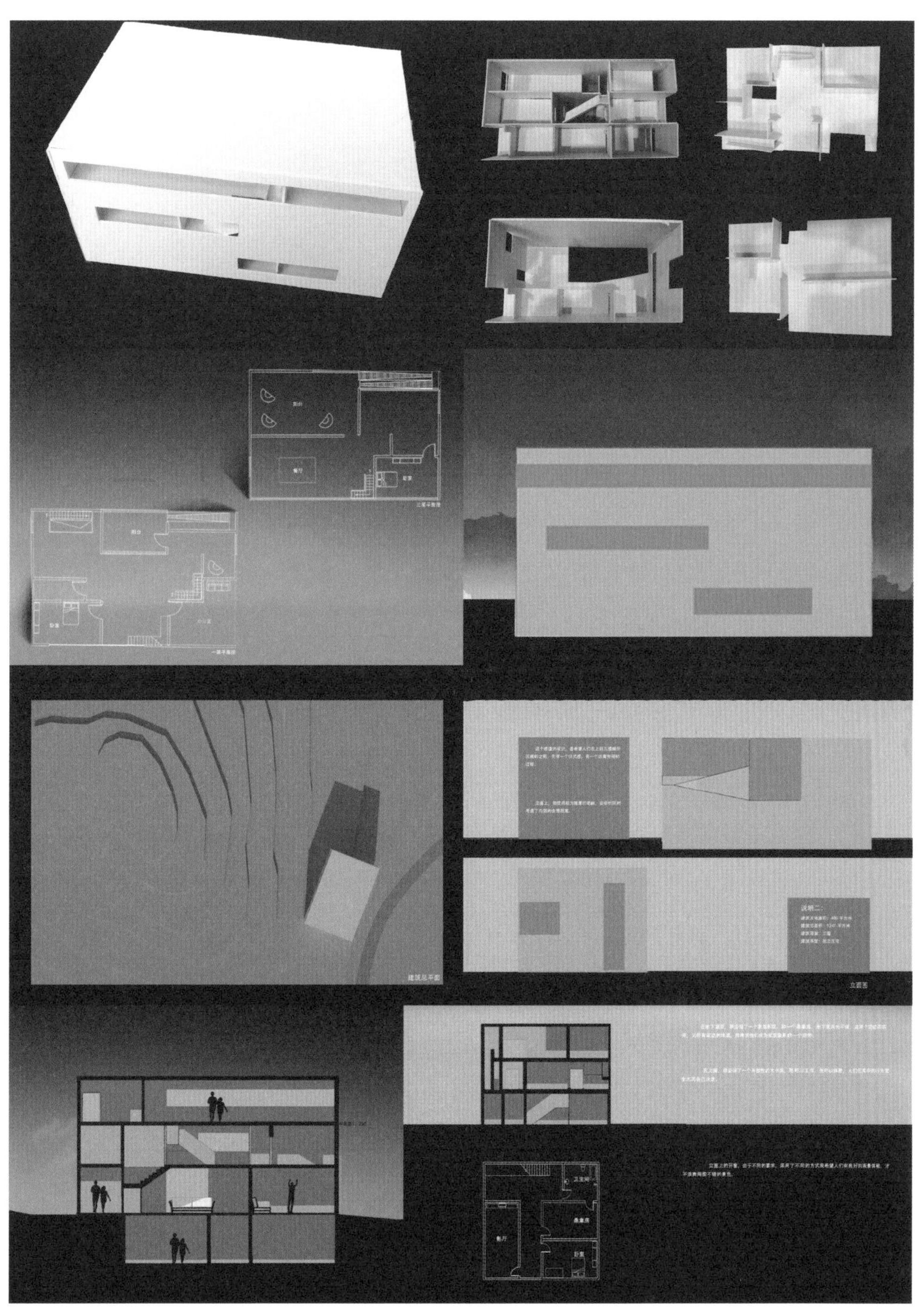

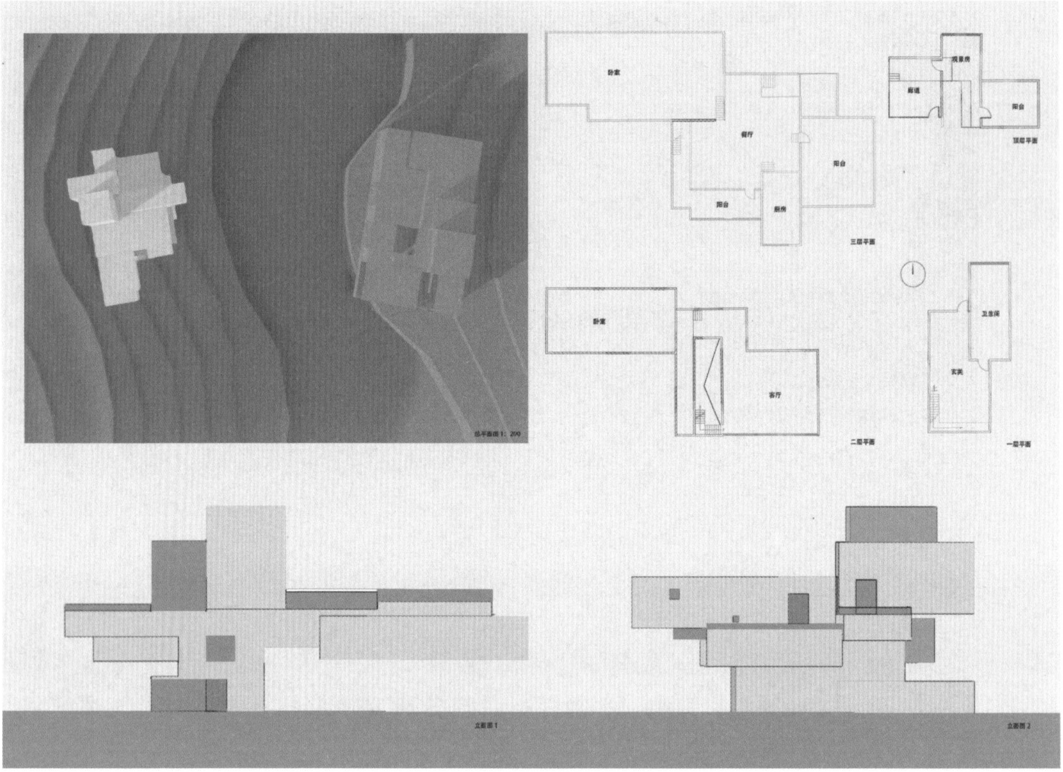

金奕天同学用地 B 住宅建筑设计方案

总平面图 1：200

卧室
餐厅
阳台
阳台
厨房
三层平面

观景房
廊道
阳台
顶层平面

卧室
客厅
二层平面

卫生间
玄关
一层平面

立面图 1

立面图 2

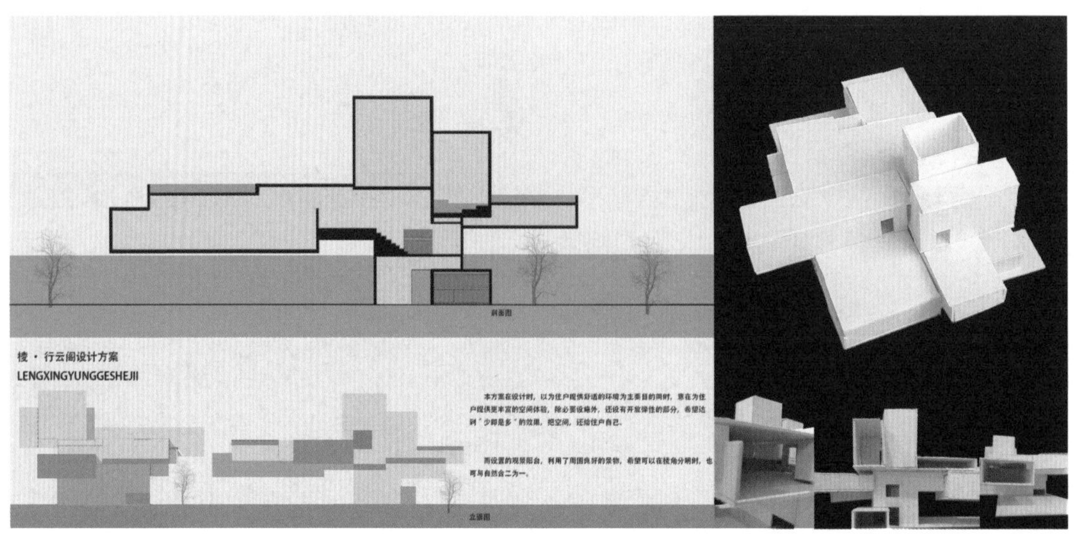

金奕天同学用地 C 住宅建筑设计方案

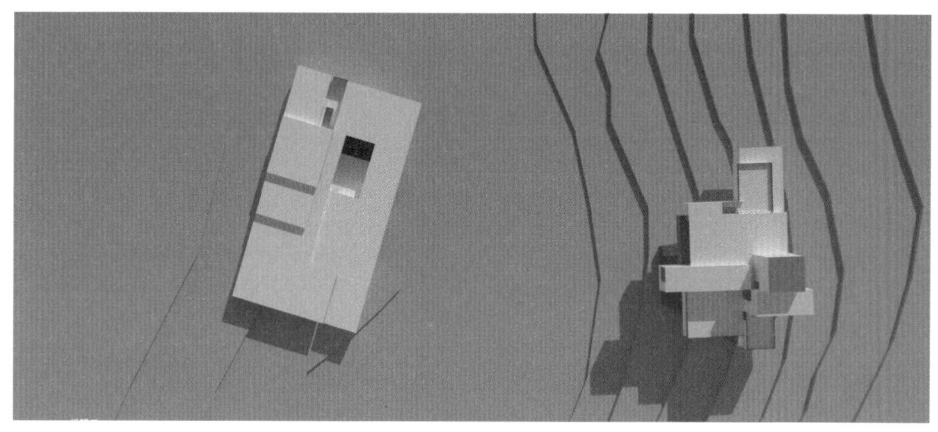

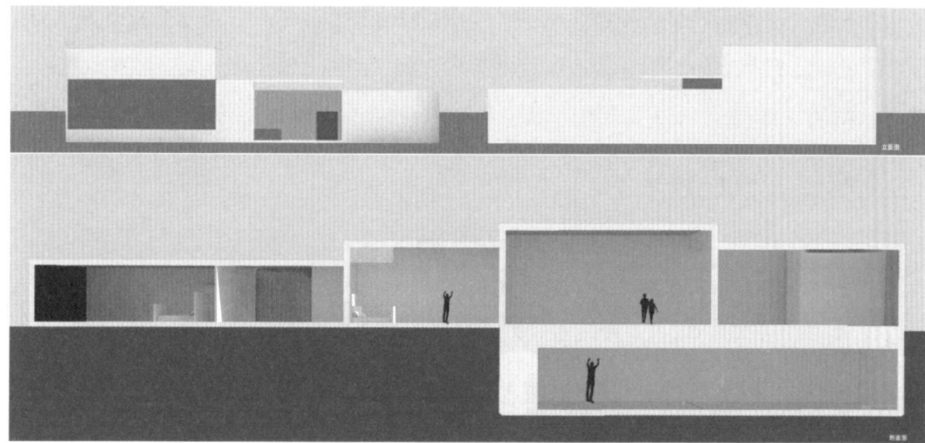

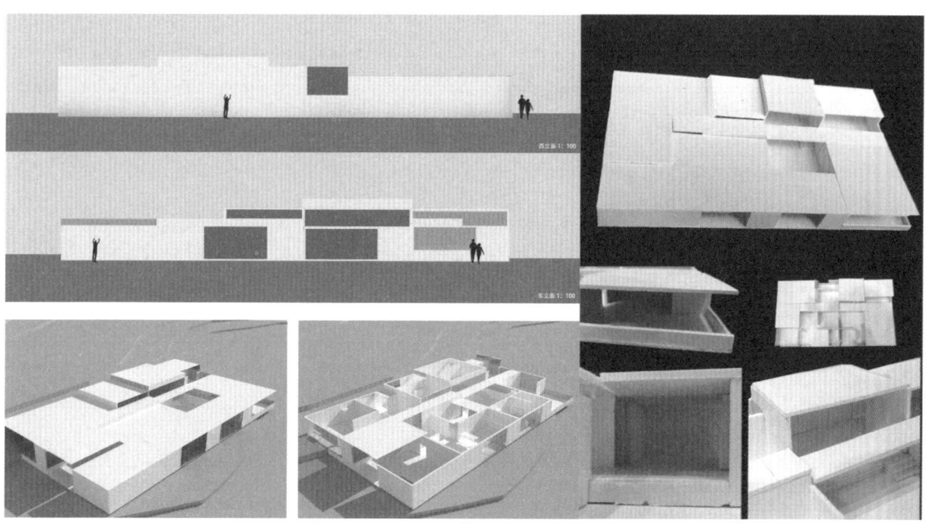

郑泽皓同学用地 A 住宅建筑设计方案

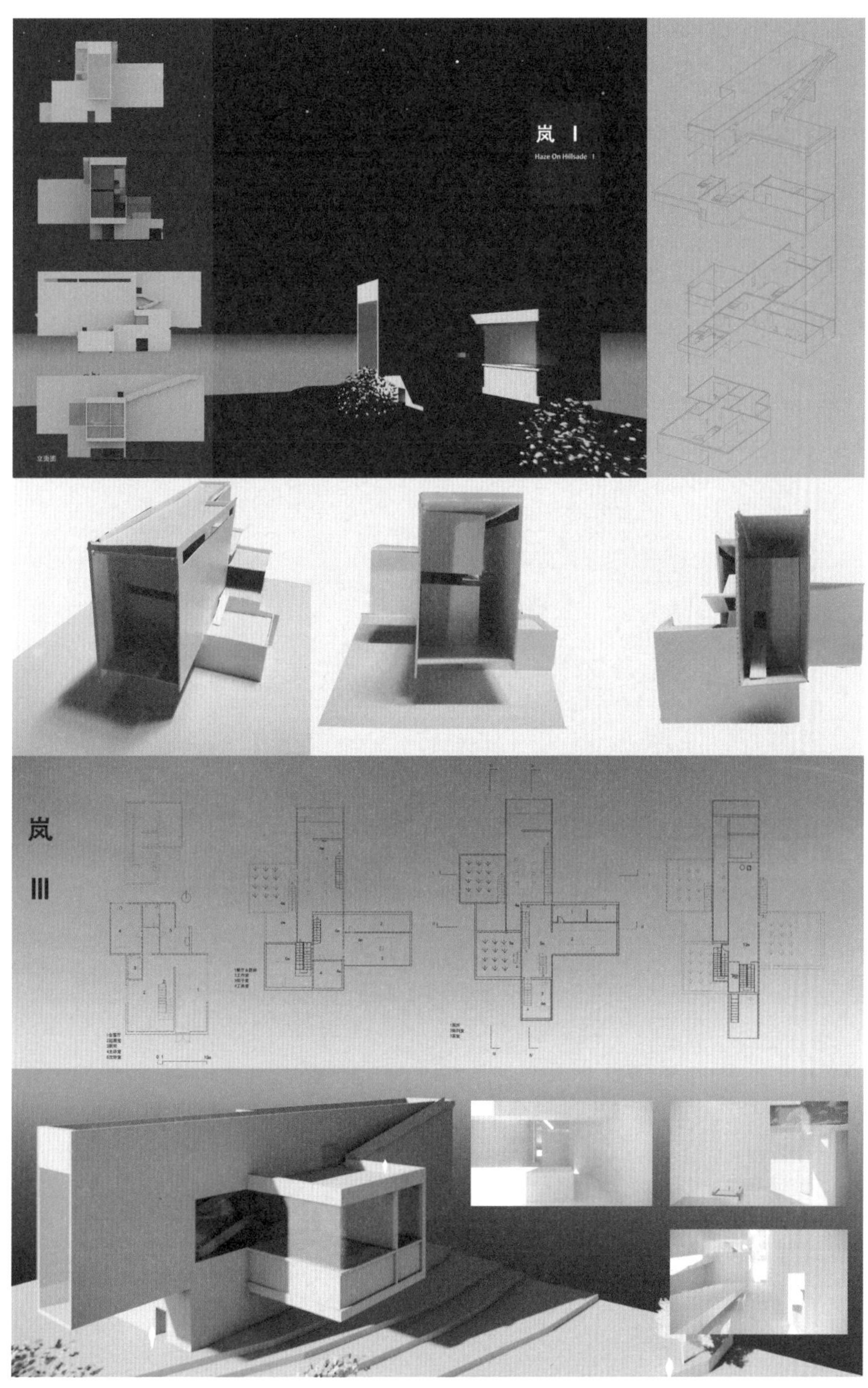
岚 I
Haze On Hillsade I
岚
III

郑泽皓同学用地 C 住宅建筑设计方案

梁润轩同学用地 A 住宅建筑设计方案

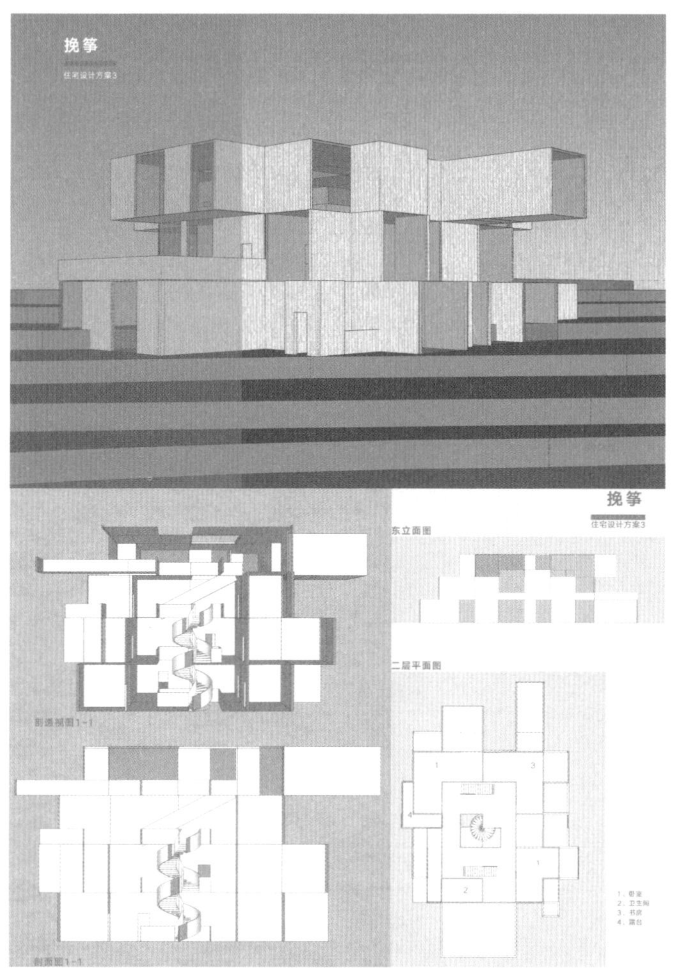

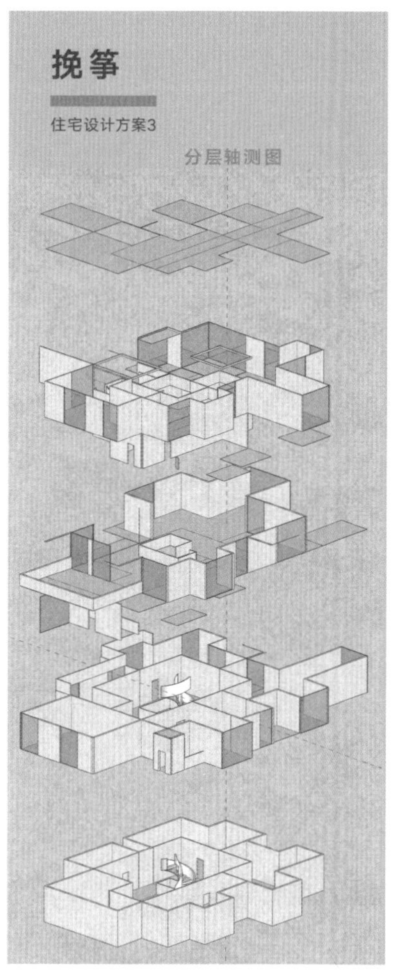

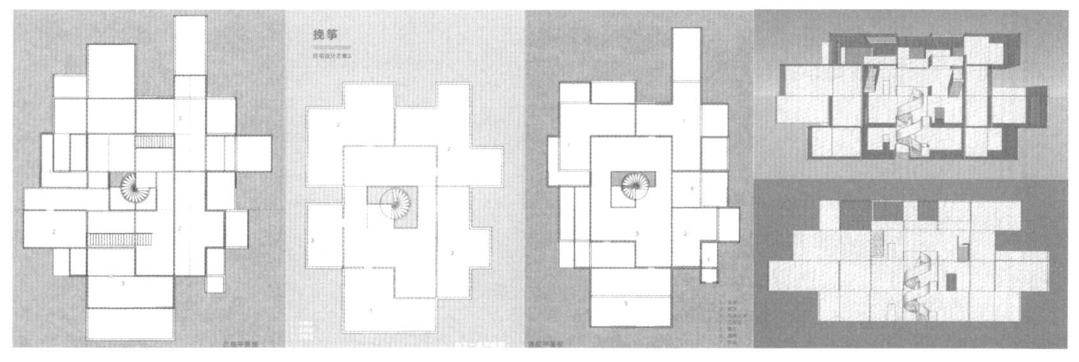

梁润轩同学用地 B 住宅建筑设计方案

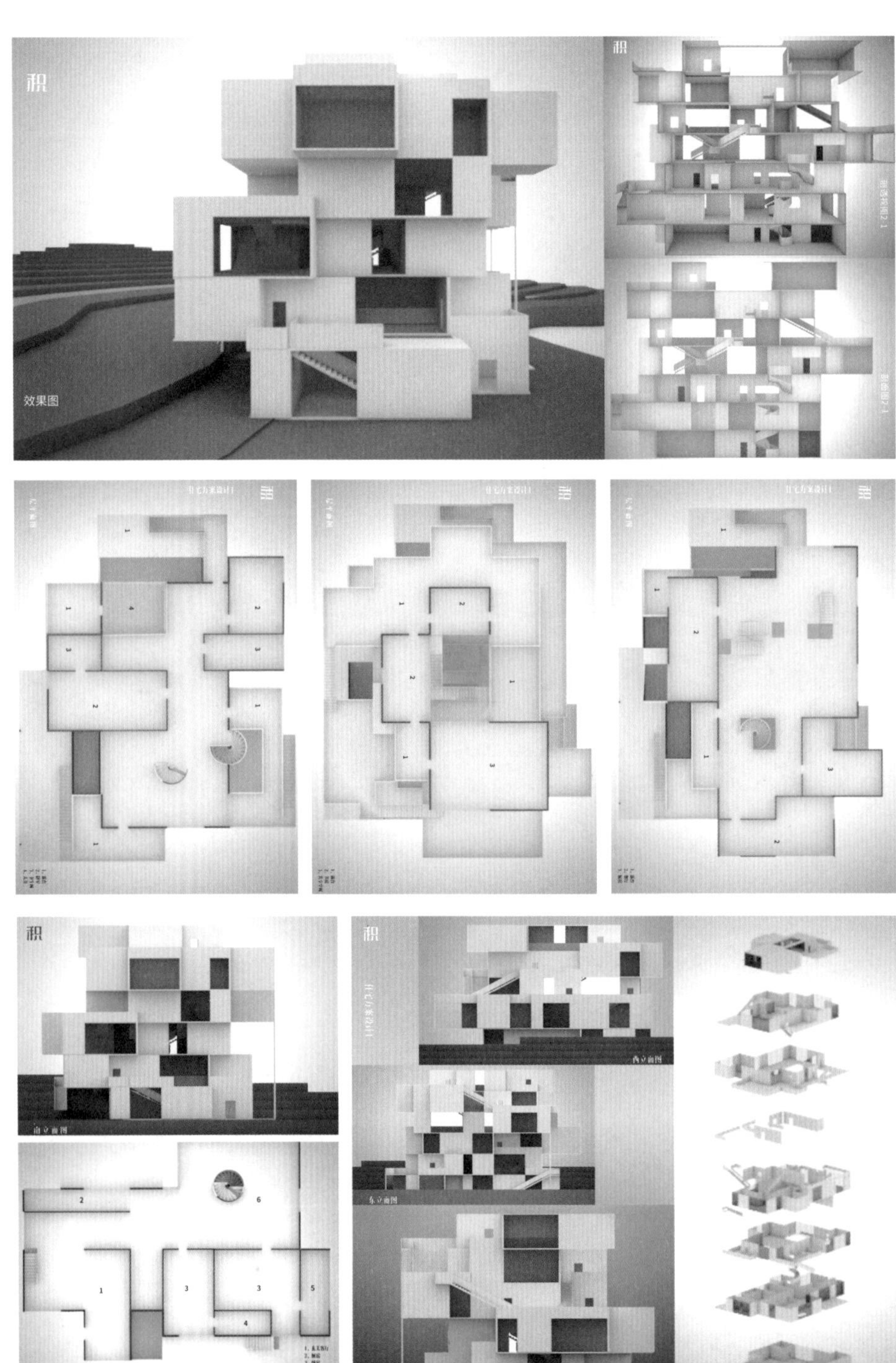

梁润轩同学用地 C 住宅建筑设计方案

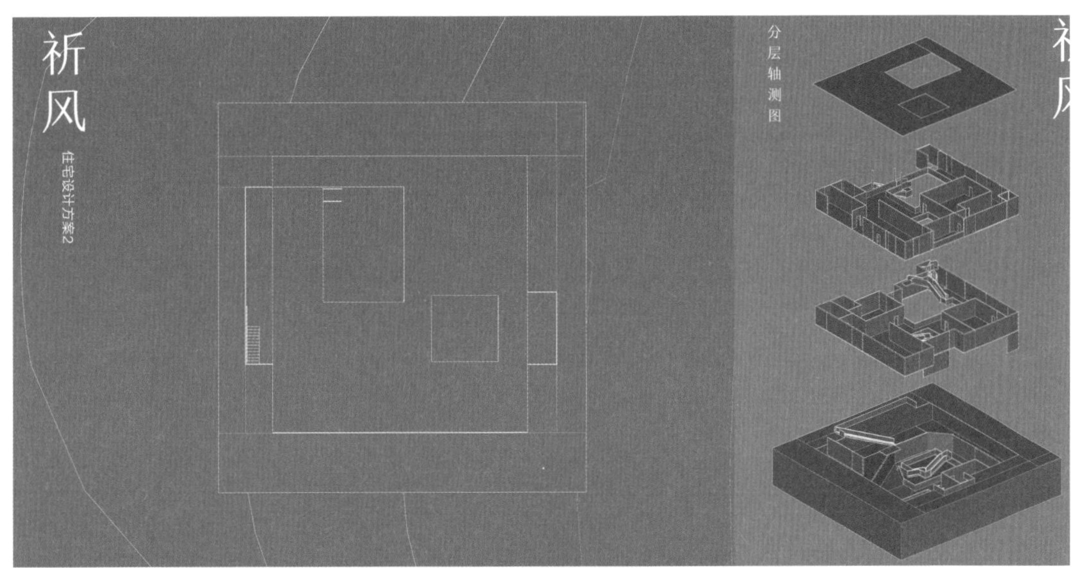

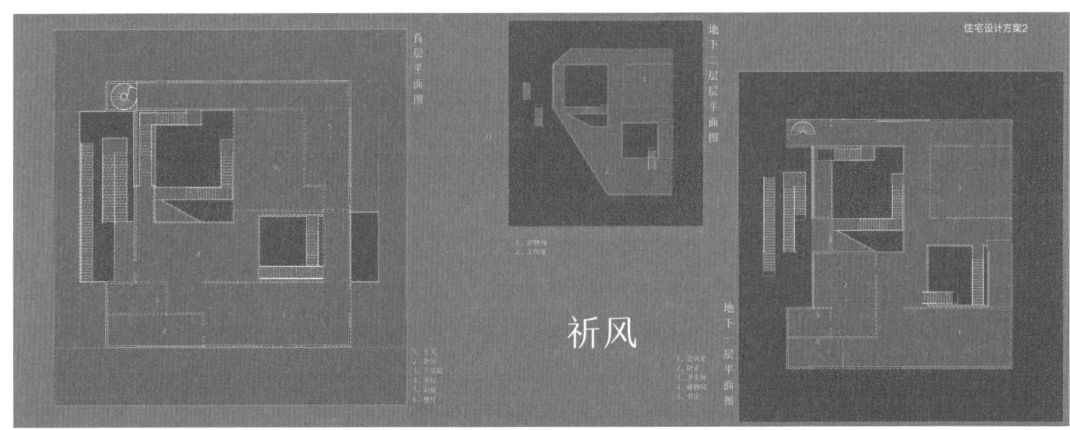

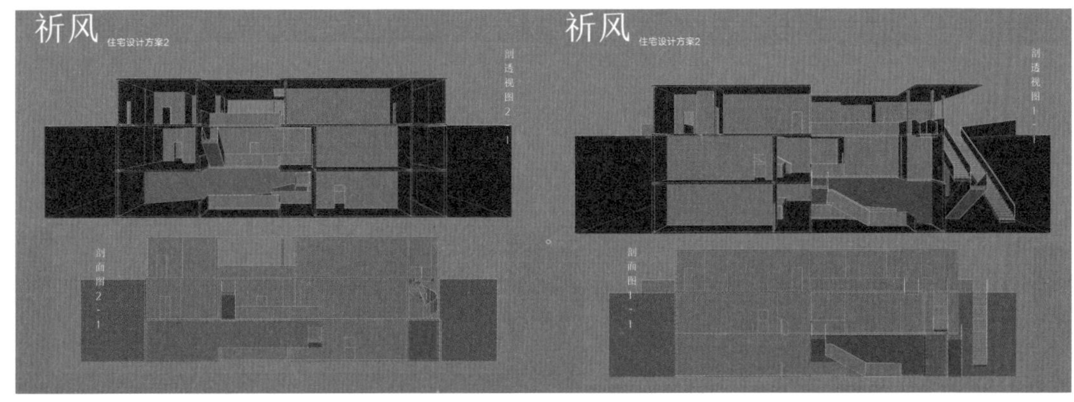

“几何形态与观念赋予”设计教学法与王昀老师之前的两种建筑设计教学法（“空间与观念赋予”“形态与观念赋予”）存在较大差异，同时也有着密切的联系。其差异主要体现在三个层面：

1. 空间形态的探索方向不同。之前的两种教学法是引导同学们对自由空间形态的探索，是不规则几何空间形态训练，而此教学法要求同学们在正交几何空间体系下完成空间形态的创造设计，是规则几何空间形态的训练，与前两种教学法指导的空间形态截然不同。

2. 空间形态生成方法的不同。前两种教学法中的空间形态是物质存在中已有的，确切地说，它们不是同学们创造出来的，而是同学们从宇宙存在中获取或发掘出来的。而“几何形态与观念赋予”教学法是让同学们按照“宇宙法则”去创造出符合美的比例关系的几何空间形态，从空间生成的逻辑来说属于“从无到有”。

3. 空间操作方法不同。前两种教学法中的空间操作是顺着空间形态的肌理进行建筑空间的读解和设计，其过程会受到已有空间原型的制约。但此教学法下的空间操作要严格按照符合“宇宙法则”的网格结构进行，同学们需要经过预先计算才能完成，属于更为抽象的数理逻辑的几何空间形态的操作。

除了这三个层面的差异之外，这三种设计教学法还存在着密切的联系。它们都遵循着“异质同构”的世界观，虽然在三种教学法下，同学们设计出的建筑空间形态具有较大的差异，但它们都遵循着“宇宙法则”的不同物质形态的表现形式，其构成法则不变。

了解这三种设计教学法的区别和联系，有助于我们理解这三套方法围绕建筑空间形态逐步构建起的设计教学法体系。如果说之前的两种方法是抽象层级较低的空间形态训练，那么此教学法则属于由数理关系构建起的抽象层级较高的空间形态训练。该教学法的目的就是让同学们掌握这套美学数理关系，并将其运用于建筑设计中，进而创造出简洁而又丰富的空间形态。在具体的建筑设计中，同学们不仅要按照这套比例关系完成整体建筑形态的设计，在建筑平面、立面、剖面的设计中同样要严格遵照这套比例关系。不同于其他建筑设计理论中对经典建筑案例的几何解析，此教学法是让同学们从认知到应用，全面掌握这套几何空间形态的设计方法，避免在建筑设计的学习过程中出现常见的“眼高手低”的问题。

从此设计教学法的教学成果来看，每位同学在 4.5 周内完成了 3 个住宅建筑设计方案，每个方案的建筑空间形态基本上都严格符合美的比例关系，这为同学们今后在建筑设计中能创造出美的建筑打下了严谨的形式基础。另外，这 3 个方案属于 3 种不同几何空间形态的训练（扁平方体几何形态、完形方体几何形态、体块穿插几何形态），较为全面地涵盖了建筑设计中常见的几何空间形态。同学们在设计中都较好地按照要求完成了设计任务。在如此有限的时间内，同学们能够顺利完成 3 个不同方案的设计图纸、动画、手工模型，这样的教学成果是惊人的，也是值得建筑设计基础教育从业者深思的。

最后，在本书编写过程中，山东建筑大学建筑城规学院的硕士研究生祁月雨同学对相关图片进行了整理、编辑，在此表示感谢！

图书在版编目(CIP)数据

几何的秩序 / 张文波编著 . — 桂林 : 广西师范大学出版社 , 2021.8

（ADA 建筑学一年级设计教学实录）

ISBN 978-7-5598-3974-9

Ⅰ. ①几… Ⅱ. ①张… Ⅲ. ①建筑学-教学研究-高等学校 Ⅳ. ① TU-0

中国版本图书馆 CIP 数据核字 (2021) 第 125002 号

几何的秩序
JIHE DE ZHIXU

责任编辑：孙世阳
装帧设计：六　元 吴　迪

广西师范大学出版社出版发行
（广西桂林市五里店路 9 号　　邮政编码：541004
网址：http://www.bbtpress.com）
出版人：黄轩庄
全国新华书店经销
销售热线：021-65200318　021-31260822-898
山东韵杰文化科技有限公司印刷
（山东省淄博市桓台县桓台大道西首　邮政编码：256401）
开本：710mm × 1 000mm　1/16
印张：16.75　字数：220 千字
2021 年 8 月第 1 版　2021 年 8 月第 1 次印刷
定价：98.00 元